BLACK & DECKER®

COLECCIÓN BLACK & DECKER PARA EL ARREGLO DE LA CASA MR

Reparaciones y Proyectos de Plomería

LIMUSA
NORIEGA EDITORES
MÉXICO • España • Venezuela • Colombia

Contenido

Introducción a la plomería

Herramientas y materiales de plomería

Llaves

Versión autorizada en español de la obra publicada en inglés por Cy DeCosse Incorporated con el título de
HOME PLUMBING PROJECTS & REPAIRS

ISBN 0-86573-710-X
ISBN 0-86573-711-8 (pbk)
ISBN 0-86573-735-5 (pasta dura, versión en español para EE.UU.)
Distributed in the U.S. and Canada by Cy DeCosse Incorporated.
5900 Green Oak Drive, Minnetonka, MN 55343, U.S.A.

CY DECOSSE INCORPORATED
Presidente del Consejo: Cy DeCosse
Presidente: James B. Maus
Vicepresidente ejecutivo: William B. Jones

Creación de: The Editors of Cy DeCosse Incorporated en colaboración con Black & Decker. Black & Decker es marca registrada de la Black & Decker Corporation y se utiliza con autorización.

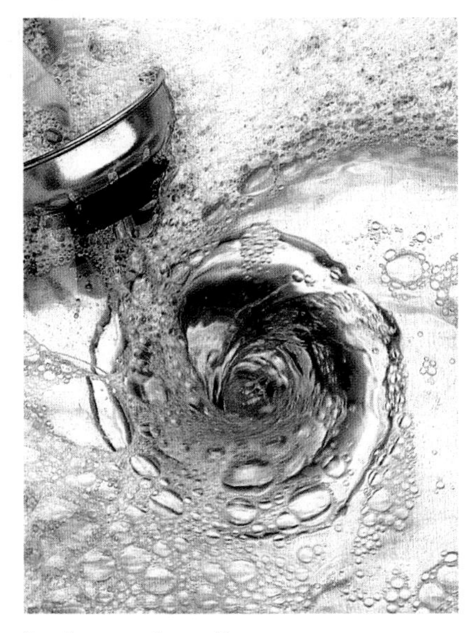

Inodoros y desagües

Bañeras y regaderas

Calentadores de agua

Reparaciones de emergencia

Versión en español
JUAN NAVES RUIZ

Miembro de la Cámara Nacional de la Industria Editorial Mexicana. Registro número 121

Primera edición: 1994
(9435)

ISBN 968-18-4718-0
ISBN 968-18-4852-7 (serie completa)

Esta obra se terminó de imprimir en marzo de 1994 en los talleres de R.R. Donnelley & Sons Company Book Group 1145 Conwell Avenue Willard, Ohio, USA 44888-0002.

La edición consta de 20,000 ejemplares más sobrantes para reposición.

Introducción

Los problemas de plomería son cuestiones de todos los días para cualquier propietario de un inmueble. Al pasar el tiempo, las llaves presentan fugas, los tubos de desagüe se obstruyen y los aparatos de uso doméstico se desgastan y deben ser reemplazados. En estos casos se tienen dos opciones: llamar a un plomero profesional, o por el contrario, ahorrarse mucho dinero llevando a cabo las propias reparaciones.

Este libro constituye un manual completo de reparaciones, creado para guiar al lector en la realización de prácticamente cualquier trabajo de reparación en plomería. Al seguir los consejos expertos de plomeros profesionales y las instrucciones ilustradas con cientos de fotografías en color, en las que se explica cada uno de los diferentes pasos de las tareas, el lector podrá realizar con éxito las reparaciones que requiera el sistema de plomería de su hogar.

Para ayudar al lector a comprender el funcionamiento de las instalaciones de plomería, las páginas iniciales brindan una vista detallada de un sistema completo de plomería doméstica, que muestra todos los tubos en colores distintos para facilitar su identificación. Se incluyen descripciones detalladas de cada una de las partes del sistema como guías para diagnosticar los problemas y planear las reparaciones posibles.

En la siguiente sección se muestra un catálogo de herramientas que ayuda a identificar las herramientas de mano comunes, herramientas especiales para plomería, y las herramientas eléctricas y de alquiler que se utilizan en las tareas descritas en este libro. Esta sección resulta útil para identificar rápidamente las herramientas necesarias para llevar a cabo las reparaciones.

La sección acerca de materiales es una de las partes más útiles de este libro. No sólo sirve para conocer los diferentes tipos de tubos y accesorios existentes sino también la forma de cortar, ajustar, reparar, y sustituir cada uno de ellos. Debido a que no es posible prever las condiciones de trabajo o la configuración del sistema de plomería de cada hogar, esta vista general proporciona los conocimientos e información necesarios para realizar cualquier reparación o cambio proyectados.

La sección más extensa de este libro presenta la solución a muchos de los problemas de plomería que pueden tener lugar en un hogar típico. La sección correspondiente a la reparación de llaves es una de las guías más completas y fáciles de entender de cuantas se han publicado hasta la fecha. Asimismo, el lector aprenderá a instalar y dar mantenimiento a inodoros, todo tipo de desagües, calentadores, tanto eléctricos como de gas así como al sistema de plomería de bañeras y regaderas. Encontrará docenas de valiosas indicaciones profesionales para que cada tarea resulte más fácil y rápida, así como una información completa acerca de cómo desmontar y cambiar llaves, inodoros, y calentadores de agua.

Una sección final brinda información acerca de cómo prevenir o reparar algunos de los problemas de plomería más comunes y molestos: la ruptura, congelación o ruido en los tubos.

Los editores se enorgullecen de ofrecer este libro de referencias, amplio y compacto, y confían en que habrá de constituir una adición importante a la biblioteca familiar.

ADVERTENCIA

Este libro proporciona información práctica, pero es imposible prever las condiciones de trabajo o las características de los materiales y herramientas de nuestros lectores. Para mayor seguridad se deberá tener cuidado y aplicar un buen juicio al seguir los procedimientos que este libro describe. El lector deberá tener en cuenta su propio nivel de habilidad, así como las instrucciones y las precauciones de seguridad relacionadas con las distintas herramientas y materiales que aquí aparecen. Los editores y Black & Decker® no se hacen responsables por los daños a la propiedad o las lesiones personales provocadas por un mal uso de la información presentada en esta obra.

Las instrucciones de este libro fueron escritas conforme a "The Uniform Plumbing Code", "The National Electrical Code Reference Book" y "The Uniform Building Code" en vigor en el momento de la publicación de este libro. Conviene consultar al departamento local de construcción para obtener información relacionada con permisos de construcción, códigos y otras leyes aplicables a los proyectos.

El sistema doméstico de plomería

Debido a que la parte más grande de los sistemas de plomería está oculta dentro de muros o pisos, parecería que se trata de un laberinto complejo de tubos y accesorios. En realidad, la plomería doméstica es simple y libre de complicaciones. La comprensión del funcionamiento de la plomería doméstica es el primer paso antes de emprender el mantenimiento constante y la reparación de desperfectos del sistema.

Un sistema típico de plomería doméstica se compone de tres partes básicas: un sistema de suministro de agua, las instalaciones y aparatos y un sistema de desagüe. Estas tres partes se muestran claramente en la fotografía del corte de una casa que aparece en la página opuesta.

El agua potable entra a la casa a través de un tubo principal de suministro 1). El agua es suministrada por una compañía municipal o por un pozo privado subterráneo. Si el agua es de suministro municipal, ésta pasa por un medidor 2) que registra la cantidad de agua utilizada. Una familia de cuatro personas utiliza aproximadamente cuatrocientos galones de agua por día (1 500 litros).

Del tubo principal se deriva un tubo secundario 3) que va unido a un calentador de agua. 4) De éste último sale otro tubo que conduce agua caliente y marcha en paralelo con el tubo de agua fría para llevar el suministro de agua a las instalaciones y aparatos de toda la casa. Entre las instalaciones se encuentran los fregaderos, las bañeras, las regaderas, y los lavaderos. Entre los aparatos figuran los calentadores de agua, los lavaplatos, las lavadoras de ropa y los ablandadores de agua. Los inodoros y los grifos para manguera exterior requieren únicamente un suministro de agua fría.

El suministro de agua a instalaciones y aparatos se controla por medio de llaves y válvulas. Ambas cuentan con partes móviles y empaques que pueden en su momento desgastarse o romperse, pero pueden ser reparados o cambiados fácilmente.

El agua residual sale de la casa por medio del sistema de desagüe. En primer lugar pasa por un sifón, 5) que es una pieza de tubo en forma de U que conserva agua permanentemente, e impide que los gases de la alcantarilla entren a la casa. Cada aparato instalado debe contar con su respectivo sifón de desagüe.

El sistema de desagüe funciona simplemente por gravedad y permite que el agua residual fluya a través de una serie de tubos con un diámetro adecuado. Estos tubos de desagüe van unidos a un sistema de tubos de ventilación. Éstos 6) llevan aire fresco al sistema de desagüe y evitan la succión que retardaría o detendría el flujo del agua de desagüe. Los tubos de ventilación tienen su salida habitualmente por un tubo de ventilación situado en el techo de la casa 7).

Toda el agua residual llega a un conducto principal de residuos y ventilación 8). Éste se curva para desembocar en un tubo de alcantarillado 9) que sale de la casa cercana de sus cimientos. En un sistema municipal este tubo de alcantarilla se une a la alcantarilla principal, situada cerca de la calle. Donde no existe un servicio municipal, el agua residual va a un sistema séptico.

Medidor de consumo de agua y válvula principal de cierre generalmente se encuentran en el sitio en que la tubería principal de suministro de agua entra en la casa. El medidor de agua es propiedad de la compañía municipal. Si el medidor presenta fugas o si se sospecha que no está funcionando correctamente, se deberá acudir a la compañía de suministro de agua para solicitar su reparación.

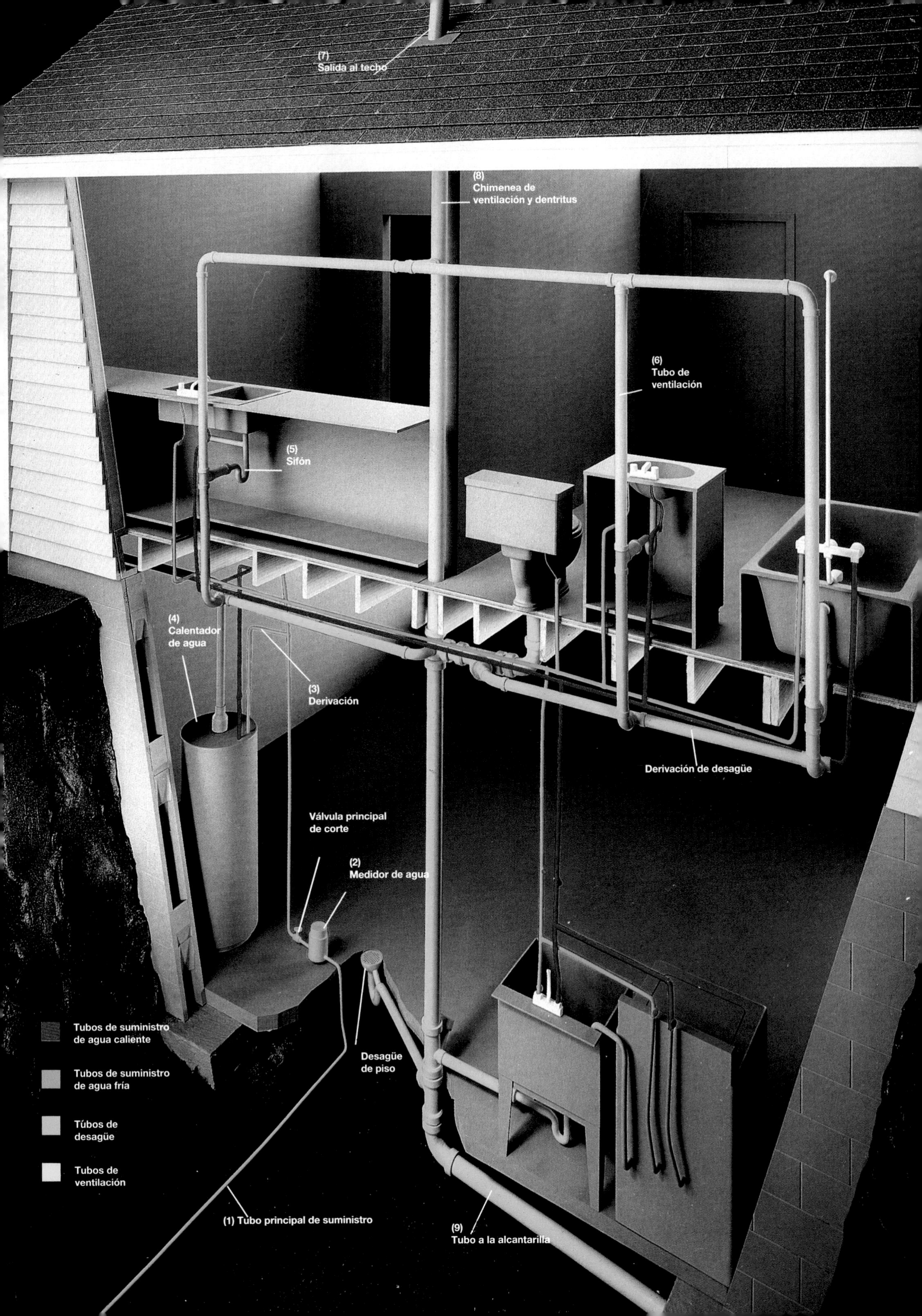
(7)
Salida al techo
(8)
Chimenea de
ventilación y dentritus
(6)
Tubo de
ventilación
(5)
Sifón
(4)
Calentador
de agua
(3)
Derivación
Derivación de desagüe
Válvula principal
de corte
(2)
Medidor de agua
Desagüe
de piso
Tubos de suministro
de agua caliente
Tubos de suministro
de agua fría
Tubos de
desagüe
Tubos de
ventilación
(1) Tubo principal de suministro
(9)
Tubo a la alcantarilla

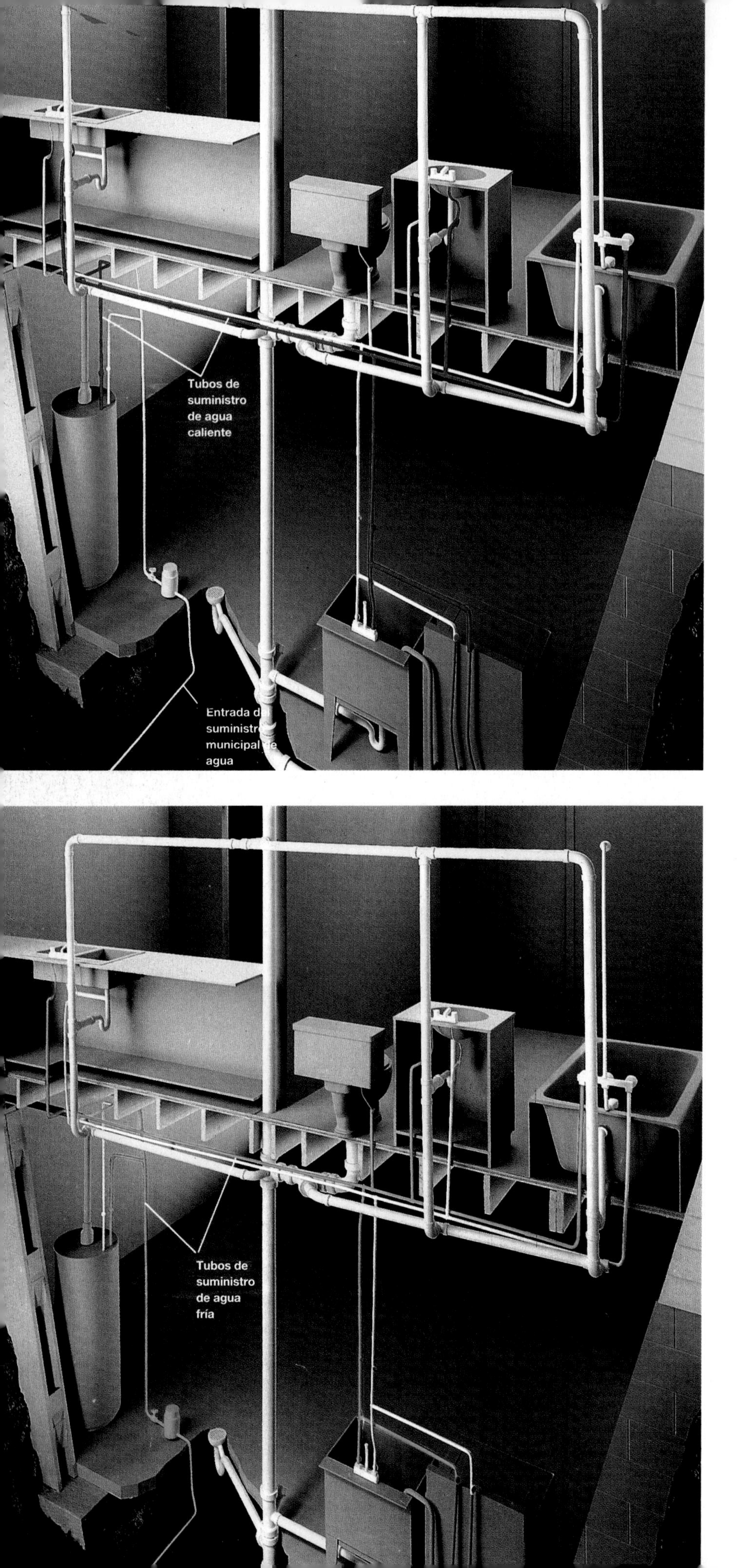

El sistema de suministro de agua

Los tubos de suministro de agua conducen agua fría y agua caliente por toda la casa. En los hogares construidos en los Estados Unidos antes de 1950, los tubos originales de suministro eran generalmente de hierro galvanizado. Otras casas más modernas cuentan con tubos de suministro de cobre. En algunos estados de ese país los tubos de suministro de plástico forman parte de los materiales aceptados por las normas locales de plomería.

Los tubos de suministro de agua están fabricados para soportar las altas presiones del sistema de suministro de agua. Generalmente su diámetro es de 1/2 a 1 pulgada (1.25 a 2.5 centímetros), y están unidos mediante accesorios fuertes y resistentes a la presión del agua. Los tubos de agua fría y de agua caliente se instalan paralelamente en toda la casa. Habitualmente, los tubos de suministro van dentro de los muros o corren sujetos con grapas a la parte baja de las viguetas de los pisos.

Los tubos de suministro de agua fría y caliente se conectan a las instalaciones y aparatos domésticos. Entre los primeros figuran los fregaderos, bañeras y regaderas. Algunas instalaciones, como los inodoros y las llaves para manguera, normalmente requieren un suministro sólo de agua fría. Entre los aparatos domésticos se encuentran los lavaplatos y las lavadoras de ropa. Un refrigerador constituye un ejemplo de aparato que sólo usa agua fría. Según la tradición los tubos de suministro de agua caliente y sus llaves, se encuentran en el lado izquierdo, y los de agua fría en el lado derecho.

Debido a la alta presión del agua, los problemas más frecuentes en el sistema de suministro de agua son las fugas. Esto es particularmente cierto cuando se trata de tubos de hierro galvanizado cuya resistencia disminuye debido a la corrosión.

El sistema de drenaje–detritus–ventilación

Los tubos de desagüe utilizan la gravedad para eliminar el agua de los accesorios, instalaciones y otros drenajes. Esta agua de desperdicio sale de la casa hacia la alcantarilla municipal o hacia el tanque séptico.

Los tubos de drenaje son habitualmente de plástico o de hierro colado. En algunas casas antiguas los tubos de drenaje son de cobre o plomo. Debido a que no forman parte del sistema de suministro, los tubos de drenaje de plomo no plantean riesgos para la salud. Sin embargo, los tubos de plomo no se fabrican ya para uso en los sistemas de plomería domésticos.

Los tubos de desagüe tienen diámetros que van desde 1 1/4 hasta 4 pulgadas (3.17 a 10.16 cm). Estos diámetros permiten que el agua circule con facilidad.

Los sifones constituyen una parte importante del sistema de desagüe. Estas secciones curvadas de los tubos del desagüe conservan agua estacionaria, y se encuentran habitualmente cerca de cualquier salida de desagüe. El agua estacionaria en el sifón impide que los gases de alcantarillado entren a la casa. Cada vez que se utiliza el drenaje, el agua que había en el sifón es eliminada y sustituida. Para funcionar correctamente, los sistemas de desagüe requieren una entrada de aire. Éste permite que el agua de desperdicio fluya libremente por los tubos de drenaje.

Para facilitar la entrada del aire al sistema del drenaje, los tubos de drenaje van conectados a otros tubos de ventilación. Todos los sistemas de drenaje deben de contar con ventilación, y la totalidad del sistema así formado se denomina sistema de drenaje, desagüe, y ventilación. Una o más chimeneas de ventilación, situadas en el techo de la casa, suministran el aire necesario para que el sistema funcione correctamente.

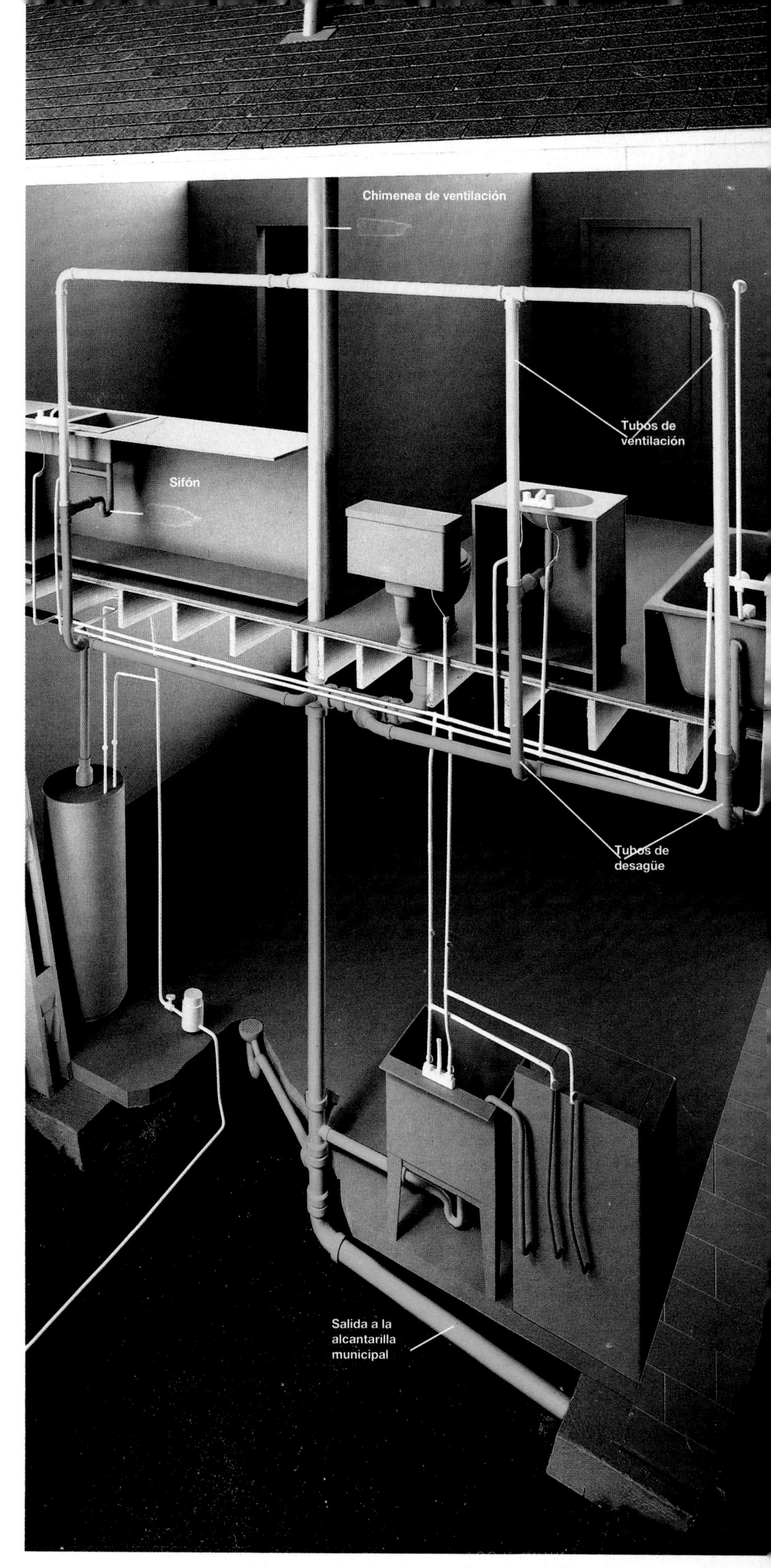

Herramientas para plomería

Muchos trabajos y reparaciones de plomería se efectúan con herramientas de mano básicas. El lector agregará unas cuantas herramientas de plomería para realizar todos los trabajos que aparecen en este libro. Las herramientas especiales, como el cortador de hierro colado o las carretillas para instrumentos, pueden ser alquiladas.

Al comprar herramientas se debe invertir en productos de buena calidad. Las herramientas requieren cuidado, mantenimiento y limpieza después de usarlas. La oxidación de las herramientas de metal se evita frotándolas con un trapo empapado de aceite doméstico. Si una herramienta de metal se humedece, debe secarse y limpiarla con un trapo aceitado. Es necesario mantener las cajas y los gabinetes de las herramientas organizados adecuadamente. Se debe cuidar que todas las herramientas estén almacenadas con seguridad.

Pistola para sellar. Diseñadas para usar tubos de sellador o pegamento. Una manija de presión impulsa por la espita un chorro continuo de sellador o pegamento.

Linterna de mano. Instrumento indispensable para el plomero, al que ayuda a inspeccionar las salidas de desagües o tuberías.

Probador de circuitos. Instrumento de seguridad que permite comprobar si hay corriente en un contacto o aparato eléctrico. Se le llama también *probador de alambres vivos*.

Llave de trinquete. Se utiliza para apretar o aflojar tuercas y tornillos. Cuenta con casquillos intercambiables que se adaptan a los distintos tamaños de tuercas y tornillos.

Sierra para cortar metales. Se le utiliza para el corte de piezas metálicas. También es útil para el corte de tubos de plástico. Cuenta con hojas sustituibles.

Navaja de uso general. Cuenta con hojas bien afiladas, y sirve para cortar una gran variedad de materiales. Es útil para recortar los extremos de los tubos de plástico. Para mayor seguridad en su empleo, la hoja cortante debe ser retráctil.

Cepillo de alambre. Cuenta con cerdas suaves de latón, y se usa para limpiar metales sin causar daños a la superficie.

Cortafrío. Se usa con un *martillo de bola* para cortar azulejos de cerámica, mortero, o metales endurecidos.

Limas. Se usan para suavizar los bordes de piezas de metal, madera o plástico. La lima *redonda* (arriba) se utiliza para eliminar rebabas del interior de los tubos. La lima *plana* se usa en general en tareas de suavizado.

Desarmadores. Sus tipos más comunes son dos: el *plano*, (arriba), y el *phillips* o *de cruz*.

Llaves ajustables. Cuentan con mordazas móviles que les permiten agarrar a una amplia variedad de tuercas y tornillos.

Alicates ajustables. Cuentan con mordazas ajustables, lo que permite lograr una fuerza máxima de agarre. Para evitar el deslizamiento, la parte interior de las mordazas es aserrada.

Alicates con punta de aguja. Sus mordazas angostas permiten coger objetos muy pequeños o trabajar en espacios reducidos.

Espátula. Muy útil para rascar mástique o sellador viejo, eliminándolo de aparatos e instalaciones.

Martillo de bola. Se utiliza para golpear objetos metálicos, entre ellos el *cortafrío*. La cabeza del martillo de bola está hecha de un material inastillable.

Mazo de madera. Utilizado para golpear objetos no metálicos, por ejemplo, los anclajes de plástico.

Cinta métrica. Debe contar con una hoja flexible de acero de por lo menos 16 pies de largo (5 metros).

Nivel. Se utiliza para la nivelación de aparatos y para comprobar la inclinación de los ductos de escape.

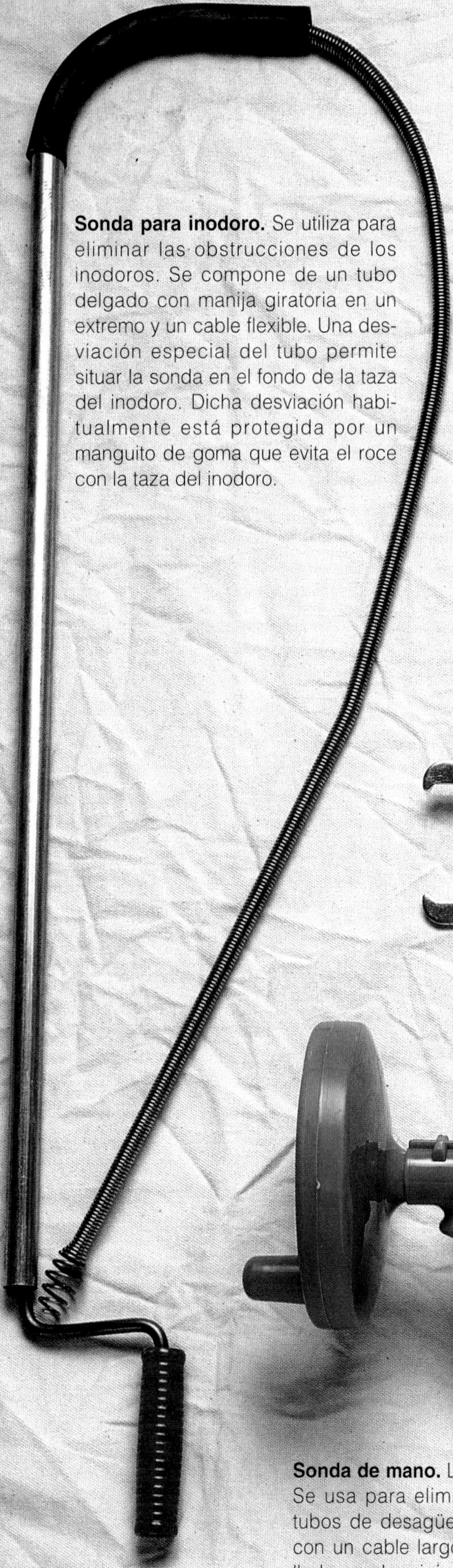

Cortador de tubos. Con este aparato se hacen cortes rectos y suaves en los tubos de plástico o de cobre. El cortador de tubos cuenta habitualmente con una hoja triangular sin filo, llamada *punta de escariar,* para eliminar las rebabas del interior de los tubos.

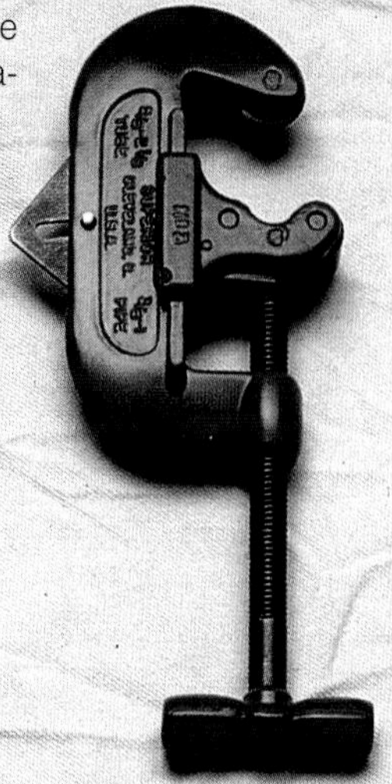

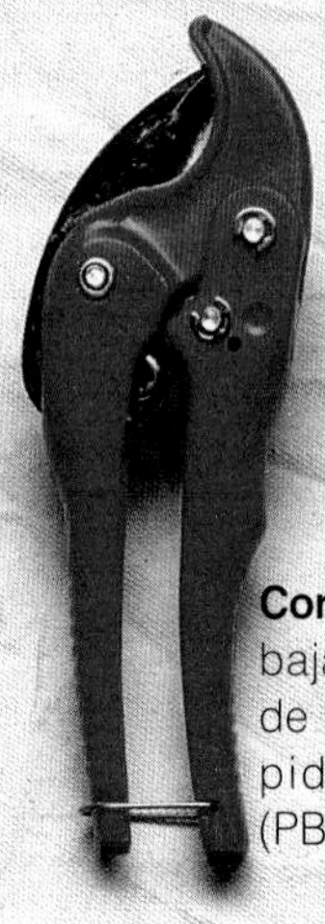

Sonda para inodoro. Se utiliza para eliminar las obstrucciones de los inodoros. Se compone de un tubo delgado con manija giratoria en un extremo y un cable flexible. Una desviación especial del tubo permite situar la sonda en el fondo de la taza del inodoro. Dicha desviación habitualmente está protegida por un manguito de goma que evita el roce con la taza del inodoro.

Cortador para tubos de plástico. Trabaja como una tenaza de jardinero de las usadas para podar. Corta rápidamente los tubos de plástico (PB).

Llave de cola. Diseñada especialmente para aflojar o apretar tuercas grandes, de 2 a 4 pulgadas (5 a 10 cm). Los ganchos de sus extremos se sujetan a las salientes de las tuercas, para aumentar de esta manera la fuerza aplicada.

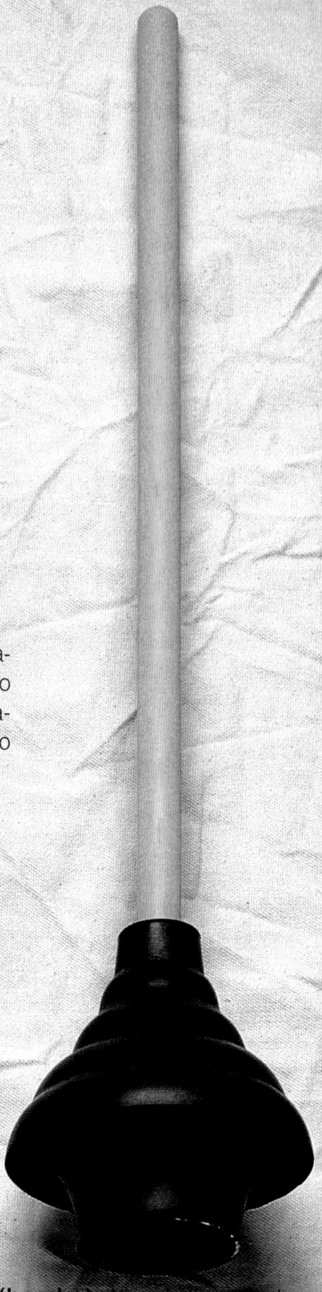

Émbolo (bomba). Limpia las obstrucciones mediante la presión del agua. El reborde central (ver figura) se utiliza para eliminar obstrucciones en los inodoros. Si se pliega hacia adentro tal reborde, la herramienta se convierte en un *émbolo normal*, que se utiliza para eliminar obstrucciones en lavabos, bañeras, regaderas, fregaderos y desagües de piso.

Sonda de mano. Llamada también *serpiente*. Se usa para eliminar obstrucciones en los tubos de desagüe. Esta herramienta cuenta con un cable largo y flexible de acero enrollado en el recipiente en forma de disco que hace las veces de manivela. Un mango semejante al de una pistola permite aplicar al aparato una presión continua.

Boquilla de agua a presión. Se utiliza para limpiar desagües. Se acopla a una manguera de jardín, y elimina las obstrucciones mediante fuertes chorros de agua. Se utiliza principalmente para limpiar desagües de piso.

Soplete de propano. Se utiliza para soldar accesorios a los tubos de cobre. Se enciende fácilmente y con seguridad por medio de un encendedor de chispa (a la derecha de la figura).

Llaves para tubos. Cuentan con mordazas móviles que se ajustan a los distintos diámetros de los tubos. Se utilizan para apretar o aflojar tubos, accesorios, o tuercas de gran tamaño. Generalmente se utilizan dos llaves para evitar daños a tubos y accesorios.

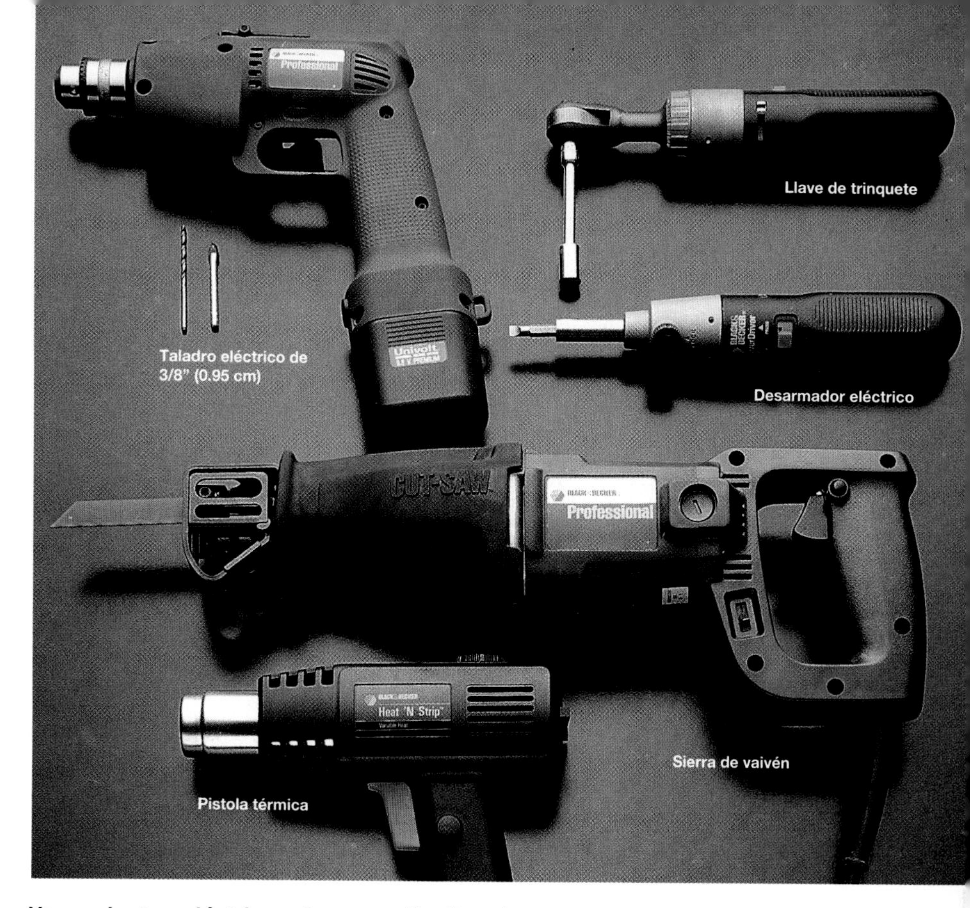

Herramientas eléctricas de mano. Realizan las tareas más rápido y con mayor facilidad y seguridad. Las herramientas inalámbricas o de baterías resultan más convenientes. Para tareas de perforación se utiliza un **taladro** de 3/8" (0.95 cm). Una llave de trinquete eléctrica facilita el trabajo con tornillos de cabeza hexagonal. Un **desarmador reversible** puede atornillar una gran variedad de tornillos y sujetadores. La **sierra de vaivén**, de hojas sustituibles, corta madera, metal o plástico. Los tubos congelados se deshielan fácilmente con una **pistola térmica.**

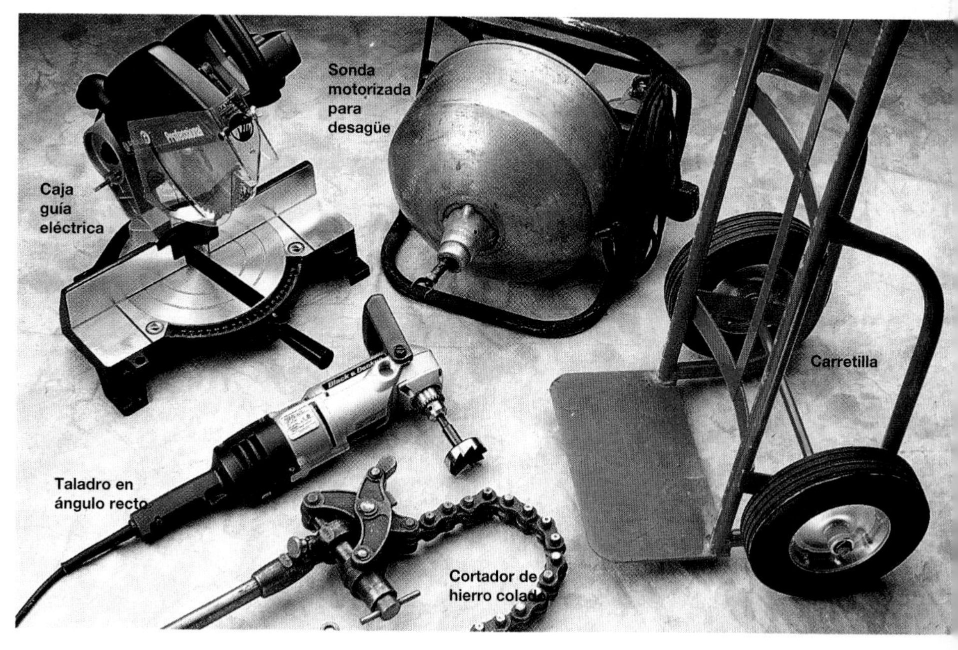

Herramientas de alquiler. En ciertas ocasiones, y para trabajos de importancia, puede ser necesario alquilar algunas herramientas. Una **caja guía** motorizada hace cortes rápidos y precisos en una gran variedad de materiales, incluidos los tubos de plástico. Una **sonda motorizada** saca las raíces de los árboles de los tubos de alcantarilla. Por medio de una **carretilla** pueden desplazarse objetos pesados, por ejemplo, un calentador de agua. El **cortador de hierro colado** secciona los tubos de este material, y un **taladro en ángulo** recto permite hacer perforaciones en áreas de acceso difícil.

Materiales para plomería

Consulte las especificaciones de plomería de su localidad para los materiales cuyo uso está permitido en el área. Todos los diámetros que se indican son diámetros interiores (D.I.) de los tubos.

Aplicaciones y características
Hierro colado: Es muy fuerte, pero resulta difícil de cortar y ajustar. Los cambios y reparaciones deberán llevarse a cabo usando tubo plástico, si las especificaciones locales lo permiten.
ABS (Estireno-butadieno-acriloitrilo): Fue el primer plástico rígido aprobado para uso en los sistemas de drenaje doméstico. Algunas especificaciones locales de plomería limitan el uso de este material en instalaciones nuevas.
PVC (Cloruro de polivinilo): Es un plástico rígido moderno, con alta resistencia al calor y los compuestos químicos. Es el mejor material a utilizar en los tubos de drenaje-detritus-ventilación.
Hierro galvanizado. Es muy resistente pero se corroe gradualmente. No es aconsejable para las instalaciones nuevas. El hierro galvanizado es difícil de cortar y de ajustar, los trabajos de importancia deben ser realizados por un profesional.
CPVC (Cloruro de polivinilo clorado): Plástico rígido formulado químicamente para soportar las elevadas temperaturas y presiones de los sistemas de suministro de aguas. Los tubos y accesorios de este material no son costosos.
PB (Poli-butileno): Plástico flexible fácil de instalar. Se dobla fácilmente para adaptarse a las esquinas, y requiere menos accesorios que el CPVC. Algunos códigos locales no permiten todavía el empleo del tubo PB.
Cobre rígido: Es el mejor material para los tubos de suministro de agua. Resiste la corrosión, y tiene paredes interiores suaves por las que el agua fluye libremente. Las juntas de cobre soldado son muy duraderas.
Cobre cromado: Tiene una superficie brillante muy atractiva, y se utiliza en las áreas en las que la apariencia es importante. El cobre cromado es duradero y fácil de doblar e instalar.
Cobre flexible: Es fácil de doblar y soporta sin romperse una helada ligera. El cobre flexible se dobla fácilmente para adaptarse a las esquinas, por lo que requiere menos accesorios que el cobre rígido.
Latón: Material resistente y duradero. El **latón cromado** tiene una atractiva superficie brillante, y se utiliza para los sifones en sitios donde la apariencia es importante.

Uso habitual	Longitud	Diámetros	Métodos de instalación	Herramientas para el corte
Tubos principales de drenaje, detritus y ventilación	5-10 pies (1.52-3.05 m)	3 ' ', 4 ' ' (7.62, 10.16 cm)	Se unen con acoplamientos de abrazaderas y fajas de neopreno	Cortador de hiero colado o sierra para metales
Tubos de drenaje y ventilación; sifones	10', 20', (3.05, 6.1 m) o vendido por pie lineal	1 1/2", 2", 3", 4" (3.81, 5.08, 7.62, 10.10 cm)	Se unen con pegamento disolvente y accesorios de plástico	Cortador de tubos, caja guía o sierra para metales
Tubos de drenaje y ventilación; sifones	10 pies, 20 pies (3.05-6.1 m), o vendido por pies lineales	1 $^1/_2$", 2", 3", 4" 3.81, 5.08, 7.62, (10.16 cm)	Se unen con pegamento disolvente y accesorios de plástico	Cortador de tubos, caja guía o sierra para metales
Desagües; tubos de suministro de agua fría y caliente	Niveles de 1" a 1 pie (2.54 a 3.05 cm), se vende en tramos hasta de 20 pies (6.1 m)	1/2", 3/4", 1", 1$^1/_2$", 2" (1.27, 1.90, 2.54, 3.81, 5.08)	Se unen con accesorios roscados galvanizados	Sierra para metales o sierra de vaivén
Tubos de suministro de agua fría y caliente	10 pies (3.05 m)	3/8 ", 1/2 ", 3/4 ", 1 " (0.95, 1.27, 1.90, 2.54 cm)	Se unen con pegamento disolvente y accesorios de plástico, o con accesorios de agarre	Cortador de tubos, caja guía o sierra para metales
Suministro de agua fría y caliente (usar sólo en áreas donde el código lo permita)	Tramos de 25 pies, carretes de 100 pies (7.62, 30.5 m) o vendido por pies lineales	3/8 ", 1/2 ", 3/4 " 0.95, 1.27, (1.90 cm)	Se unen con accesorios de agarre de plástico	Cortador de tubos flexibles de plástico, navaja bien afilada o caja guía.
Tubos de suministro de agua caliente y fría	10 pies, 20 pies (3.05, 6.1 m), o vendido por pies lineales	3/8 ", 1/2 ", 3/4 ", 1 " (0.95, 1.27, 1.90, 2.54 cm)	Se unen con soldadura metálica o con accesorios de compresión	Cortador de tubos, sierra para metales o sierra caladora
Tubería de suministro para instalaciones de plomería	12 ", 20 ", 30 ", (30.5, 50.8, 76.2 cm)	3/8 " (0.95 cm)	Se unen con accesorios de compresión en latón	Cortador de tubos o sierra para metales
Tubería para gas; tubería de suministro de agua caliente y fría	Tramos de 30 pies, carretes de 60 pies (9.15, 18.3 m) o vendido por pies lineales	1/4 ", 3/8 ", 1/2 ", 3/4 ", 1" (0.63, 0.95, 1.27, 1.90, 2.54 cm)	Se unen con accesorios abocardados de latón, accesorios de compresión, o con soldadura metálica	Cortador de tubos o sierra para metales
Válvulas normales y de cierre; sifones cromados de desagüe	Su longitud varía	1/4 ", 1/2 ", 3/4 ", *para sifones:* 1 1/4 ", 1 1/2 " (0.63, 1.27, 1.90, 3.17, 3.81 cm)	Unidos con accesorios de compresión o mediante soldadura metálica	Cortador de tubos, sierra para metales o de vaivén

Los codos de 90° se usan para cambiar la dirección de una tubería en un ángulo recto. Los codos del sistema de drenaje-detritus-ventilación son curvos para evitar que los desechos queden atorados en la vuelta.

Los accesorios en T se utilizan para conectar tubos secundarios a la tubería principal de suministro de agua o al sistema de drenaje-detritus-ventilación. Un accesorio en T utilizado en este sistema se denomina "T sanitaria".

Los acoplamientos se usan para unir dos tubos en línea recta. Los acoplamientos especiales de transición (página opuesta) se usan para unir dos tubos hechos con distintos materiales.

Los reductores conectan tubos de diferentes diámetros. Existen también accesorios reductores en forma de T y codo.

Los codos en 45° se utilizan para hacer desviaciones graduales en el recorrido de una tubería. Existen también codos para desviaciones de 60° y 72°.

Accesorios para plomería

Los accesorios de plomería tienen formas diferentes para permitir la conexión de tuberías secundarias, cambiar la dirección de una tubería o conectar tubos de distintos calibres. Los accesorios de transición se utilizan para conectar tubos y aparatos hechos con distintos materiales (página opuesta); los accesorios vienen en distintos tamaños, pero la forma básica es estándar para los tubos de metal y de plástico. En general, los accesorios que se utilizan para conectar los tubos de drenaje cuentan con desviaciones graduales para permitir un flujo suave del desagüe.

Cómo utilizar los accesorios de transición

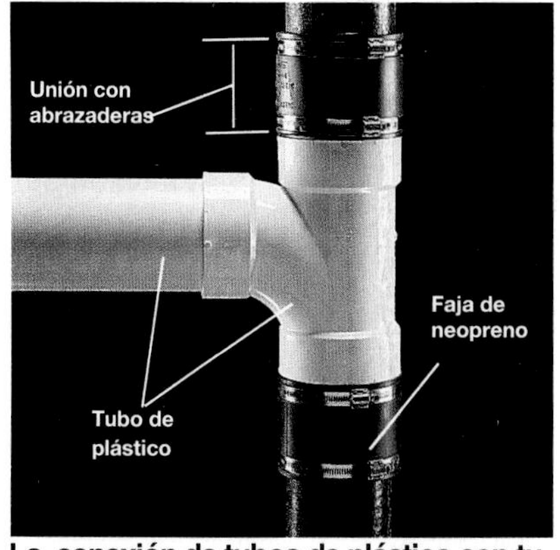

La conexión de tubos de plástico con tubos de hierro colado se debe efectuar por medio de uniones con abrazaderas y fajas de neopreno (págs. 42 a 45). Unos manguitos de goma cubren los extremos de los tubos y logran juntas herméticas.

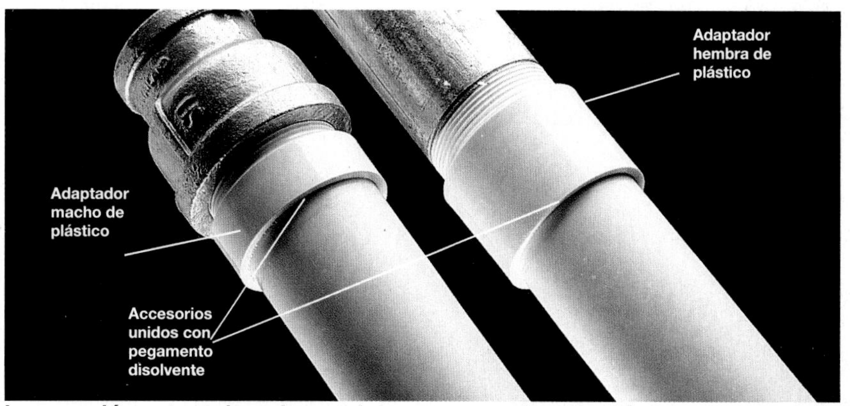

La conexión entre tubos de metal con rosca y tubos de plástico se debe hacer con adaptadores macho y hembra roscados. El adaptador de plástico se une con pegamento disolvente al tubo de plástico. Las roscas del tubo se envuelven con cinta Teflón[MR]. El tubo de metal se enrosca directamente al adaptador.

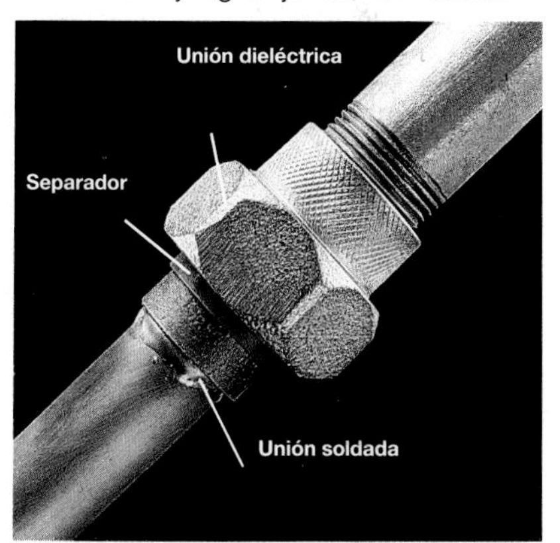

La conexión entre tubos de cobre y hierro galvanizado se hace por medio de una unión dieléctrica. La unión se enrosca al tubo de hierro y se suelda al de cobre. Una unión dieléctrica cuenta con un separador de plástico que impide la corrosión causada por la reacción electroquímica entre los metales.

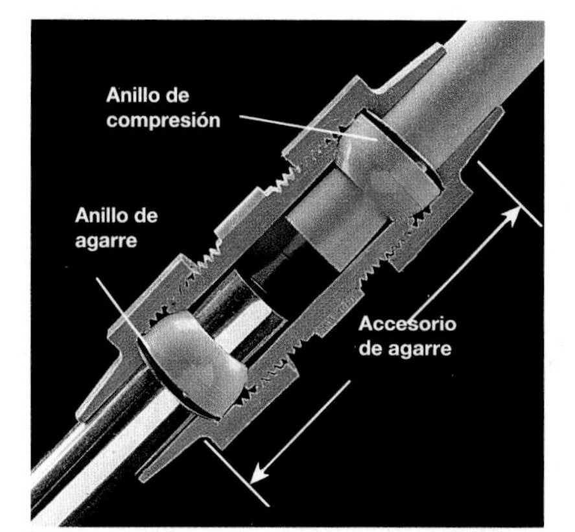

La conexión entre tubos de plástico y cobre se hace por medio de un accesorio de agarre. Cada uno de los lados de la unión (vista en corte) contiene un delgado anillo mordaza y un anillo de compresión de plástico (o junta tórica), que forma el sellado.

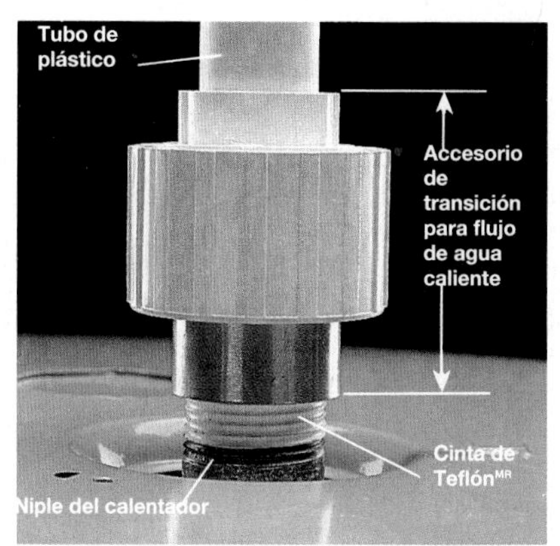

La conexión entre un tubo de metal y un tubo de plástico en una tubería de agua caliente se hace por medio de un accesorio de transición, el cual impide que se produzcan fugas por expansión de los materiales. El tubo de metal se envuelve en su parte roscada con cinta Teflón[MR]. El tubo de plástico se une al accesorio con pegamento disolvente.

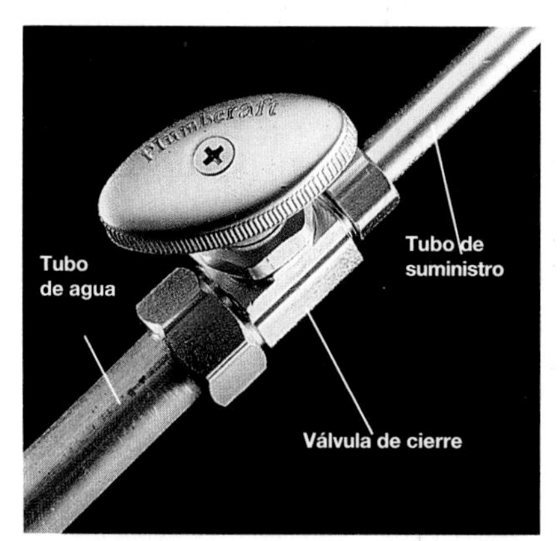

La conexión de un tubo de suministro a una instalación se efectúa usando una válvula de cierre (ver páginas 64 a 65)

La conexión entre un tubo de suministro y el vástago de una instalación se lleva a cabo usando una tuerca de acoplaje. Esta tuerca sella la punta acampanada del tubo de suministro contra el vástago de la instalación.

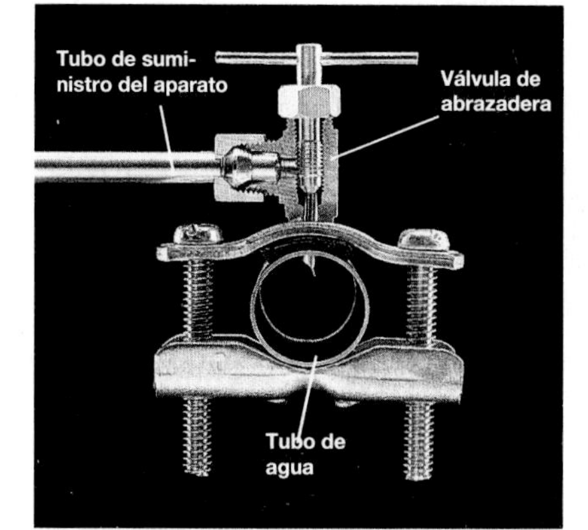

La conexión entre un tubo de suministro de cobre y un aparato se efectúa utilizando una válvula de abrazadera. (Ver página 69.) Ésta (en corte) se usa con frecuencia para conectar un tubo de suministro a la hielera de un refrigerador.

Las juntas soldadas (llamadas también juntas estaño soldadas) se usan para unir tubos de cobre. Las juntas soldadas correctamente (ver páginas 20 a 24) son fuertes y proporcionan un servicio libre de problemas. El tubo de cobre puede ser unido mediante accesorios de compresión (páginas 26 y 27) o con aborcados. (páginas 28 y 29.) Véase la tabla a continuación.

Cómo trabajar con tubos y accesorios de cobre

El cobre es el material ideal para los tubos de suministro de agua. Resiste la corrosión y tiene paredes interiores suaves que permiten que el agua fluya sin dificultades. Los tubos de cobre pueden conseguirse en varios calibres (página 15) pero la mayoría de los sistemas domésticos utilizan estos tubos en calibres de 1/2 ó 3/4 pulgadas (1.27 ó 1.90 cm). Los tubos de cobre se fabrican en calidades rígida o flexible.

El uso del cobre rígido en los sistemas de suministro de agua doméstica está aprobado por todas las normas locales. Se obtiene en tres calibres de acuerdo con el espesor de la pared: tipos M, L, y K. El tipo M es el más delgado, el menos costoso, y constituye una buena elección para la realización de trabajos en el hogar.

De acuerdo con los códigos de plomería, el tipo de tubo de cobre a utilizar en los sistemas de plomería comercial es el tubo rígido L. Debido a que es resistente y suelda fácilmente, el tipo L es el más usado por muchos plomeros profesionales e incluso por los aficionados que realizan sus propios trabajos. El tipo K es el de mayor calibre y se utiliza con gran frecuencia en la tubería subterránea de servicio.

El cobre flexible se fabrica en dos tipos, de acuerdo con el espesor de la pared: los tipos L y K. Ambos están aprobados para utilizarse en la mayoría de los sistemas de suministro de agua, aun cuando el cobre flexible tipo L se usa principalmente en las tuberías de gas. Debido a que es posible doblarlo ya que resiste una helada ligera, el tipo L puede ser instalado como parte de un sistema de suministro de agua en áreas interiores expuestas al calor, como los sótanos. El tipo K se utiliza en los tubos subterráneos de suministro de agua.

Un tercer tipo de tubería de cobre, denominada DWV, se utiliza en los sistemas de drenaje. Debido a que la mayoría de los códigos permiten ahora el uso de tubos de plástico de bajo costo en los sistemas de drenaje, el cobre DWV es utilizado en muy pocos casos.

Los tubos de cobre se conectan mediante soldadura, accesorios de compresión o abocarda (véase la tabla a continuación). El lector deberá consultar siempre el código de plomería de su localidad para saber cuáles son los tipos de tubos y accesorios cuyo uso está permitido en su área.

Tabla de tubos y accesorios de cobre

Método de instalación	Cobre rígido			Cobre flexible		Comentarios generales
	Tipo M	Tipo L	Tipo K	Tipo L	Tipo K	
Soldadura	Sí	Sí	Sí	Sí	Sí	Método barato, fuerte y seguro. Requiere de un cierto nivel de habilidad.
Accesorios de Compresión	Sí	No recomendados		Sí	Sí	Fácil de usar. Permite que los tubos o accesorios se reparen o cambien con facilidad. Más costoso que el de soldadura. Se utiliza con cobre flexible.
Accesorios abocardados	No	No	No	Sí	Sí	A utilizar únicamente con tubos de cobre flexible. Se utiliza generalmente en las instalaciones de tubería de gas. Su instalación requiere de cierta habilidad.

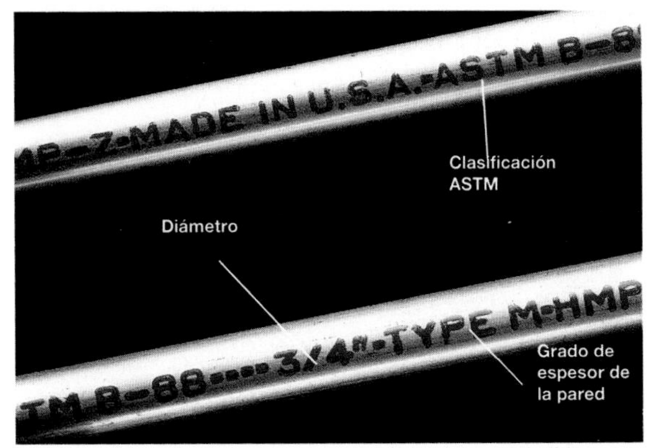

La información impresa en el tubo incluye el diámetro del mismo, el calibre de acuerdo con el espesor de la pared y un sello de aprobación por la ASTM (American Society for Testing and Materials). La información en los tubos tipo M está impresa en color rojo. El tipo L presenta información en azul.

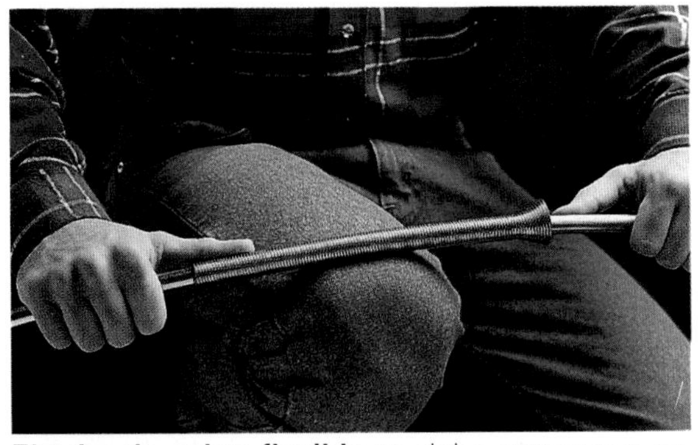

El tubo de cobre flexible se debe curvar con un doblador de resorte, para evitar deformaciones. Se debe emplear un doblador que coincida con el diámetro exterior del tubo. El doblador se desliza dentro del tubo utilizando un movimiento de giro. El tubo de cobre se dobla lentamente hasta lograr el ángulo correcto, el cual no debe ser mayor de 90º.

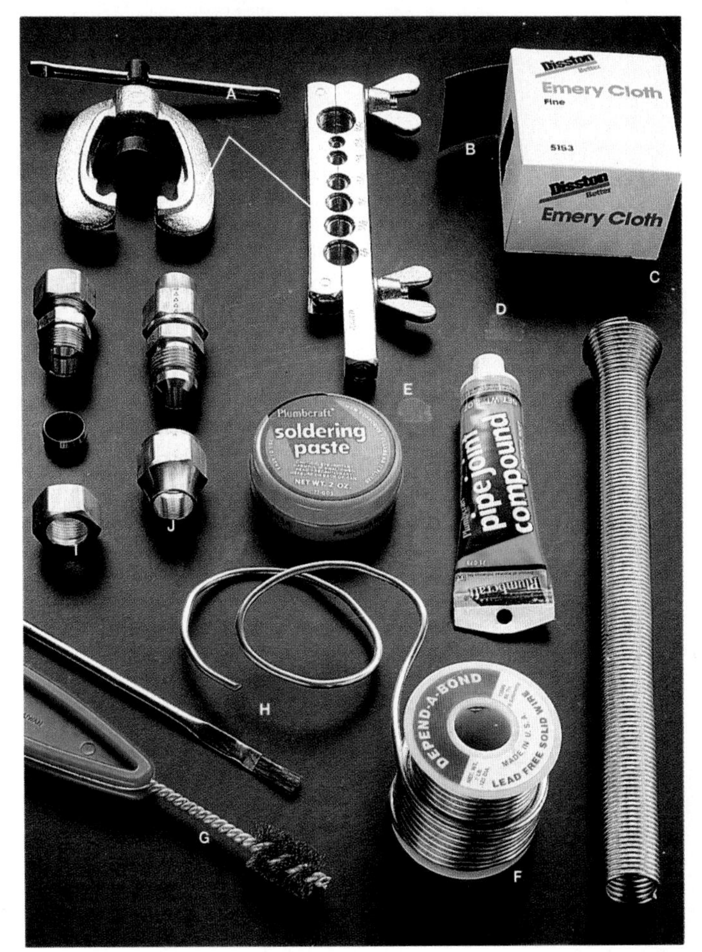

Las herramientas y materiales especiales para trabajar con el cobre son: abocardador A), tela de esmeril B), doblador de resorte para tubos C), compuesto para unir tubos D), pasta de soldar auto-eliminable (fundente) E), soldadura sin plomo F), cepillo de alambre G), brocha para fundente H), accesorios de compresión I), accesorios abocardados J).

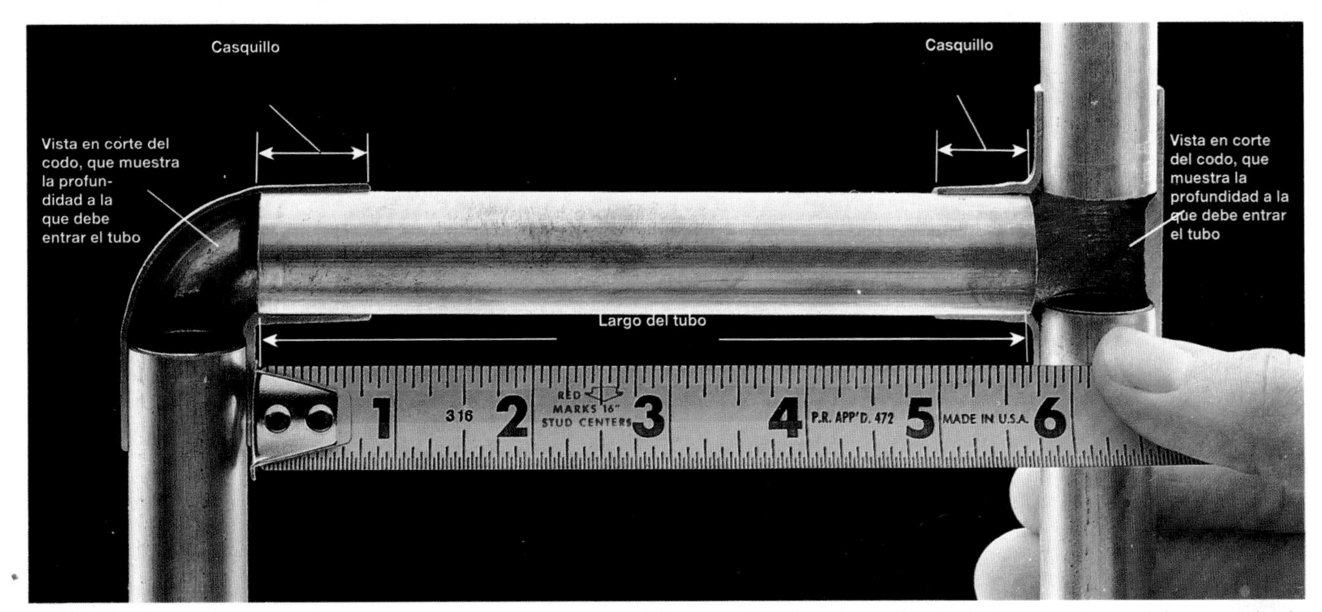

La longitud del tubo de cobre que se va a reemplazar se obtiene midiendo entre el fondo de los empalmes del accesorio de cobre cuyo corte se muestra en la fotografía. Debe marcarse el largo en el tubo con una pluma con punta de fieltro.

La madera se debe proteger del calor del soplete utilizando una capa doble (dos hojas de 18 x 18 pulg. ó 45 x 45 cm) de lámina de metal de calibre 26. Ésta se compra en ferreterías o centros de suministro de materiales para construcción, conservándola para utilizarla en otros trabajos de soldadura.

Corte y soldadura del cobre

El mejor procedimiento para cortar los tubos de cobre rígido o flexible consiste en usar un cortador de tubos. Esta herramienta realiza un corte suave y recto, lo que constituye un primer paso importante para lograr una unión libre de fugas. Las rebabas de los bordes se eliminan utilizando una herramienta escariadora o una lima redonda.

El cobre puede cortarse con una sierra para metales. Ésta resulta útil en áreas estrechas, en las que no es posible utilizar el cortador de tubos. Es necesario realizar un corte limpio y recto cuando éste se haga con la sierra.

Una unión soldada de tubos, llamada también junta estaño soldada, se hace calentando el accesorio de cobre o latón con un soplete de propano, hasta que el accesorio esté lo suficientemente caliente para fundir la soldadura metálica. El calor empuja a la soldadura para que llene el espacio entre el accesorio y el tubo, formando así una unión hermética. Si el accesorio está sobrecalentado, o calentado en forma desigual, no dejará correr la soldadura. Los tubos de cobre y los accesorios deberán estar limpios y secos para lograr una buena unión.

Antes de comenzar:

Herramientas: cortador de tubo con punta para escariar (o segueta y lima redonda), cepillo de alambre, brocha para aplicar la pasta, soplete de propano, encendedor de chispa (o cerillos), llave ajustable, alicates ajustables.

Materiales: tubo de cobre, accesorios de cobre, tela de esmeril, pasta para soldar (fundente), lámina de metal, soldadura sin plomo, trapos.

Tipos de soldadura

Tener cuidado al soldar el cobre. Los tubos y los accesorios se calientan mucho por lo que se deberá esperar a que enfríen antes de poder manipularlos.

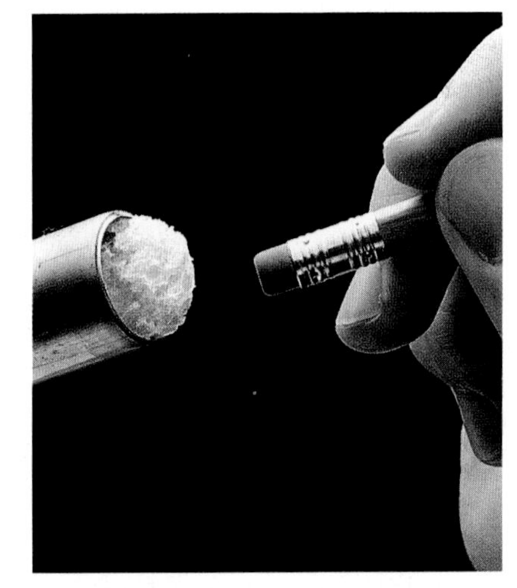

Al soldar tubos de suministro de agua se deberá mantener seca la junta, tapando el tubo con pan. Éste absorbe la humedad que impediría el proceso de soldadura, por lo que se producirían pequeñas fugas. El pan se disuelve cuando se reanuda el flujo del agua.

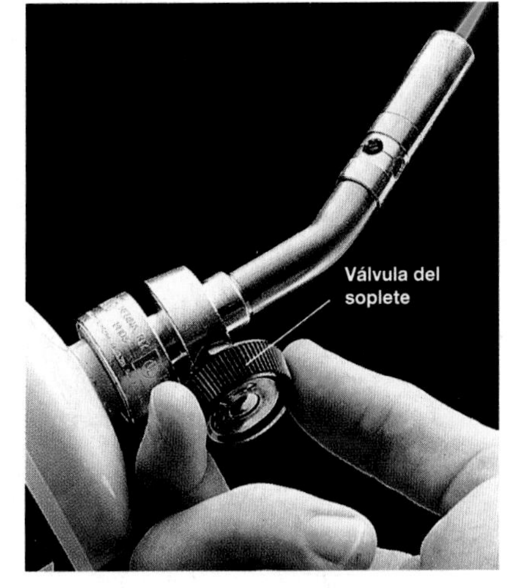

Evitar accidentes cerrando el soplete de propano inmediatamente después de usarlo. Asegurarse de que la válvula queda totalmente cerrada.

Cómo cortar tubos de cobre rígido o flexible

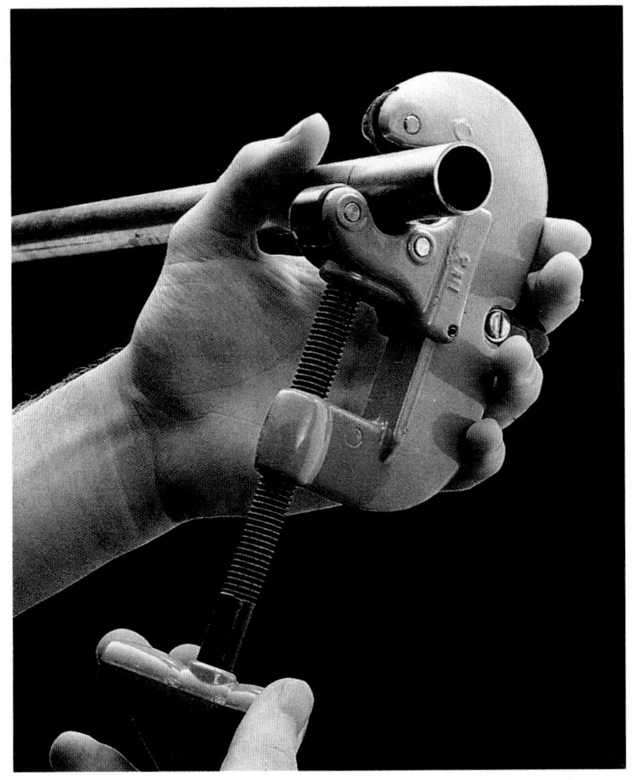

1 Poner el cortador sobre el tubo, y apretar la manija de manera que el tubo se apoye sobre los dos rodillos, con la rueda para cortar en la línea marcada.

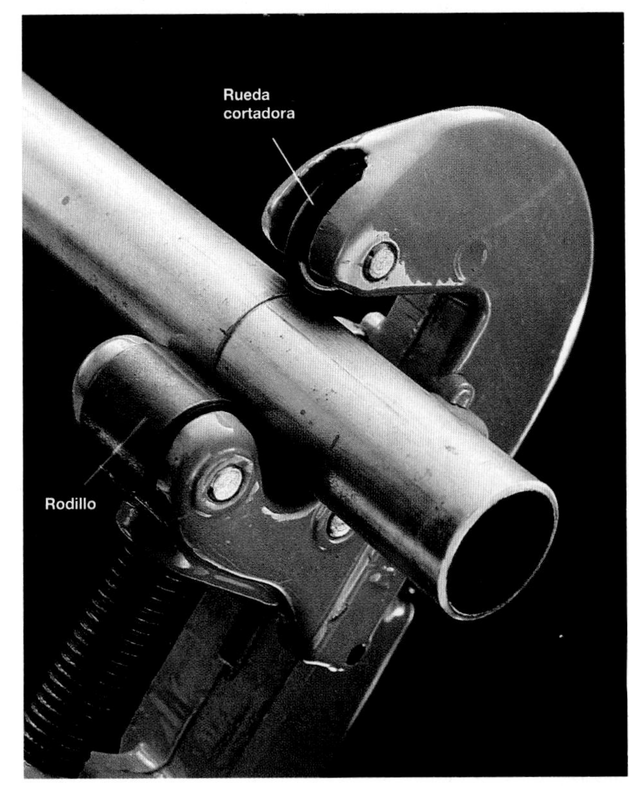

2 Dar una vuelta al cortador, de manera que la rueda de corte marque una línea recta y continua alrededor del tubo.

3 Dar vuelta al cortador en dirección contraria, apretando un poco la manija cada dos vueltas, hasta terminar el corte.

4 Las rebabas afiladas del borde interior del tubo cortado se eliminan usando la punta para escariar del cortador de tubos, o bien una lima redonda.

Cómo soldar tubos y accesorios de cobre

1 Limpiar los extremos de cada tubo usando tela de esmeril. Los extremos deben estar limpios y sin grasa, para lograr que la soldadura asiente bien.

2 Limpiar el interior de cada accesorio usando un cepillo de alambre o tela de esmeril.

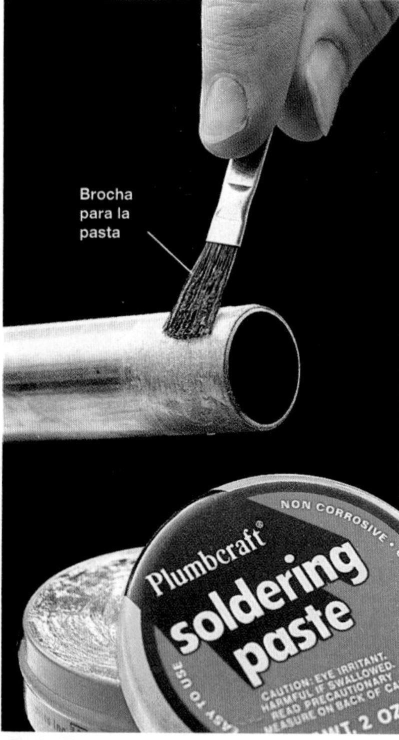

3 Aplicar una capa delgada de pasta para soldar (fundente) en cada uno de los tubos, usando una brocha. La pasta para soldar debe cubrir aproximadamente 1 pulgada (2.5 cm) del extremo del tubo.

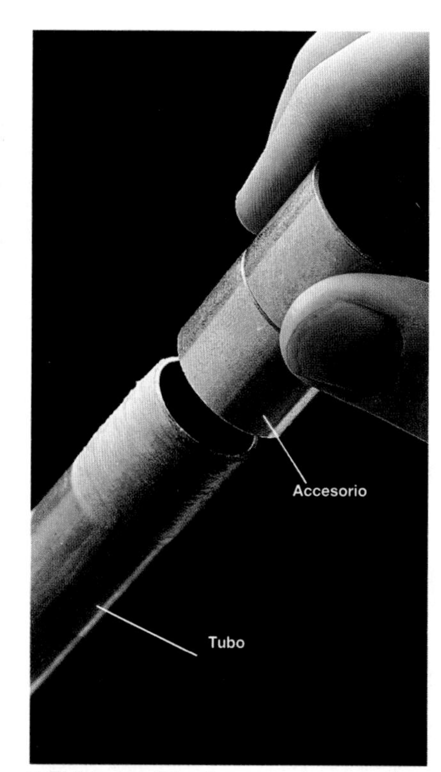

4 El tubo se introduce en el accesorio hasta que quede bien asentado contra el fondo del mismo. A continuación se da vuelta ligeramente al accesorio para que la pasta quede bien distribuida.

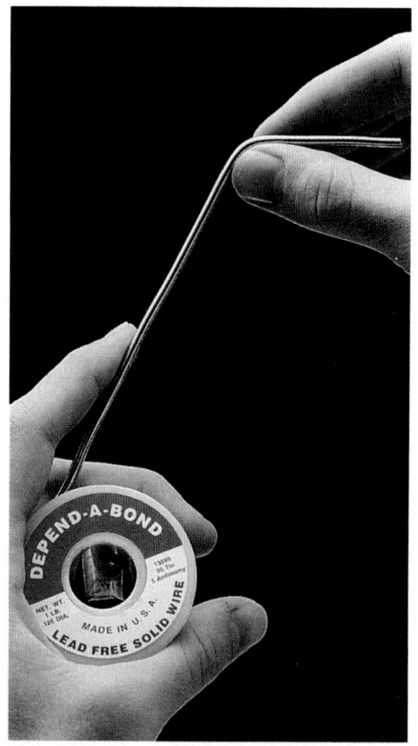

5 Preparar el alambre de soldadura, desarrollando de 8 a 10 pulgadas (20 a 25 centímetros). A continuación se dobla en ángulo recto el tramo final, de unas 2 pulgadas (5 centímetros).

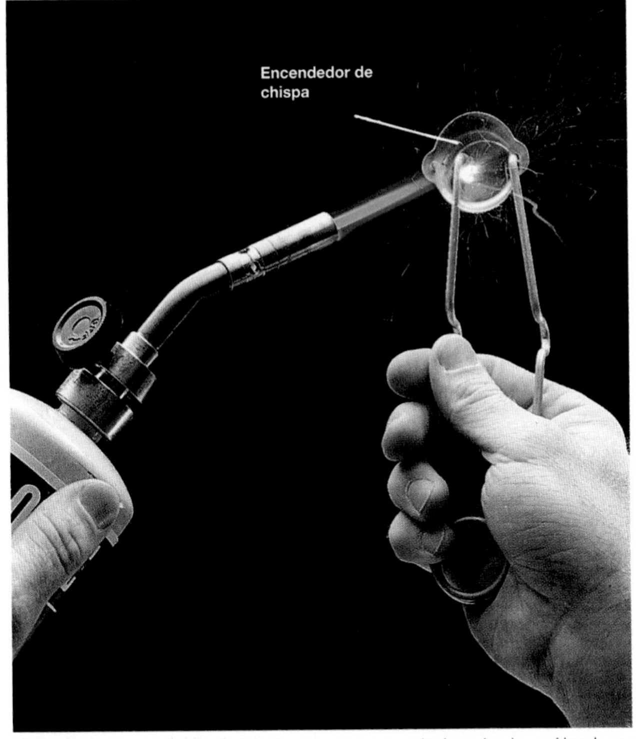

6 Encender el soplete de propano, abriendo la válvula y haciendo saltar una chispa con el encendedor o acercando una cerilla encendida a la espita del soplete, hasta que el gas se encienda.

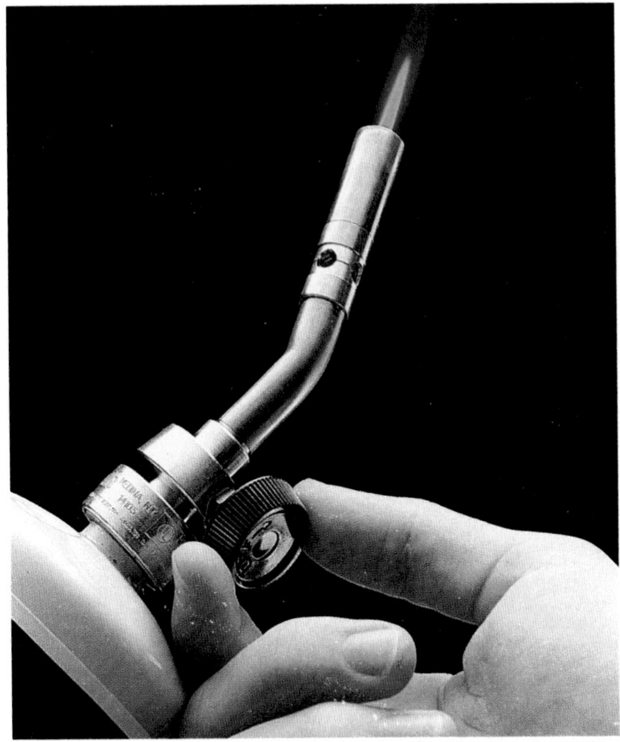

7 Ajustar la salida de gas del soplete hasta que la parte interior de la llama tenga un largo de 1 a 2 pulgadas (2.5 a 5 centímetros)

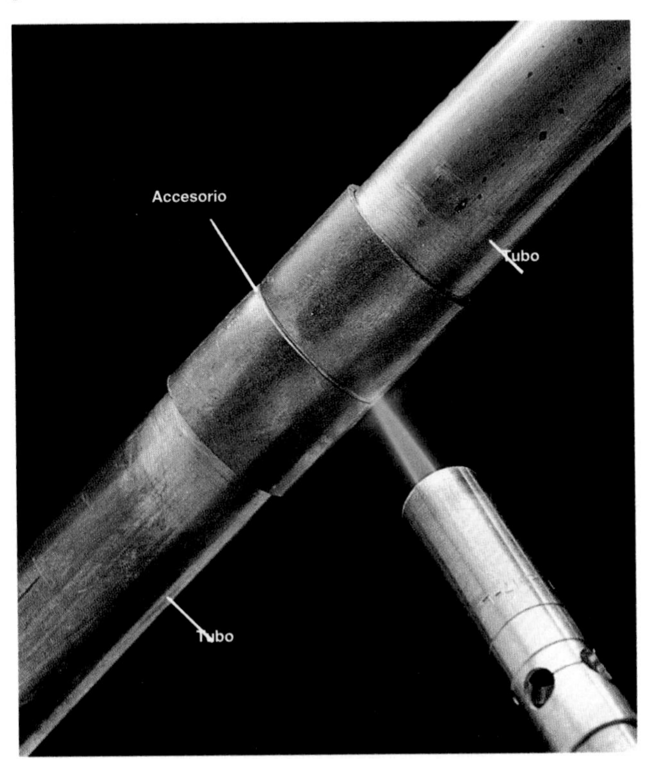

8 Dirigir la llama al centro del accesorio durante 4 ó 5 segundos, hasta que la pasta para soldar empiece a chirriar.

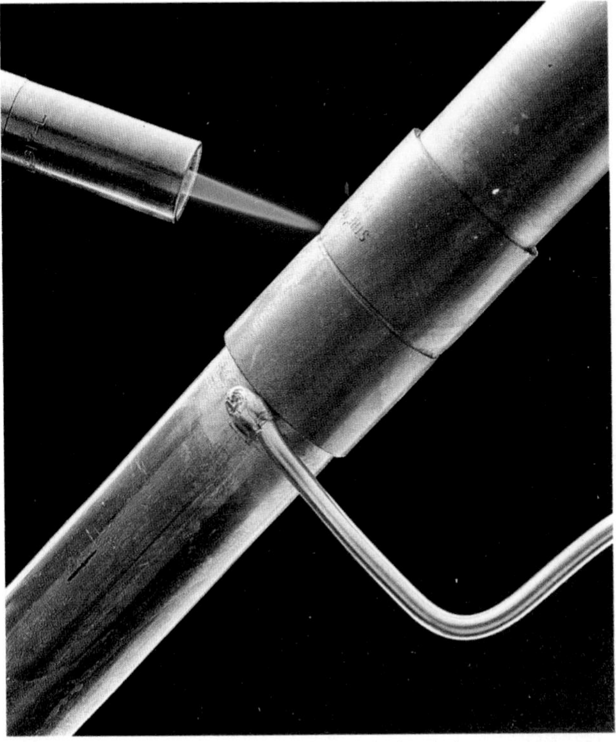

9 Calentar a continuación el otro lado del accesorio de cobre, para que el calor se reparta por igual. Acercar la soldadura al tubo. Si ésta se funde, el tubo está listo para ser soldado.

(continúa en la siguiente página)

Cómo soldar tubos y accesorios de cobre (continuación)

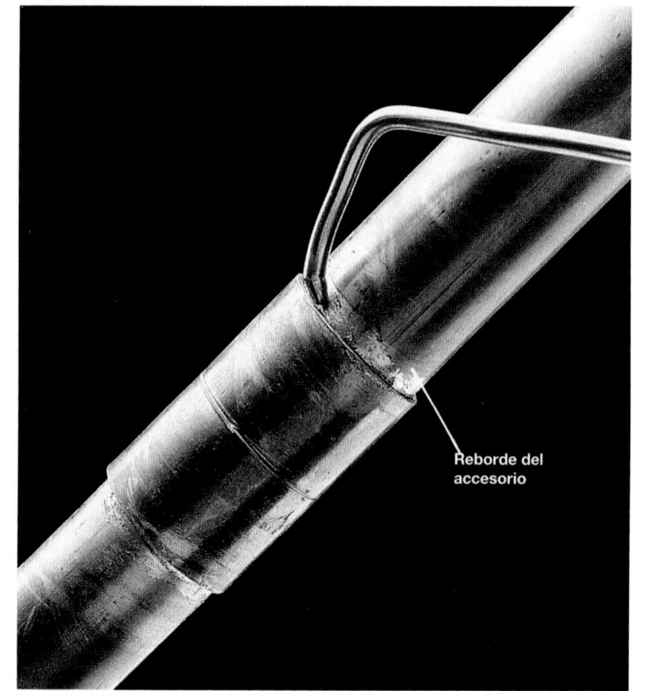

10 Cuando el tubo está lo bastante caliente para fundir la soldadura, retirar el soplete e introducir de 1/2 a 3/4 de pulg. (1.25 a 1.8 cms.) de soldadura en cada junta. Ésta se llena con la soldadura líquida debido a la acción capilar. Un tubo soldado correctamente debe presentar un delgado cordón de soldadura alrededor del borde del accesorio.

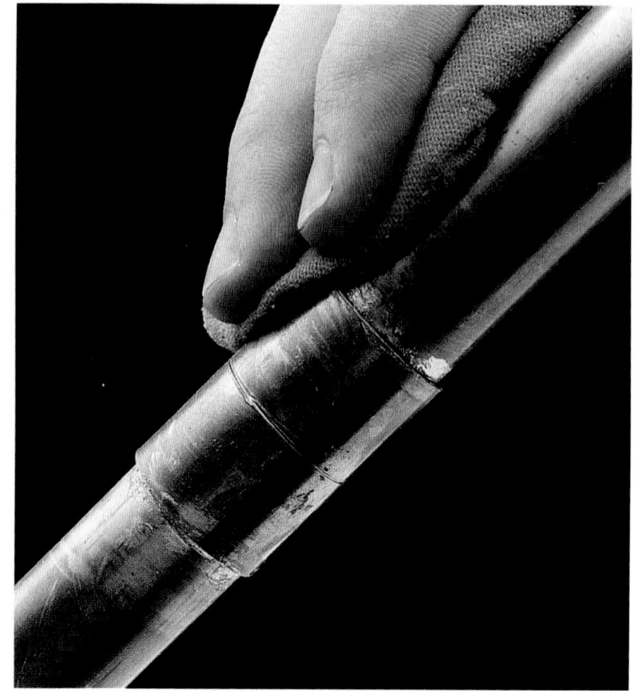

11 Usando un trapo seco, limpiar el exceso de soldadura. **Precaución: los tubos estarán calientes.** Una vez que han enfriado todas las uniones, abrir el paso del agua y comprobar si hay fugas. Si las hay, suspender el flujo de agua, aplicar de nuevo pasta de soldar al reborde de la junta y volver a soldar.

Cómo soldar válvulas de latón

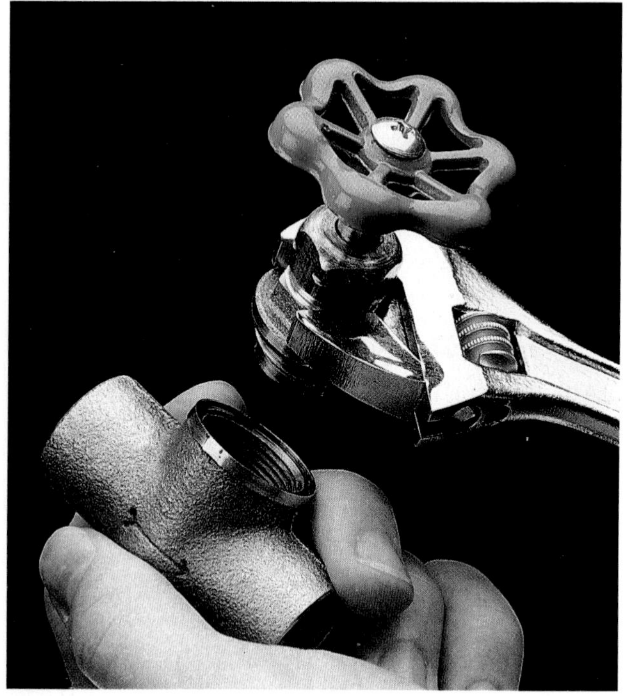

1 Quitar el eje de la válvula, usando para ello una llave ajustable. Ello evita que el calor destruya los empaques de goma o de plástico al soldar. Preparar los tubos de cobre (página 22) y las juntas de unión.

2 Encender el soplete de propano (página 23). Calentar el cuerpo de la válvula, moviendo la llama para que el calor se distribuya por igual. El latón es más denso que el cobre, por lo que requiere un tiempo de calentamiento mayor para lograr que las juntas derritan la soldadura. Aplicar la soldadura (página 24). Deje enfriar el metal y a continuación vuelva a armar la válvula.

Cómo separar las juntas soldadas

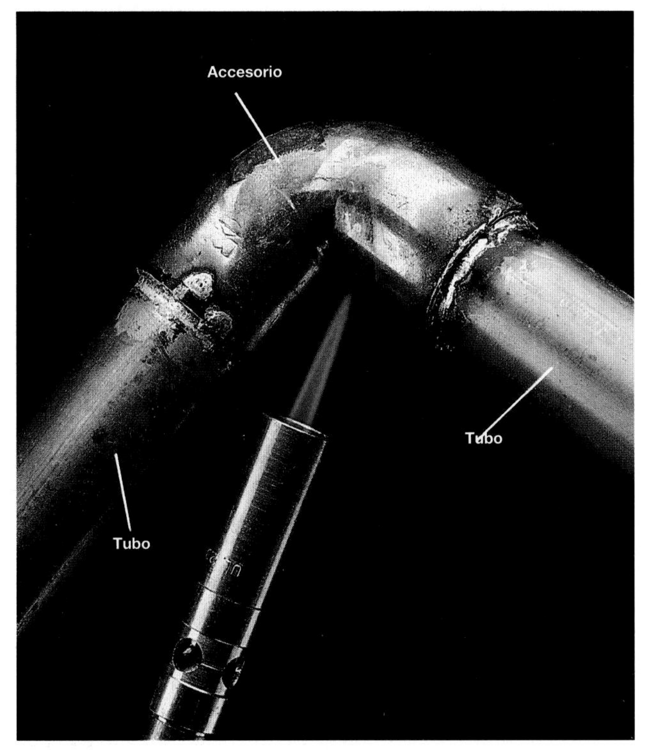

1 Suspender el flujo de agua (página 6), y desalojar los tubos abriendo las llaves más alta y más baja de la casa. Encender el soplete de propano (página 23). Aplicar la punta de la llama a la unión, hasta que la soldadura aparezca brillante y comience a fundirse.

2 Usar alicates ajustables para separar los tubos de los accesorios.

3 Eliminar la soldadura vieja, calentando los extremos del tubo con el soplete de propano. Con un trapo seco limpiar rápidamente la soldadura fundida. **Precaución: los tubos estarán calientes.**

4 Utilizar tela de esmeril para limpiar los extremos de los tubos hasta que aparezca el metal desnudo. No reutilizar nunca accesorios viejos.

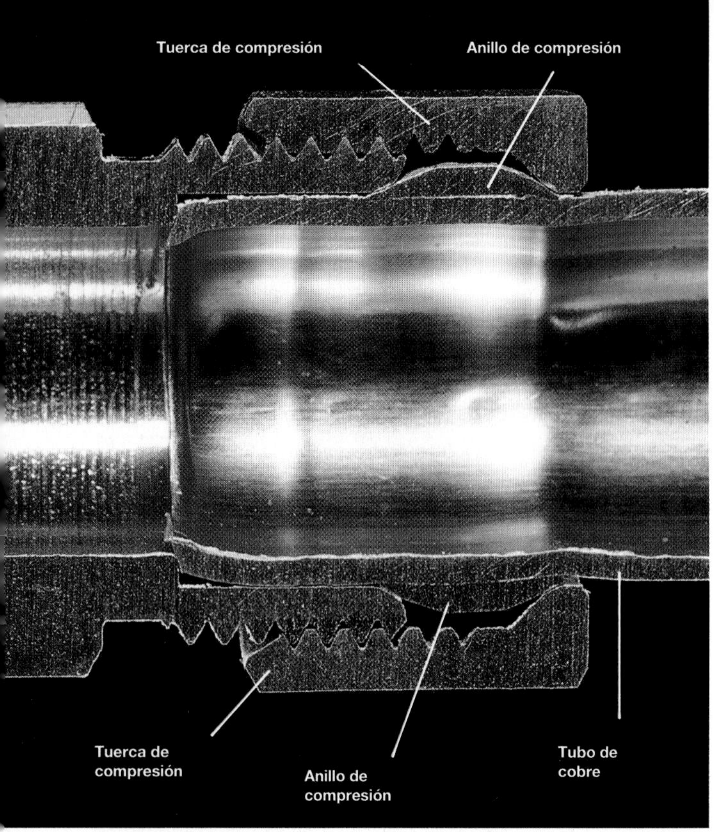

Los accesorios de compresión cuyo corte aparece en la fotografía muestran la forma en que la tuerca de compresión roscada forma un sello al cortar el anillo de compresión sobre el tubo de cobre. El anillo de compresión se cubre con pasta de grafito para juntas de tubos antes de proceder al montaje, para lograr un sellado perfecto.

Uso de accesorios de compresión

Los accesorios de compresión se utilizan para efectuar conexiones que tal vez sea necesario separar. Estos accesorios son fáciles de desconectar, y se utilizan con frecuencia para instalar los tubos de suministro y las válvulas de cierre (páginas 64 a 65 y la secuencia de imágenes que aparece a continuación). Deben usarse accesorios de compresión en los lugares en que resulte inseguro o difícil soldar, por ejemplo, en sótanos.

Los accesorios de compresión se utilizan con mayor frecuencia en tuberías de cobre flexible. Éstas son lo bastante suaves para permitir que el anillo de compresión forme un buen sello, creándose así una unión libre de fugas. Los accesorios de compresión pueden ser utilizados también para hacer conexiones con tubo rígido de cobre tipo M. Véase la tabla de la página 18.

Antes de comenzar:

Herramientas: pluma marcadora con punta de fieltro, cortador de tubos o sierra para metales, llaves ajustables.

Materiales: accesorios de compresión en láton, pasta de grafito para juntas de tubos.

Cómo unir tubos de suministro a válvulas de cierre usando accesorios de compresión

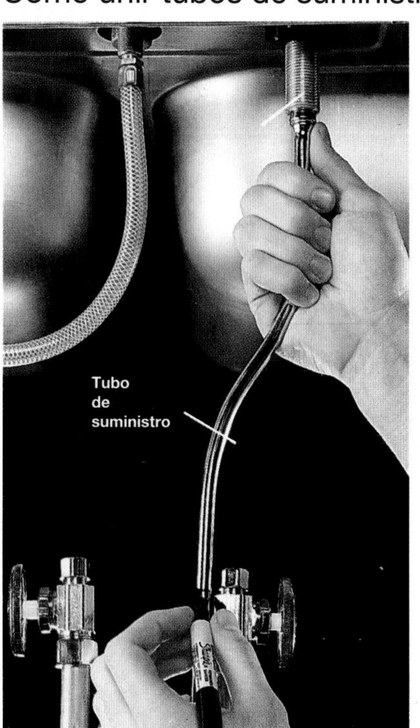

1 Doblar el tubo de suministro de cobre flexible y marcar su longitud, incluyendo 1/2" (1.27 cm) para la parte que ajustará dentro de la válvula. Corte el tubo (página 21).

Anillo de compresión

Tuerca de compresión

2 Colocar la tuerca de compresión y el anillo de compresión en el tubo. La rosca de la tuerca debe quedar frente a la válvula.

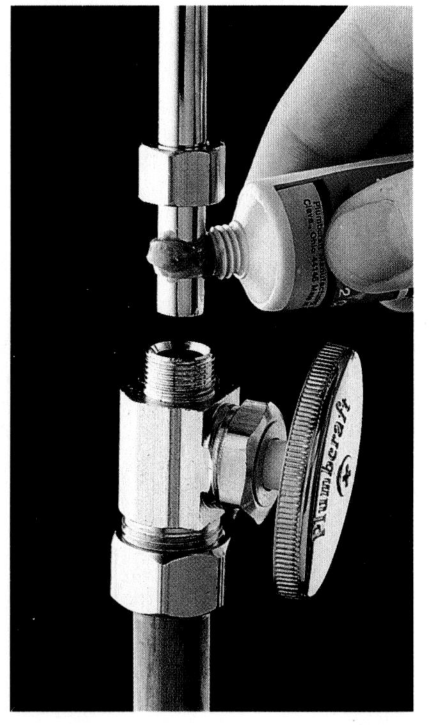

3 Aplique un capa de pasta de grafito para juntas de tubos sobre el anillo de compresión. Este compuesto ayuda a lograr un sellado libre de fugas.

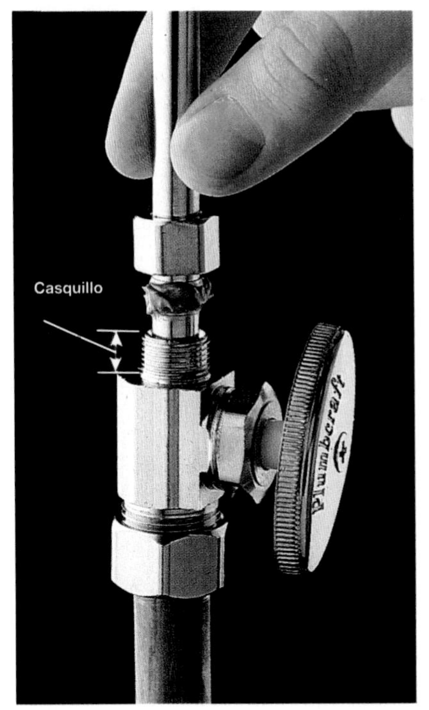

4 Introducir el extremo del tubo sobre el accesorio, de manera que quede al ras contra el fondo del accesorio.

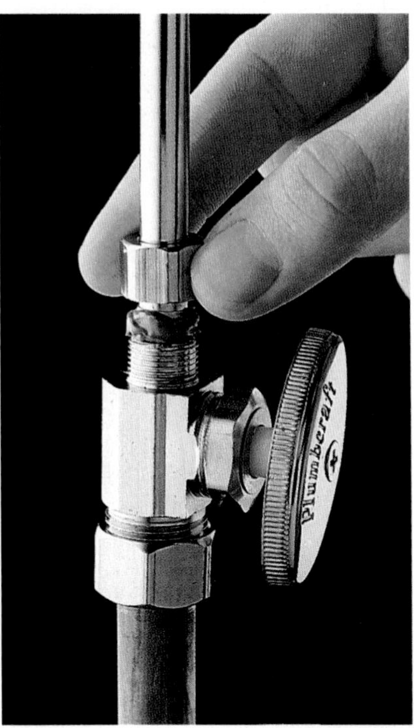

5 Deslizar el anillo y la tuerca de compresión contra la rosca de la válvula. Enroscar a mano la tuerca.

6 Enroscar la tuerca de compresión usando una llave ajustable. No aplicar una fuerza de apretamiento excesiva. Reanudar el flujo de agua y observar si hay fugas. Si las hay, apriete suavemente la tuerca.

Cómo unir dos tubos de cobre con un accesorio de compresión

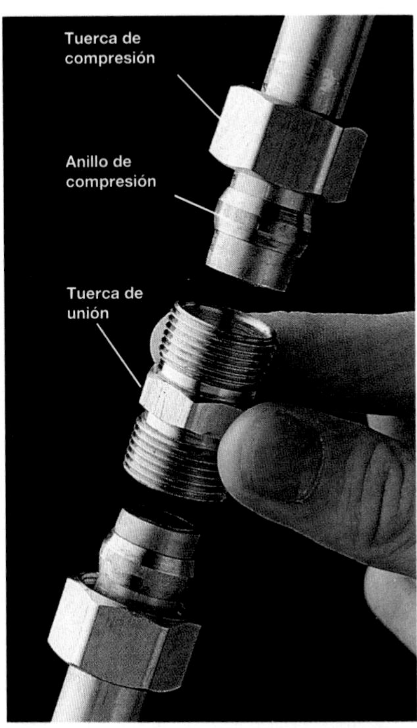

1 Colocar las tuercas y anillos de compresión en los tubos y la unión roscada entre éstos.

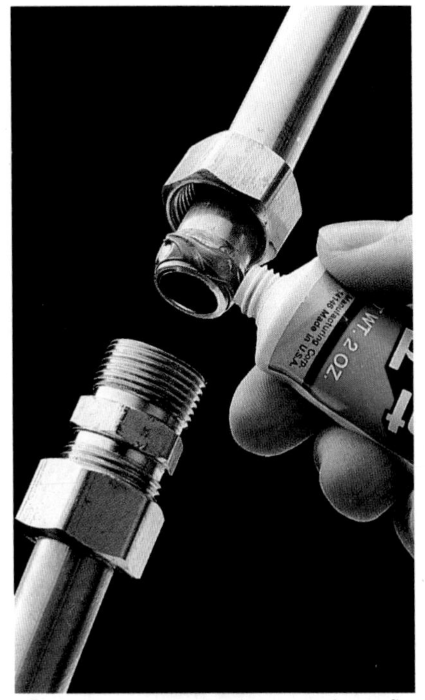

2 Aplicar una capa de pasta de grafito para juntas de tubos sobre los anillos de compresión, y apretar las tuercas sobre la unión roscada.

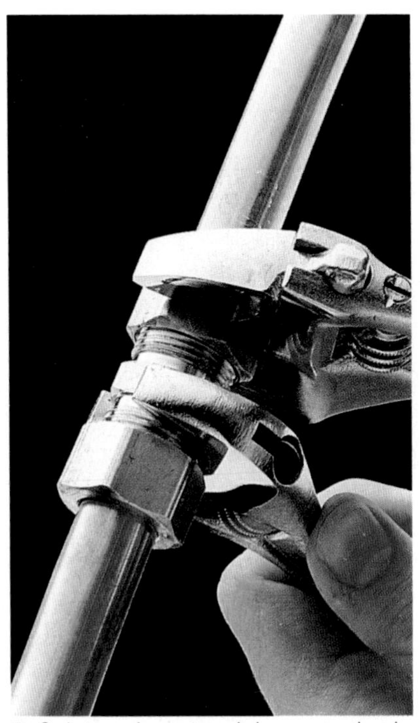

3 Sujetar el centro del accesorio de unión con una llave ajustable, utilizando otra llave del mismo tipo para apretar cada una de las tuercas de compresión una vuelta completa. Reanudar el flujo de agua, y si existen fugas apretar ligeramente ambas tuercas .

Uso de accesorios abocardados

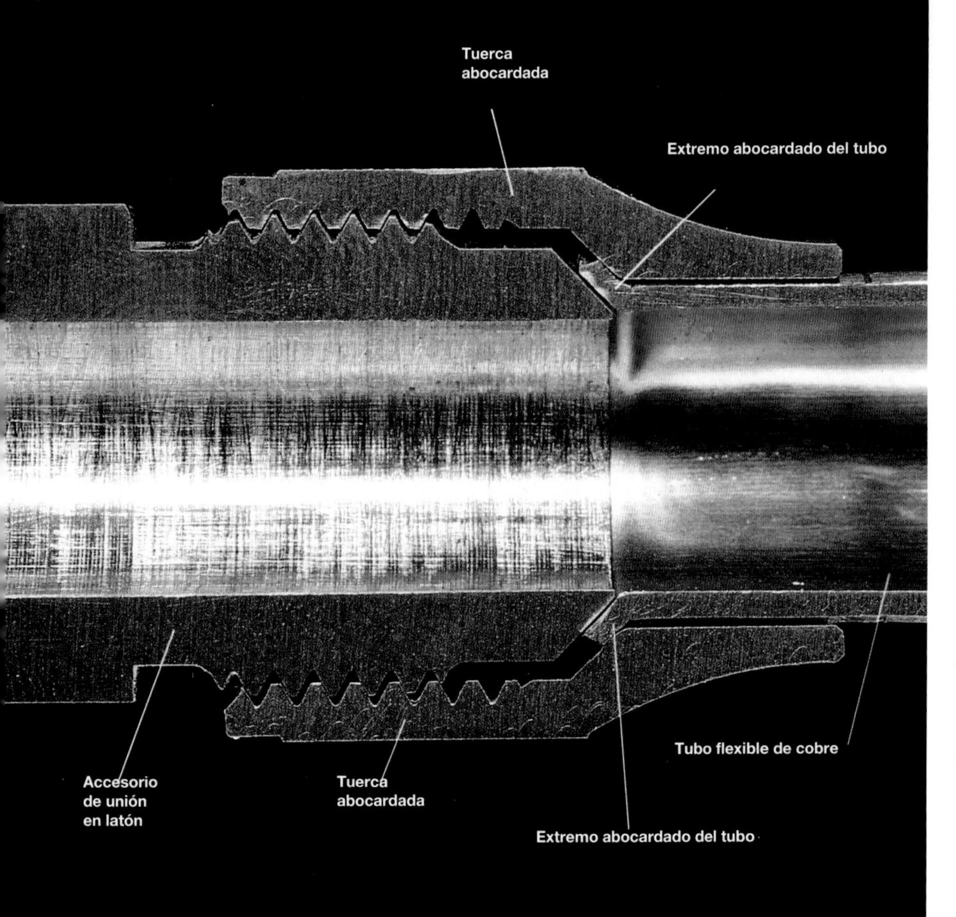

El accesorio abocardado (cuya imagen en corte aparece en la fotografía) ilustra la forma en que los extremos abocardados de los tubos de cobre flexible se ajustan a la cabeza del accesorio de unión de latón.

Se usan con gran frecuencia en las tuberías de gas que utilizan tubos de cobre flexibles. Dichos accesorios pueden ser usados en los tubos de cobre para el suministro de agua, pero no pueden ser instalados en los sitios en que las conexiones queden ocultas dentro de los muros. El lector deberá consultar las normas de plomería de su localidad en relación con el uso de este tipo de accesorios.

Los accesorios abocardados son fáciles de desconectar y deben ser utilizados en los lugares en que resulta riesgoso o difícil soldar, por ejemplo, en un sótano.

Antes de comenzar:

Herramientas: abocardadora, llaves ajustables.

Materiales: accesorios abocardados

Cómo unir dos tubos de cobre con un accesorio abocardado

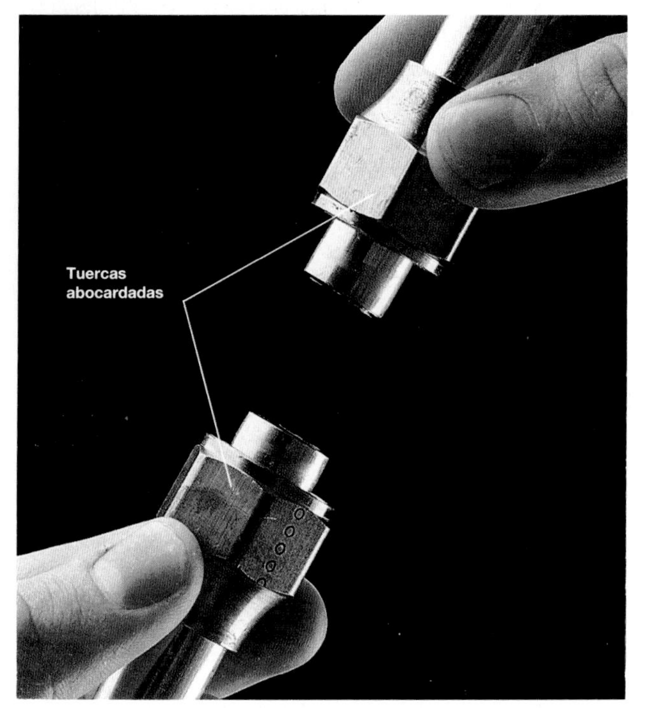

1 Colocar las tuercas acampanadas en los tubos. Esto se debe hacer antes de abocardarlos.

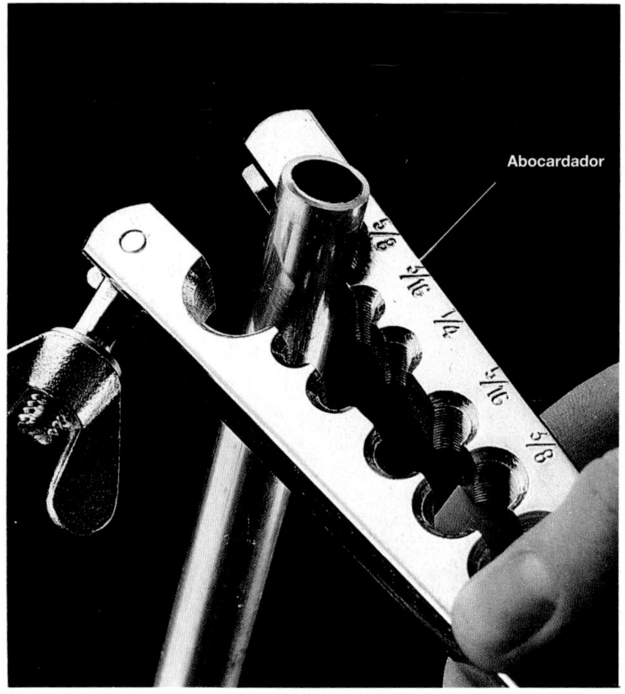

2 Escoger el orificio en la base del abocardador que coincida con el diámetro exterior del tubo. Abrir la base y colocar el extremo del tubo en el orificio.

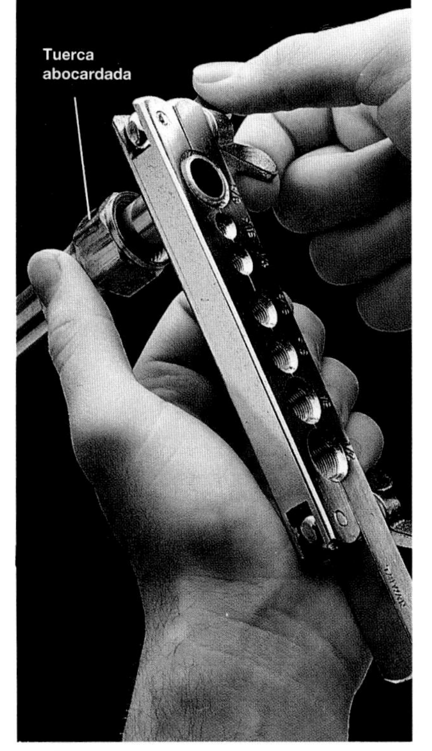

3 Prensar el tubo en la parte interior de la base del abocardador. La punta del tubo debe estar al ras de la superficie plana de la base.

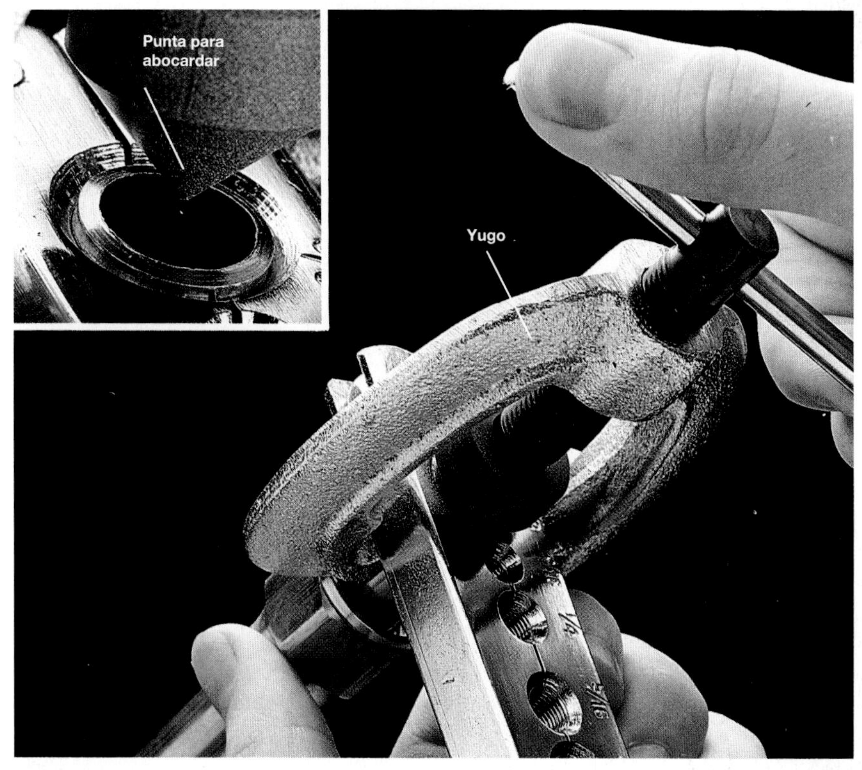

4 Colocar el yugo en la base. Se sitúa la punta para abocardar del yugo sobre el extremo del tubo (véase fotografía). Girar la manija del yugo para dar forma al extremo del tubo. El trabajo está completo cuando no se puede girar más la manija del yugo.

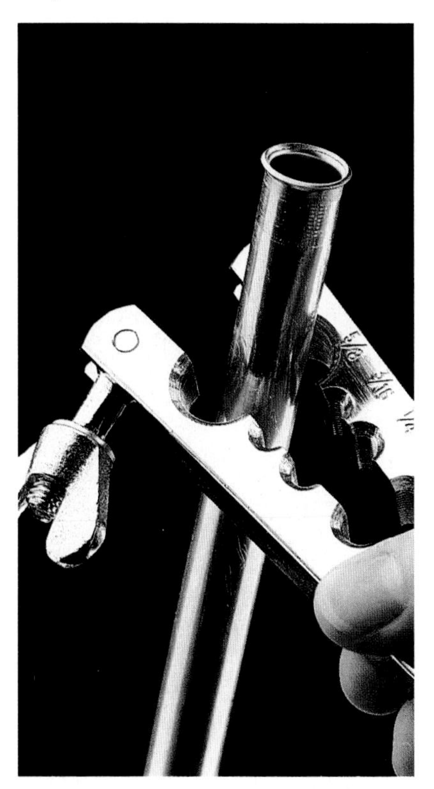

5 Retirar el yugo y sacar el tubo de la base. Realizar el trabajo con el otro tubo.

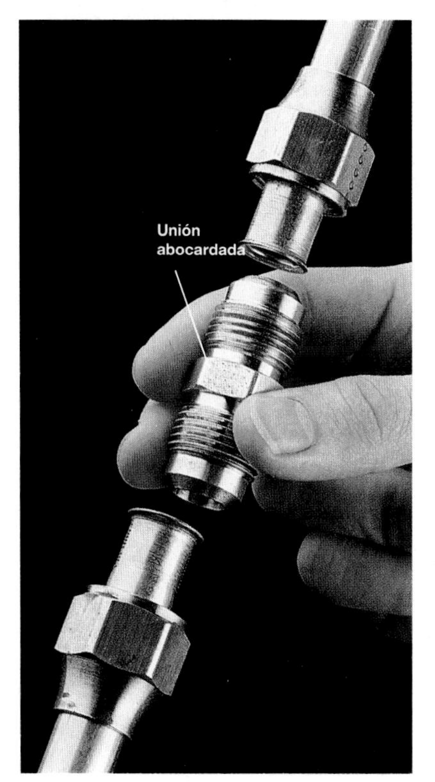

6 Colocar la unión para tubos abocardados entre los extremos de los tubos, y atornillar las tuercas sobre dicha unión.

7 Sujetar el centro de la unión con una llave ajustable, y utilizar otra para apretar las tuercas una vuelta completa. Reanudar el flujo de agua, y si hay fugas, apretar las tuercas.

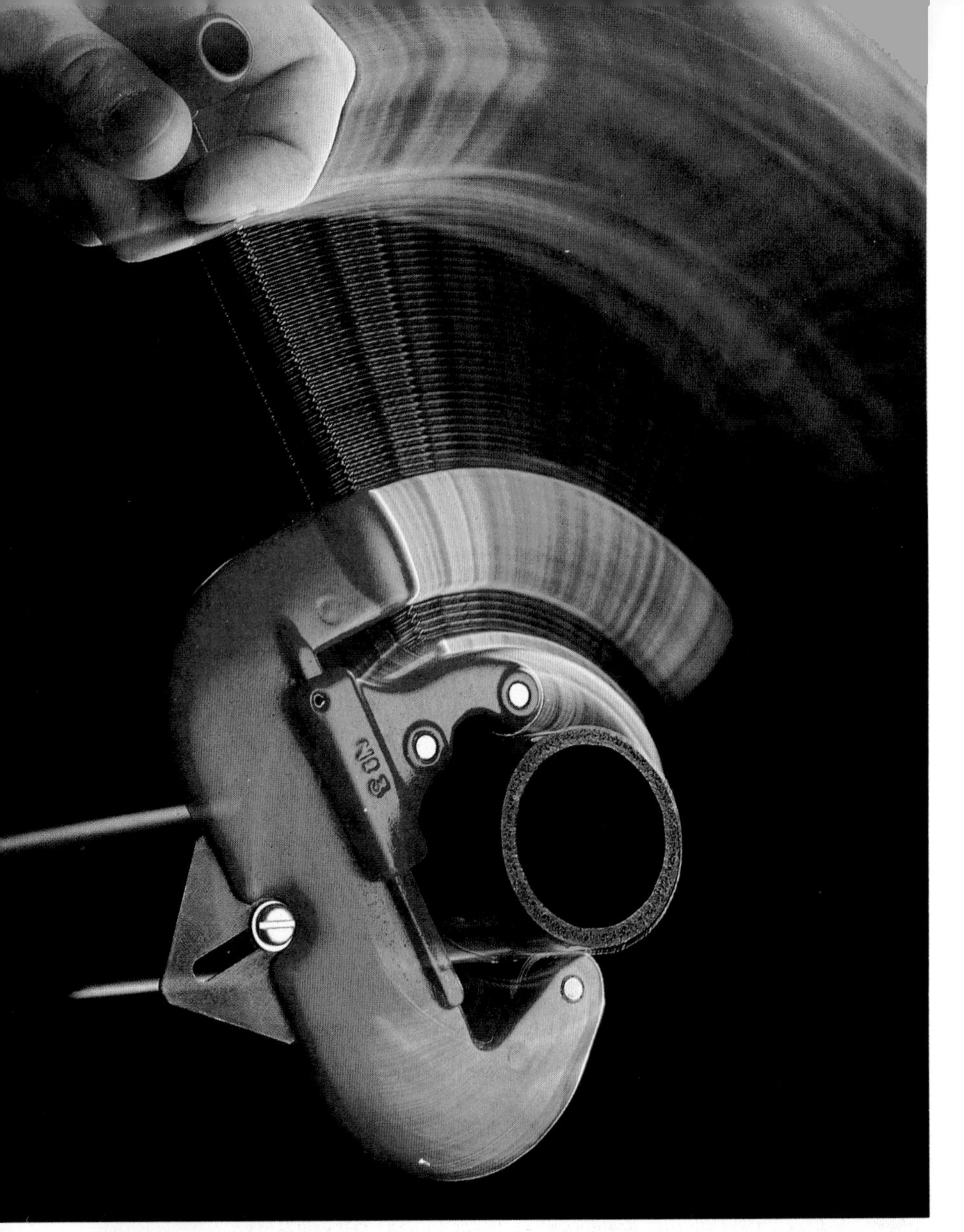

Cómo trabajar con tubos y accesorios de plástico

Los tubos y accesorios de plástico son populares entre los aficionados porque son ligeros, baratos y fáciles de utilizar. Este material forma parte de la lista de materiales aceptados por muchas de las normas locales de plomería .

Existen tubos de plástico en forma rígida y flexible. Entre los materiales rígidos se encuentran el ABS (estireno-butadieno-acrilonitilo), PVC (cloruro de polivinilo) y el CPVC (cloruro de polivinilo-clorado).

El tubo plástico que se utiliza con mayor frecuencia es el PB (Poli-Butileno).

Los tubos de ABS y PVC se utilizan en los sistemas de desagüe. El PVC es una forma nueva de plástico, más resistente a los daños provocados por compuestos químicos y calor que el ABS. Está aprobado por todas las normas de plomería para las instalaciones sobre el piso. Sin embargo, algunos códigos establecen que los tubos principales de desagüe situados bajo losas de concreto deben ser de hierro colado.

Los tubos de CPVC y de PVC se usan en los sistemas de suministro de agua. El tubo rígido de CPVC y sus accesorios son menos costosos que los de PB, pero el tubo flexible de PB es una buena elección en espacios reducidos, ya que se dobla fácilmente y requiere menos accesorios.

Los tubos de plástico pueden unirse a los tubos ya existentes de hierro o de cobre por medio de accesorios de transición (página 17), pero no se deben realizar uniones entre tubos de plástico de distintos tipos. Por ejemplo, si los tubos de desagüe son de plástico ABS, se deberán usar únicamente tubos y accesorios de ABS para hacer reparaciones y cambios.

La exposición prolongada a la luz del sol debilita los tubos de plomería de plástico, por lo que no deben ser instalados o almacenados en áreas que reciben constantemente luz solar.

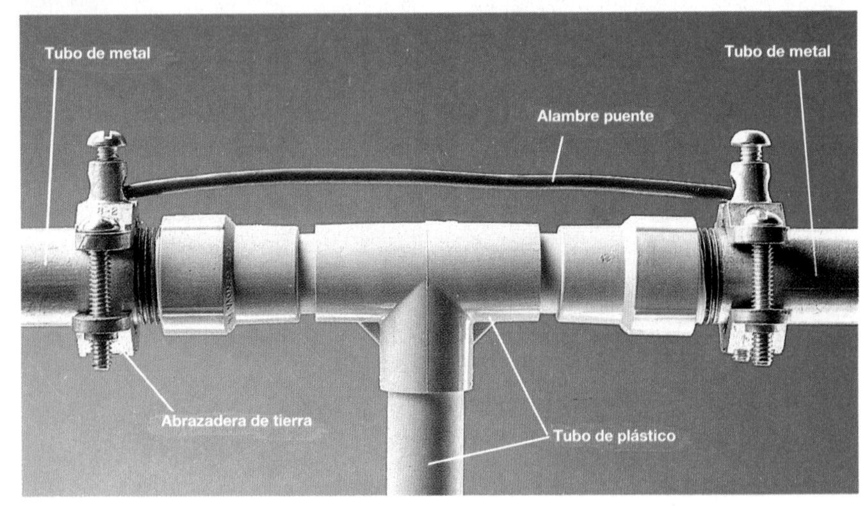

Precaución: El sistema eléctrico de la casa puede estar conectado a tierra por medio de los tubos metálicos para agua. Cuando se añaden tubos de plástico a un sistema de plomería compuesto por tubos de metal, es necesario asegurarse de que no se rompe el circuito de tierra. Utilizar abrazaderas de tierra y alambres puente, disponibles en cualquier ferretería, para completar el circuito eléctrico de tierra. Las abrazaderas deben quedar unidas firmemente al metal desnudo a ambos lados del tubo de plástico.

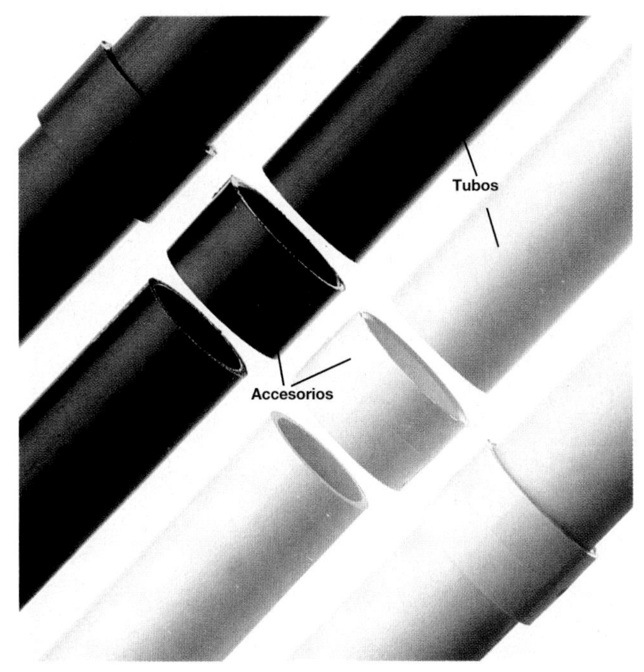

Los tubos rígidos de plástico utilizan accesorios unidos con pegamento disolvente. Éste disuelve una pequeña capa de plástico y los tubos y accesorios quedan perfectamente unidos.

Los accesorios de agarre se utilizan para unir tubos flexibles de PB, y también pueden aplicarse a los tubos CPVC. Estos accesorios se pueden adquirir en dos tipos. Uno de ellos (izquierda) se asemeja a un accesorio de compresión en cobre. Cuenta con un anillo metálico de agarre y un anillo de compresión de plástico. El otro tipo (derecha) tiene una junta tórica de goma en lugar del anillo de compresión.

Marcas que indican las características de los tubos de plástico

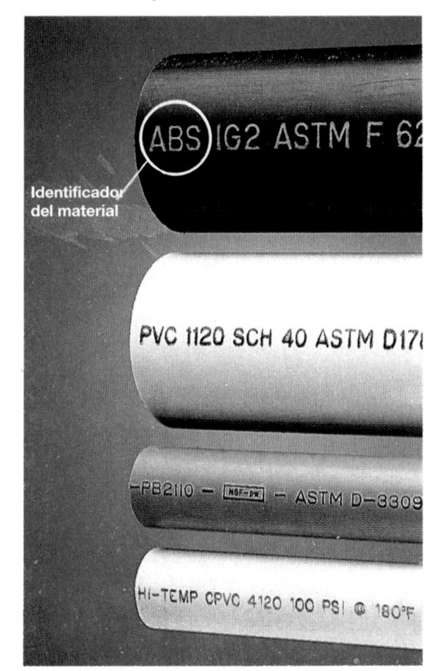

Identificación de material: para los sifones de fregadero y tuberías de desagüe, utilizar tubos de PVC o ABS. Para las tuberías de suministro de agua, utilizar tubos de PB o CPVC.

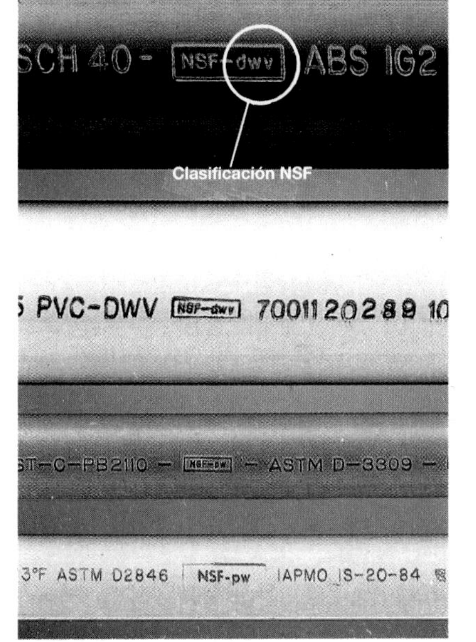

Clasificación NSF: Para los sifones de fregadero y los desagües, usar tubos de PVC o ABS clasificados como DWV (*drain-waste-vent*, drenaje-detritus-ventilación) por la *National Sanitation Foundation* (NSF). Para tuberías de suministro de agua, utilizar tubos de PB o CPVC, clasificados como (*pressurized water*, agua a presión).

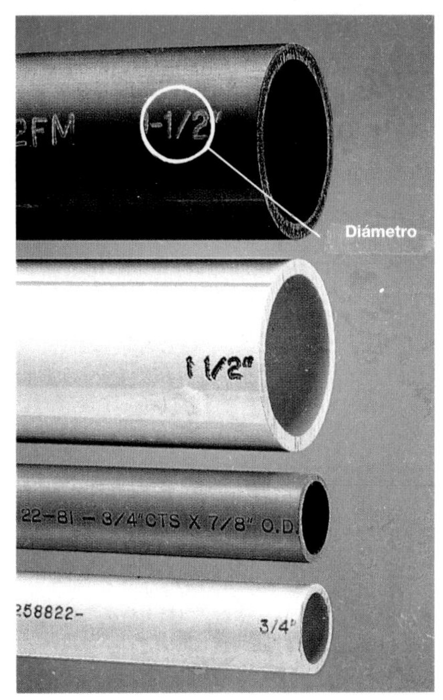

Diámetros: Los tubos de PVC y ABS para el desagüe tienen comúnmente un diámetro interior de 1/4 a 4" (3.17 a 10.16 cm). Los tubos de PB y CPVC para suministro de agua tienen generalmente un diámetro interior de 1/2 ó 3/4" (3.81 ó 1.90 cm).

Corte e instalación de tubos de plástico

Los tubos rígidos de ABS, PVC o CPVC se cortan con una herramienta especial (cortador) para tubos o con cualquier tipo de sierra. Los cortes deben ser rectos para lograr que las uniones sean herméticas.

Los tubos de plástico rígidos se unen con accesorios de plástico y pegamento disolvente. Es necesario utilizar el pegamento correspondiente al tipo de tubos de plástico que se estén instalando. Por ejemplo, no se debe usar pegamento para ABS con tubos de PVC. Algunos pegamentos disolventes, llamados "para todo uso" o "universales" pueden ser usados para unir cualquier tipo de tubos de plástico.

El pegamento disolvente seca aproximadamente en 30 segundos, de manera que se debe probar el ajuste de todos los tubos y accesorios de plástico antes de aplicar el pegamento en la primera junta. Para obtener los mejores resultados, las superficies de los tubos y accesorios de plástico deben ser frotados con tela de esmeril y recibir una capa de agarre con un líquido especial *primer* antes de pegarlos.

Los pegamentos disolventes y *primers* son tóxicos e inflamables. Es necesario contar con una ventilación adecuada al trabajar con plásticos y almacenar los productos lejos de cualquier fuente de calor. Los cortes en los tubos flexibles de PB se realizan con un cortador para tubos de plástico o con una navaja. Asegurarse de que los cortes en los tubos son rectos. Los tubos de plástico PB se unen con accesorios de agarre de plástico. Los accesorios de agarre se utilizan también para unir tubos de plástico rígido o flexible con tubos de cobre instalados previamente.

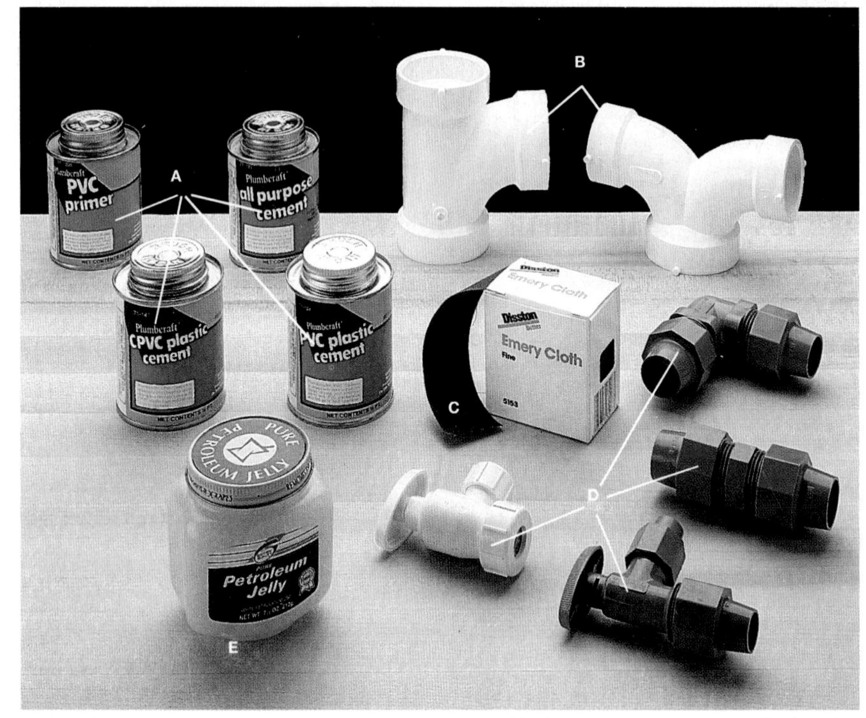

Los materiales especiales para el trabajo con plástico son: pegamento disolvente y *primer* A), accesorios B), tela de esmeril C), accesorios de agarre en plástico D), y petrolato E).

Antes de comenzar:

Herramientas: cinta métrica, pluma con punta de fieltro, cortador de tubos (o caja guía o sierra para metales), navajas de uso general, alicates ajustables.

Materiales: tubo de plástico, accesorios, tela de esmeril, *primer* para tubos de plástico, pegamento disolvente, trapos, petrolato.

Medición del tubo de plástico

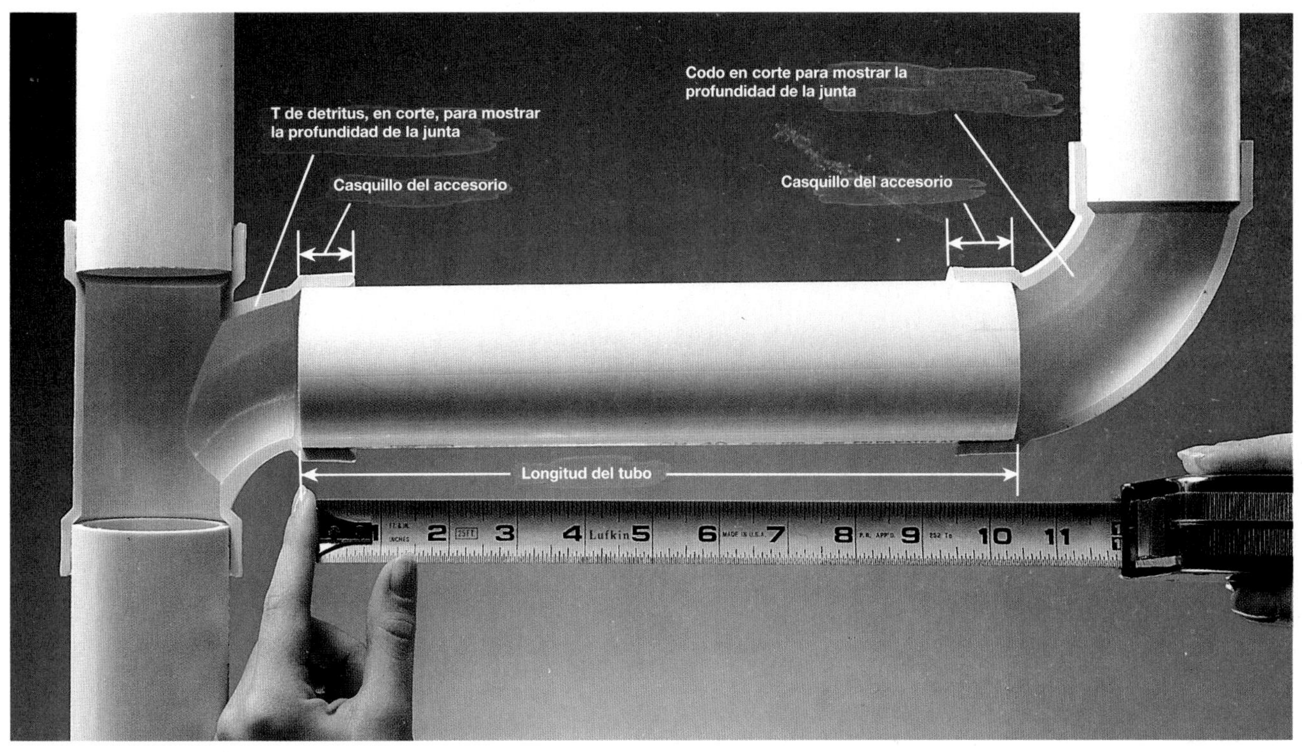

La longitud del tubo de plástico requerido se obtiene midiendo entre los fondos de los accesorios (en corte). Marcar la longitud en el tubo usando una pluma con punta de fieltro

Cómo cortar el tubo rígido de plástico

Cortador de tubos: Colocar la herramienta en el tubo de manera que la rueda de corte coincida con la línea marcada (página 21). Girar la herramienta alrededor del tubo, apretando el tornillo cada dos vueltas hasta completar el corte.

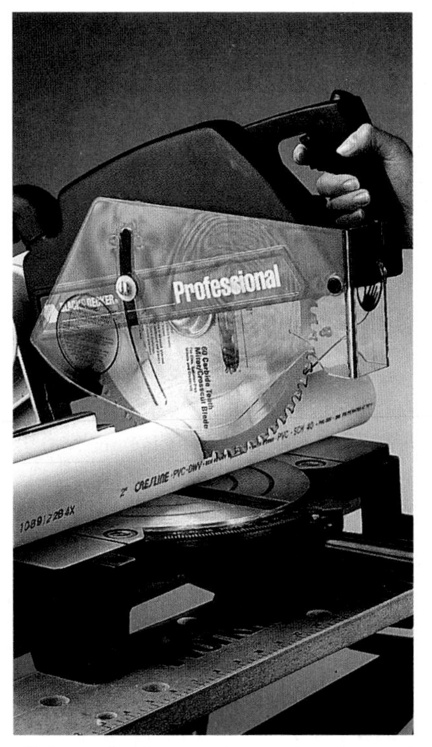

Caja guía: Los cortes rectos en cualquier tipo de tubo de plástico se logran usando una caja guía manual o motorizada.

Sierra para metales: Sujetar el tubo de plástico en un banco portátil de agarre o en un tornillo, conservando la hoja de la sierra para metales bien recta mientras se corta.

Cómo unir un tubo de plástico rígido con pegamento disolvente

1 Eliminar las rebabas de los extremos cortados del tubo de plástico utilizando una navaja de uso general.

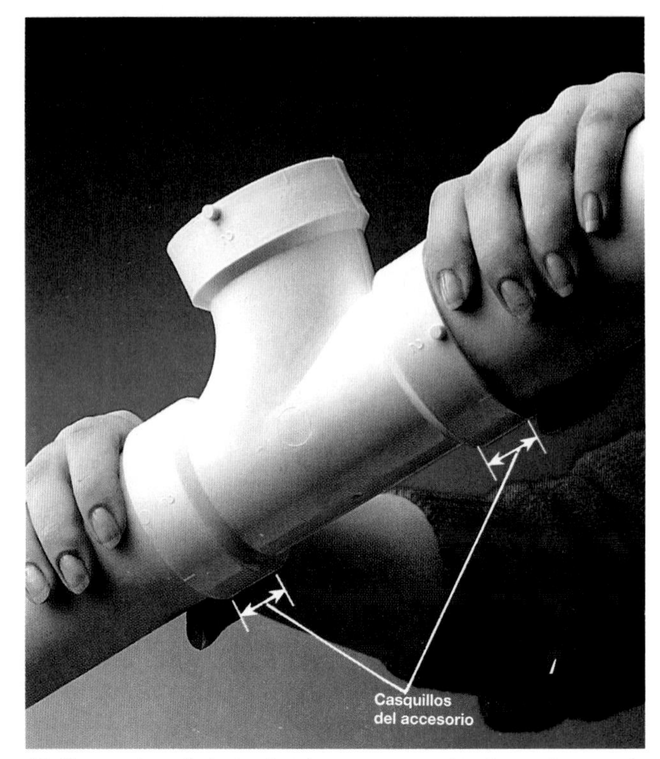

2 Comprobar el ajuste de tubos y accesorios. Los extremos de los tubos deben ajustar bien contra el fondo del accesorio.

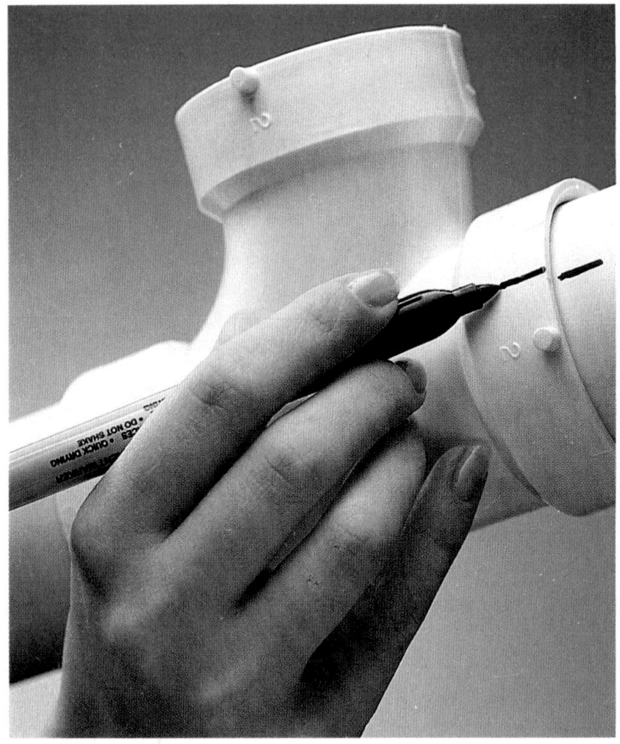

3 Marcar señales de alineación en cada una de las partes utilizando una pluma con punta de fieltro.

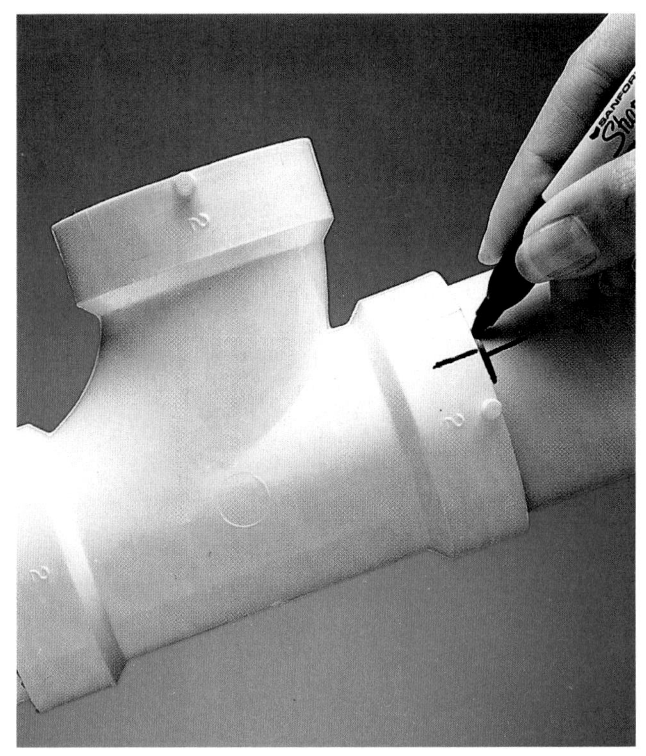

4 Marcar la profundidad de los casquillos del accesorio sobre el tubo. Separar la unión.

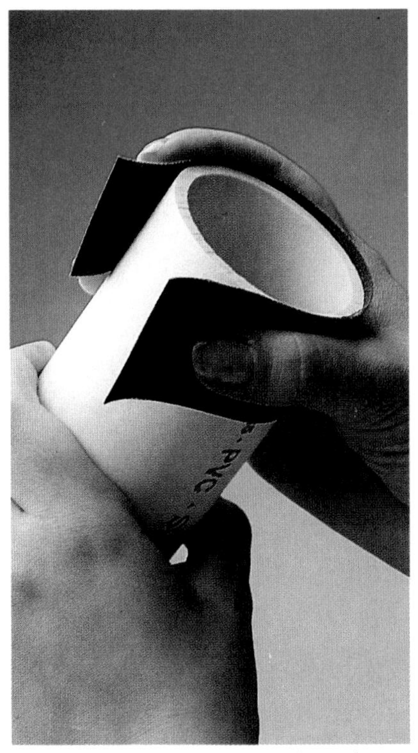

5 Limpiar los extremos de los tubos y los casquillos de los accesorios utilizando tela de esmeril.

6 Aplicar *primer* para tubos de plástico a los extremos de los tubos. La base quita el brillo a las superficies y asegura un buen asiento.

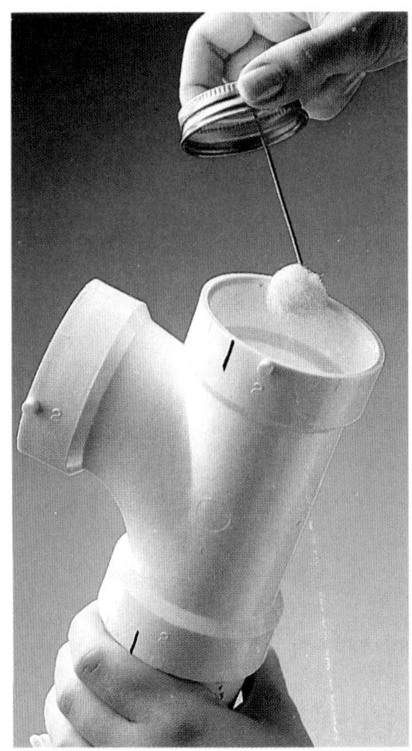

7 Aplicar *primer* para tubos de plástico a la parte interior de los casquillos del accesorio.

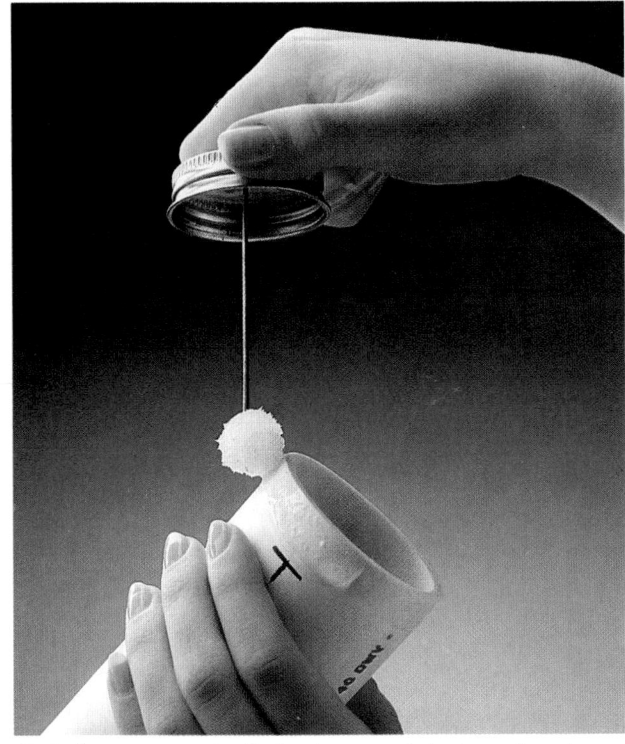

8 Aplicar pegamento disolvente en cada junta, aplicando una capa gruesa al final del tubo. Aplicar una capa delgada de pegamento a la superficie interior del casquillo del accesorio. Es necesario trabajar rápidamente, porque el pegamento disolvente endurece aproximadamente en 30 segundos.

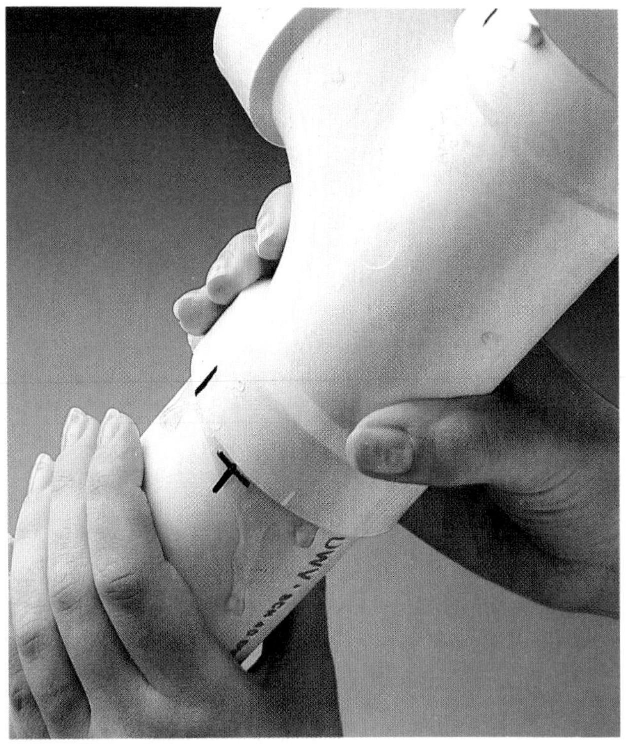

9 Colocar rápidamente el tubo dentro del accesorio, de manera que las marcas de alineación queden separadas por unas 2 pulgadas (5 cm). Presionar el tubo hacia dentro del accesorio hasta que su extremo descanse sobre el fondo del casquillo. Gire el tubo hasta alinearlo (ver paso 10).

(continúa en la página siguiente)

Cómo unir tubos de plástico rígido con pegamento disolvente (continuación)

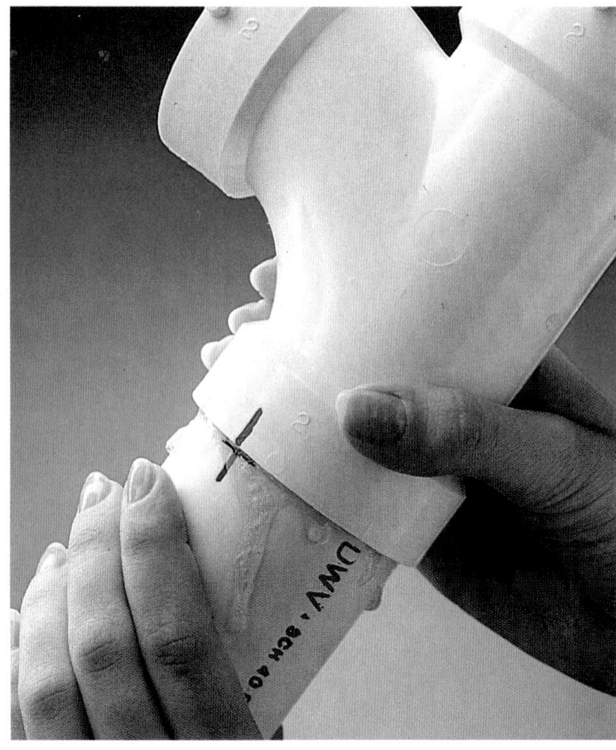

10 Extender el pegamento girando el tubo hasta que las marcas queden alineadas. Mantener el tubo en su lugar durante 20 segundos para evitar que se deslice de la junta.

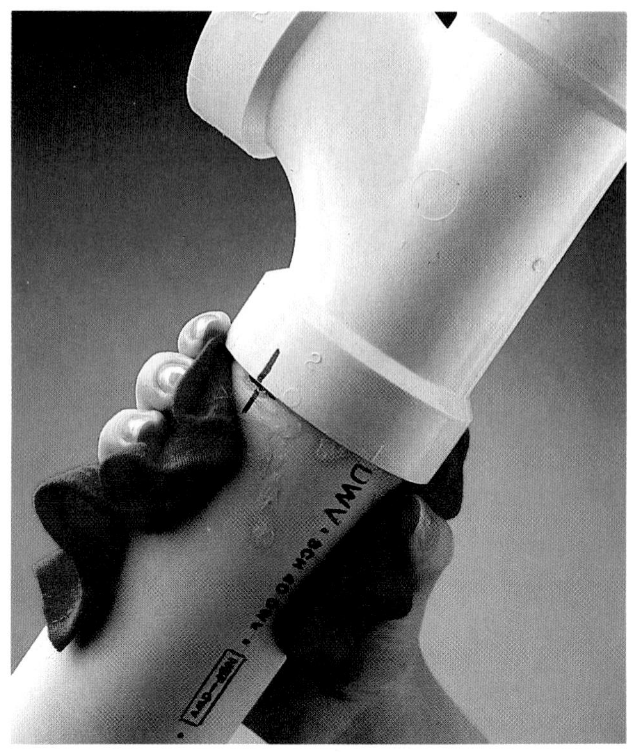

11 Limpiar con un trapo el exceso de pegamento. No mover la junta durante los 30 minutos posteriores al trabajo.

Cómo cortar y ajustar tubos flexibles de plástico

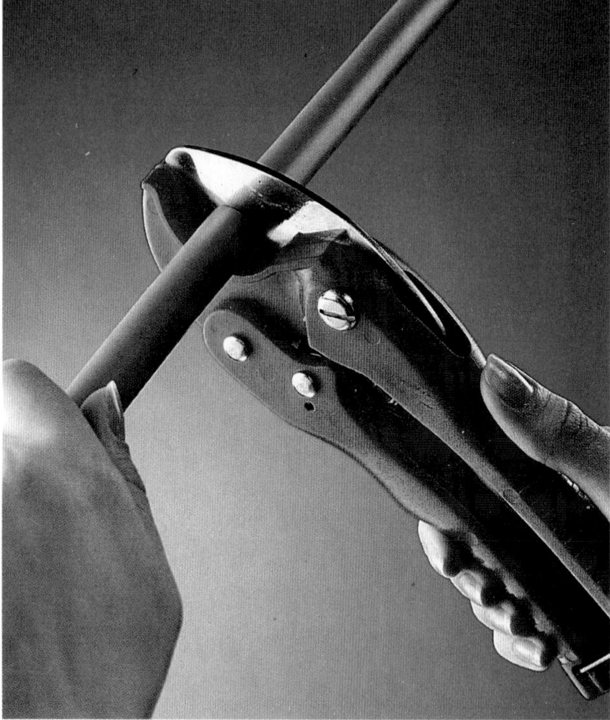

1 Cortar el tubo flexible de PB con un cortador para tubos de plástico, el cual se adquiere en los expendios de productos para el hogar. (También es posible cortar el tubo flexible con una caja guía o con una navaja bien afilada.) Eliminar las rebabas utilizando una navaja de uso general.

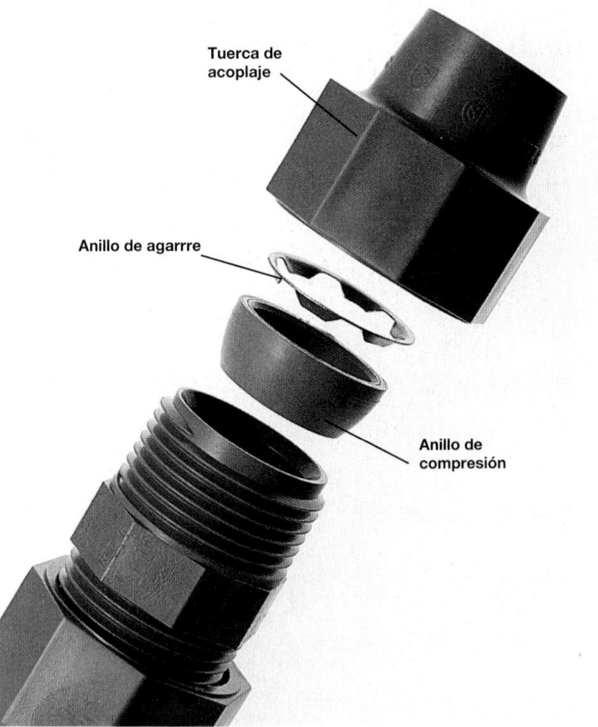

2 Desmontar el accesorio de agarre y asegurarse de que el anillo de agarre y el anillo de compresión o junta tórica están en sus posiciones correctas (página 31). Armar de nuevo el accesorio.

3 Marcar el tubo señalando la profundidad del casquillo del accesorio, utilizando para ello una pluma con punta de fieltro. Redondear los bordes del tubo usando tela esmeril.

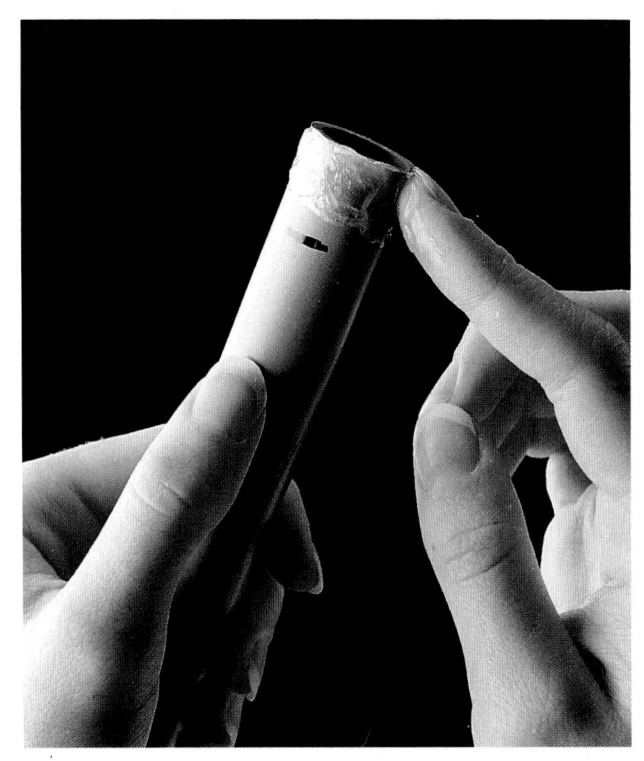

4 Lubricar el extremo del tubo usando petrolato. Ello hace más fácil la inserción de los tubos en el accesorio.

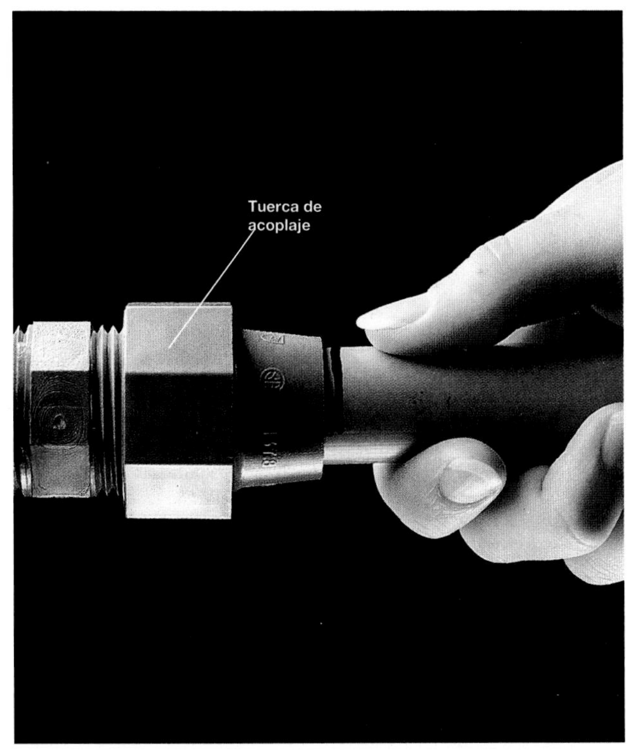

5 Presionar el tubo hacia dentro del accesorio, hasta que el accesorio coincida con la marca trazada en el tubo. Apretar a mano la tuerca de acoplamiento.

6 Apretar la tuerca de acoplamiento media vuelta utilizando alicates ajustables. Reanudar el flujo de agua y comprobar el ajuste. Si hay fugas, apretar ligeramente la tuerca.

Cómo trabajar con tubos y accesorios de hierro galvanizado

El tubo de hierro galvanizado se encuentra frecuentemente en las casas antiguas, en donde se le utilizaba para las tuberías de suministro de agua y para tuberías pequeñas de desagüe. Se caracteriza por el recubrimiento de cinc que da al tubo un color plateado, así como por los accesorios roscados que se usan para conectar los tubos.

Los tubos y accesorios de hierro galvanizado se corroen con el tiempo, y llega el momento en que es necesario cambiarlos. Una baja presión del agua indica que la parte interior de los tubos galvanizados ha formado una capa de óxido. El bloqueo sucede habitualmente en los accesorios en codo. Es necesario no tratar de limpiar la parte interior de los tubos. En lugar de ello, habrá que desmontarlos y cambiarlos tan pronto como sea posible.

El tubo y accesorios de hierro galvanizado se encuentran en ferreterías y en expendios de productos para el hogar. Hay que especificar siempre el diámetro interior (D.I.) al comprar tubos y accesorios galvanizados. Los tubos prerroscados, llamados también *niples*, se consiguen en longitudes de 1" a 1 pie (2.5 cm a 0.305 m). Si se necesita un tubo más largo, solicitar en la ferretería que corten y rosquen el tubo de acuerdo con las especificaciones.

El hierro galvanizado viejo resulta difícil de reparar. Los accesorios se oxidan con frecuencia, y lo que parecía una tarea sin importancia puede convertirse en un trabajo prolongado. Por ejemplo, el cortar una sección de tubo, para cambiar un accesorio que presenta fugas, puede mostrar que los tubos adyacentes requieren también un cambio. Si la tarea requiere de un lapso de tiempo largo, es posible taponar cualquier tubo abierto y reanudar el flujo de agua al resto de la casa. Antes de comenzar una reparación deben tenerse niples roscados y tapones adecuados para la tubería.

El desmontar un sistema de tubos y accesorios galvanizados requiere mucho tiempo. El desarme debe iniciarse al extremo del recorrido de un tubo, y cada pieza deberá ser destornillada antes de desmontar la pieza siguiente. El llegar a la parte media de un recorrido para cambiar una sección de tubo puede resultar una tarea larga y tediosa. En lugar de ello, es posible emplear una pieza especial de tres partes denominada unión. Ésta hace posible eliminar una sección de tubo o un accesorio sin tener que desmontar la totalidad del sistema.

Nota: El hierro galvanizado se confunde en ocasiones con el "hierro negro". Ambos tipos tienen tamaños y ajustes semejantes. El hierro negro se utiliza solamente para tuberías de gas.

Al medir el tubo viejo, hay que añadir media pulgada (1.27 cm) por cada extremo, para tener en cuenta la parte roscada que se encuentra en el interior del accesorio. El tubo nuevo deberá medir el equivalente a la suma de la longitud del tubo viejo más media pulgada por cada extremo.

Antes de comenzar:

Herramientas: cinta métrica, sierra de vaivén con hoja para cortar metal o sierra manual para metales, llaves para tubo, soplete de propano y cepillo de alambre.

Materiales: niples roscados, tapones, accesorios de unión, pasta de grafito para juntas de tubos, accesorios para el cambio (si se requieren).

Cómo desmontar y cambiar un tubo de hierro galvanizado

1 Cortar el tubo galvanizado usando una sierra de vaivén con hoja para cortar metales o una sierra para metales.

2 Sujetar el accesorio con una llave para tubos, utilizando otra para desmontar el tubo viejo. Las mordazas de las llaves deben estar en direcciones opuestas. Girar siempre el mango de las llaves hacia la abertura de las mordazas.

3 Desmontar los accesorios corroídos utilizando dos llaves para tubos. Con las mordazas en direcciones opuestas, utilizar una de las llaves para hacer girar el accesorio, y la otra para mantener en posición el tubo. Limpiar a continuación las roscas con un cepillo de alambre.

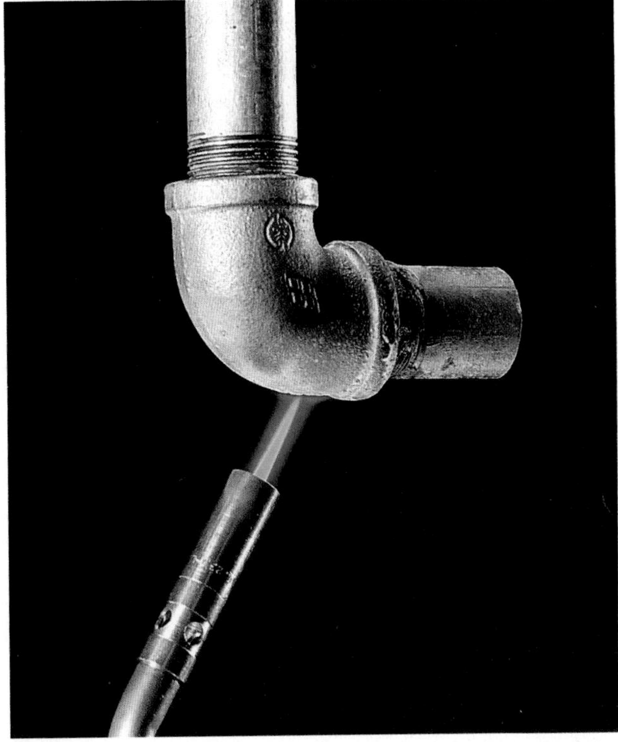

4 Calentar los accesorios difíciles de quitar con un soplete de propano, para facilitar el desmontaje. Aplicar la llama durante 5 a 10 segundos. Proteger la madera u otros materiales inflamables contra el calor, utilizando para ello una capa doble de lámina metálica (ver página 20).

(continúa en la página siguiente)

Cómo desmontar y cambiar un tubo de hierro galvanizado (continuación)

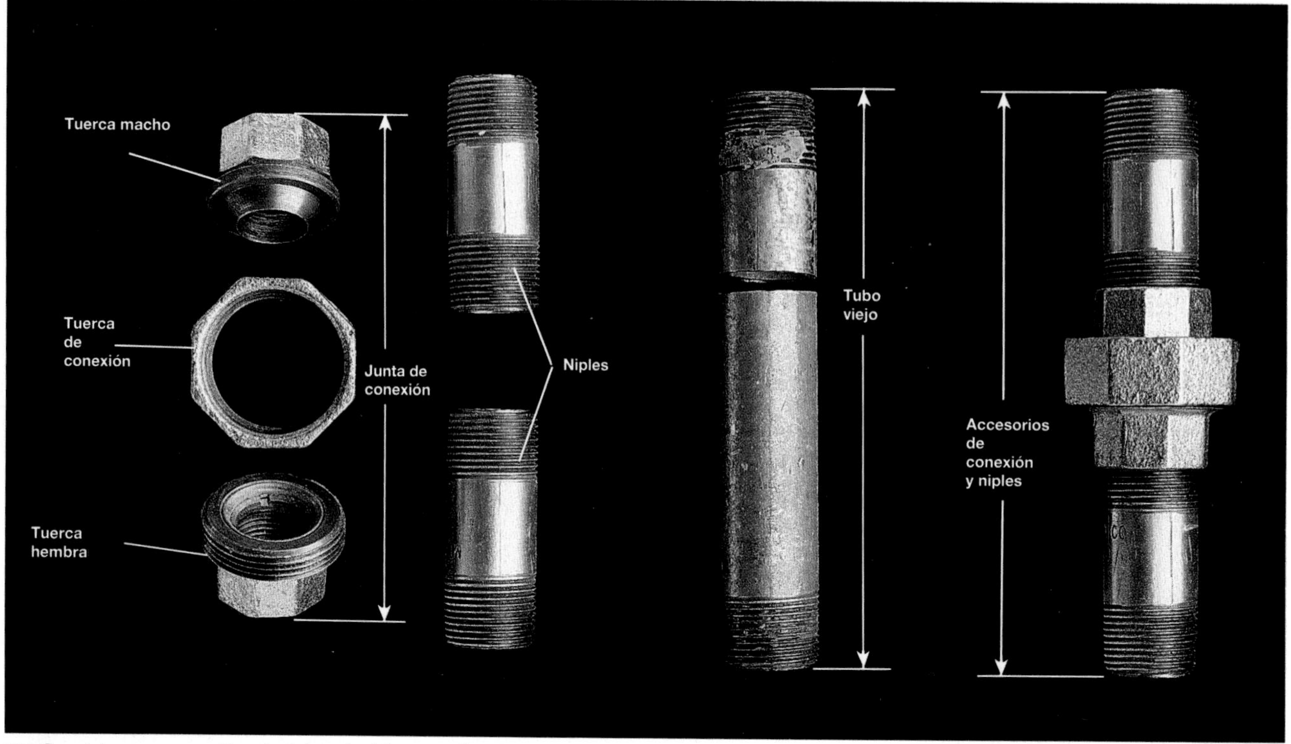

5 Cambie una sección de tubo de hierro galvanizado, usando una junta de conexión y dos niples roscados. Cuando queden armados la unión y los niples, su longitud debe igualar a la del tubo que se va a reemplazar.

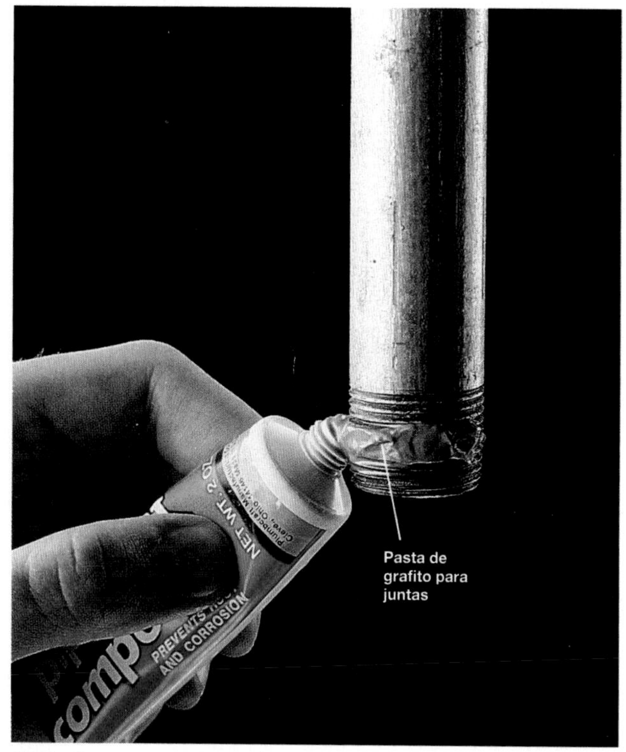

6 Aplicar pasta de grafito para juntas de tubos alrededor del extremo roscado de todos los tubos y niples. Distribuir en forma uniforme la pasta sobre la rosca usando la punta de los dedos.

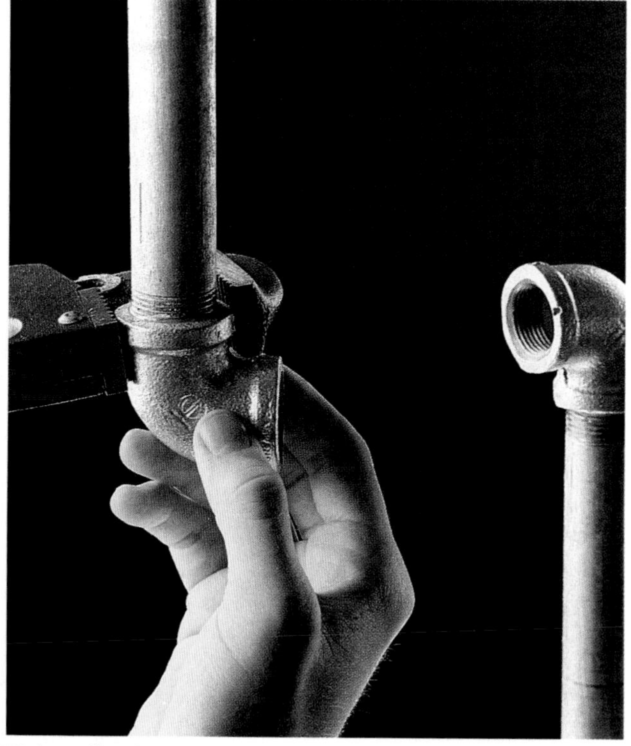

7 Atornillar los accesorios nuevos en el tubo. Apretar con dos llaves para tubos, dejándolos 1/8 de vuelta fuera de alineación para cuando llegue el momento de acoplarlos a la unión.

8 Atornillar el primer niple al accesorio, apretándolo con una llave para tubos.

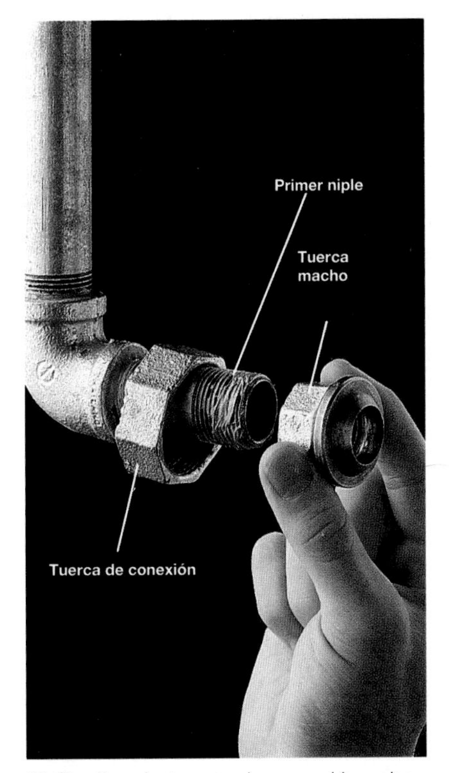

9 Deslizar la tuerca de conexión sobre el niple instalado y atornillar la tuerca macho en el niple y apretar usando una llave para tubos.

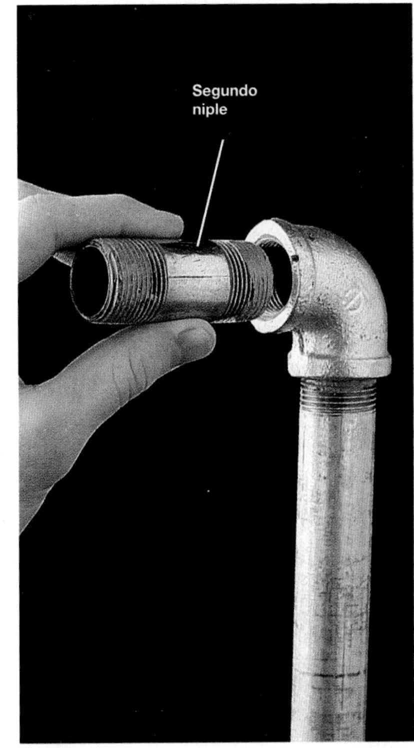

10 Atornillar el segundo niple sobre el otro accesorio, apretándolo con una llave para tubos.

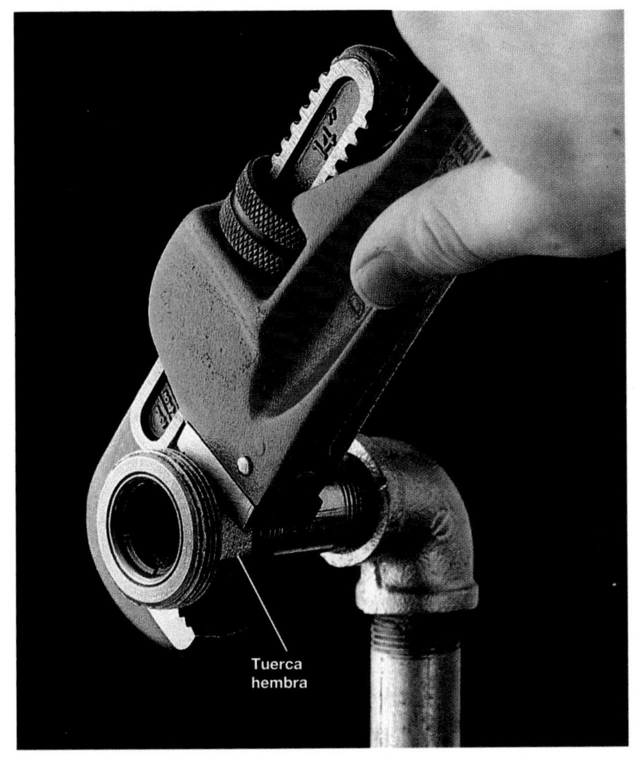

11 Atornillar la tuerca hembra en el segundo niple. Apretar con una llave para tubos. Alinear los tubos de forma que la tuerca macho ajuste dentro de la tuerca hembra.

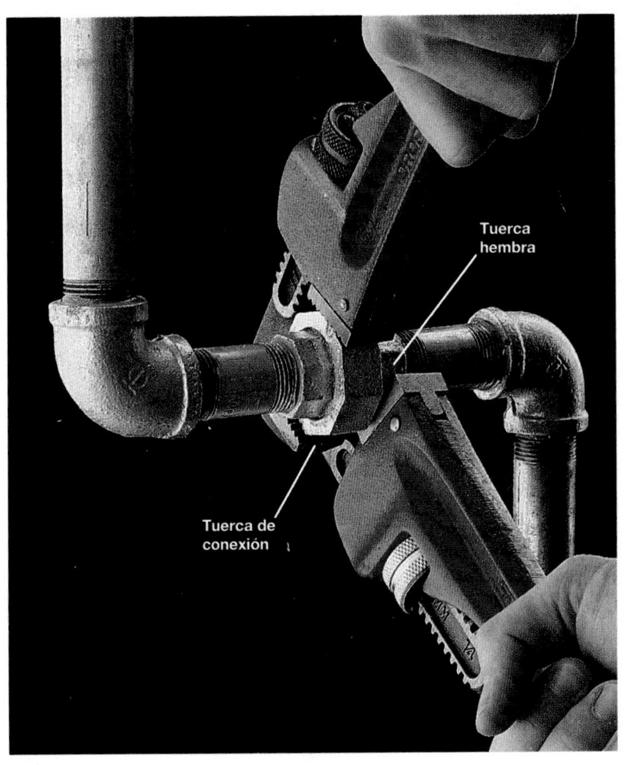

12 Completar la conexión atornillando la tuerca de conexión a la tuerca hembra. Apretar la tuerca de conexión con llaves para tubo.

Cómo trabajar con tubos y accesorios de hierro colado

Los tubos de hierro colado se encuentran con frecuencia en los sistemas de drenaje-detritus-ventilación de las casas antiguas, especialmente en la chimenea y los tubos de alcantarillado. Se identifica por su color oscuro, su superficie áspera y su gran tamaño. Los tubos de hierro colado en los desagües de las casas generalmente tienen un diámetro de tres pulgadas (7.62 cm) o más.

Los tubos de hierro colocado pueden oxidarse por completo, o bien, las uniones acompañadas (abajo) pueden representar fugas. Si la antigüedad de la casa es mayor de 30 años, puede ser necesario cambiar algún tubo o junta de hierro colado.

El hierro colado es pesado y difícil de cortar e instalar. Un tubo de 5 pies (1.52 m) de largo y 4" (10.16 cm) de ancho, pesa 60 libras (27 kg). Por esta razón cuando los tubos de hierro colado presentan fugas, se cambian habitualmente por tubo nuevo de plástico del mismo diámetro.

El tubo de plástico se une fácilmente al de hierro colado utilizando una unión con abrazadera y banda de neopreno (abajo).

El hierro colado se corta mejor con una herramienta llamada *cortador para hierro colado,* la cual puede alquilarse. El diseño de estos cortadores varía, y se deberán seguir las instrucciones para usar tal herramienta.

Antes de comenzar:

Herramientas: cinta métrica, tiza, llaves ajustables, cortador instantáneo de hierro (o sierra para metales), llave de trinquete y desarmador .

Materiales: abrazaderas o flejes para colgar, dos bloques de madera, dos tornillos para madera de 2 1/2" (6.35 cm), una unión con abrazadera y faja de neopreno y tubo de plástico para sustitución.

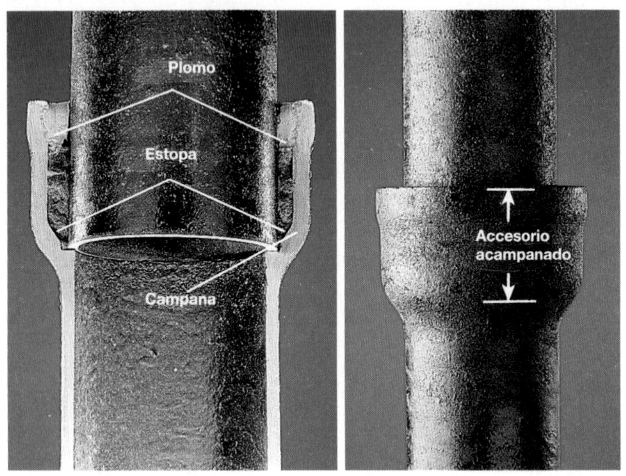

Las juntas acampanadas (vistas en corte a la izquierda) se utilizan para unir tubos de hierro colado. El tubo acampanado tiene un extremo recto y el otro en forma de campana. El extremo recto de un tubo ajusta dentro de la campana del siguiente. Las juntas se sellan con material de empaque (estopa) y plomo. Las fugas de las juntas se reparan cortando la totalidad de la junta acampanada y sustituyéndola por tubo de plástico.

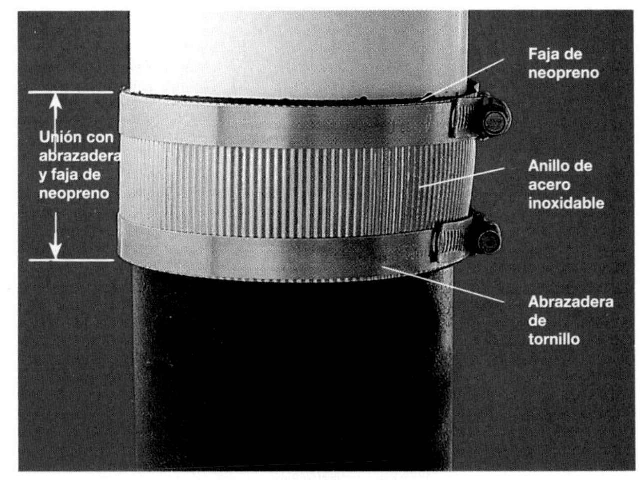

Las uniones con abrazaderas y fajas de neopreno pueden utilizarse para sustituir los tubos defectuosos de hierro colado que presenten fugas, con un tubo de plástico PVC o ABS. El tubo nuevo de plástico se conecta al tubo de hierro colado con una unión del tipo descrito. Ésta cuenta con una faja de neopreno que sella la junta. Los tubos se mantienen unidos con una banda de acero inoxidable y abrazaderas de tornillo.

Antes de cortar un tramo horizontal de tubo de drenaje de hierro colado es necesario asegurarse de que esté sostenido con colgadores cada 5 pies (1.52 m), así como en cada conexión.

Antes de cortar un tramo vertical de tubo de hierro colado es necesario asegurarse de que está apoyado al nivel de cada piso, utilizando abrazaderas de soporte. No cortar nunca un tubo que no esté bien sujetado.

Cómo reparar y cambiar un tramo de tubo de hierro colado

1 Usar tiza para marcar las líneas de corte en el tubo de hierro colado. Si se va a cambiar una unión acampanada que presenta fugas, deberá marcarse por lo menos a 6" (15.2 cm) a cada lado de la unión.

2 Sostener la sección inferior del tubo, instalando una abrazadera de soporte al ras de la placa baja o del piso.

3 Sostener la sección superior del tubo instalando una abrazadera de soporte a 6" (15.2 cm) sobre la sección de tubo que se va a cambiar. Usando tornillos de 2 1/2" (6.35 cm), colocar bloques de madera en el entramado, de manera que la abrazadera de soporte se apoye en la parte alta de los bloques.

(continúa en la página siguiente)

Cómo reparar y cambiar una sección de tubo de hierro colado (continuación).

4 Rodear el tubo con la cadena del cortador de hierro colado, de manera que la rueda de corte se apoye sobre la línea marcada con tiza.

5 Apretar la cadena y cortar el tubo siguiendo las instrucciones del fabricante de la herramienta.

6 Repetir el corte sobre la segunda línea marcada con tiza. Retirar la sección cortada del tubo.

7 Cortar un tramo de tubo plástico PVC o ABS que mida una pulgada (2.54 cm) menos que la sección del tubo de hierro colado que se va a reemplazar.

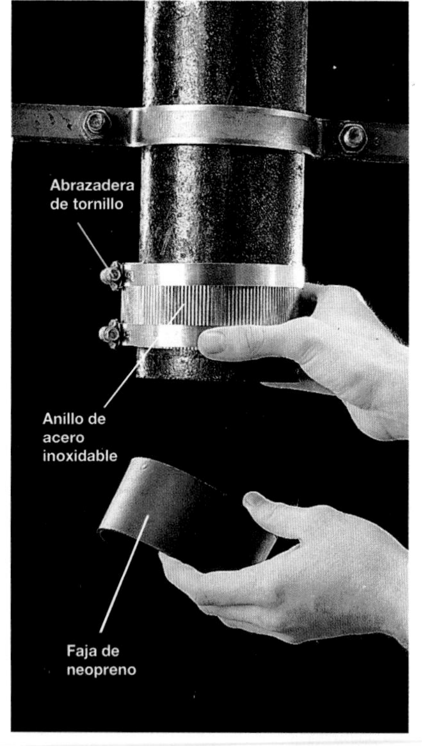

8 Deslizar una unión con abrazadera y faja de neopreno, por cada extremo del tubo de hierro colado.

9 Asegurarse de que el borde del tubo de hierro colado coincide con el anillo separador de goma moldeado en el interior de la faja.

10 Pegar el extremo de cada faja de neopreno hasta que el anillo separador de la misma aparezca hacia afuera.

11 Colocar el tubo nuevo de plástico de forma que quede alineado con los tubos de hierro colado.

12 Desarrollar los extremos de las fajas de neopreno sobre el nuevo tubo de plástico.

13 Deslizar unas abrazaderas de acero inoxidable sobre la faja de neopreno.

14 Apretar los tornillos de las abrazaderas usando una llave de trinquete o un desarmador.

PRICE
PFISTER

Problemas y reparaciones de las llaves

La mayoría de los desperfectos en llaves son fáciles de reparar. El aficionado puede realizar por sí mismo tales reparaciones ahorrando tiempo y dinero. Las refacciones necesarias son generalmente baratas y fáciles de encontrar en las ferreterías y en las tiendas de artículos para el hogar. Las técnicas de reparación dependen del diseño de la llave (páginas 48 a 49).

Si una llave desgastada comienza a tener fugas, incluso después de haber sido reparada, deberá ser cambiada. La sustitución requiere menos de una hora, cambiando la llave vieja por otra nueva que brindará años de servicio sin problemas.

Problemas	Reparaciones
La llave gotea por la espita y presenta fugas en su base.	Verificar la clase de llave (página 49), e instalar las refacciones siguiendo las instrucciones que aparecen en las siguientes páginas.
La llave vieja sigue teniendo fugas aún después de que ha sido reparada.	Cambiar la llave vieja (páginas 60 a 63).
La presión del agua que sale por la espita es baja, o la corriente del agua está parcialmente bloqueada.	1. Limpiar el aereador (página 66). 2. Cambiar los tubos galvanizados que estén corroídos, sustituyéndolos por tubos de cobre (páginas 20 a 29).
La presión del agua del aspersor es baja, o aquél tiene fugas en la manija.	1. Limpiar la cabeza del aspersor (página 66). 2. Reparar la válvula desviadora (página 67).
Hay goteo debajo de la llave.	1. Cambiar la manguera de la regadera si está agrietada. 2. Apretar las conexiones de los tubos de suministro de agua, o cambiar los tubos de suministro y las válvulas de cierre (páginas 64 y 65). 3. Reparar el sumidero del fregadero (página 87).
El grifo o válvula gotea o presenta fugas alrededor de la manija.	Desmontar la pieza y cambiar las juntas tóricas y las arandelas.

Reparación de fugas en las llaves

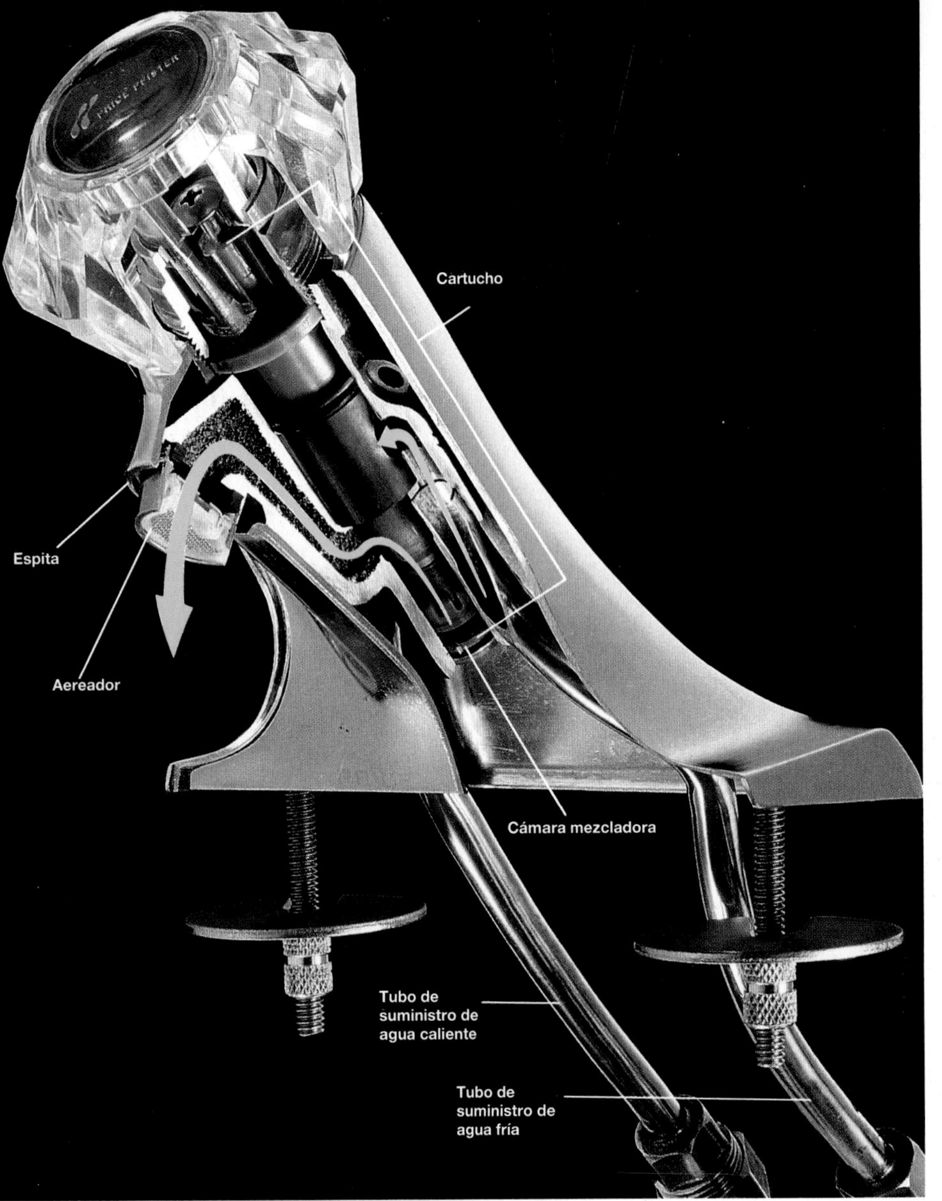

Una llave típica cuenta con una sola manija unida a un cartucho hueco. El cartucho controla el flujo de agua fría y caliente de los tubos de alimentación hacia la cámara de mezcla. El agua es lanzada por la espita y a través del aereador. Cuando sea necesario hacer una reparación se deberá cambiar la totalidad del cartucho.

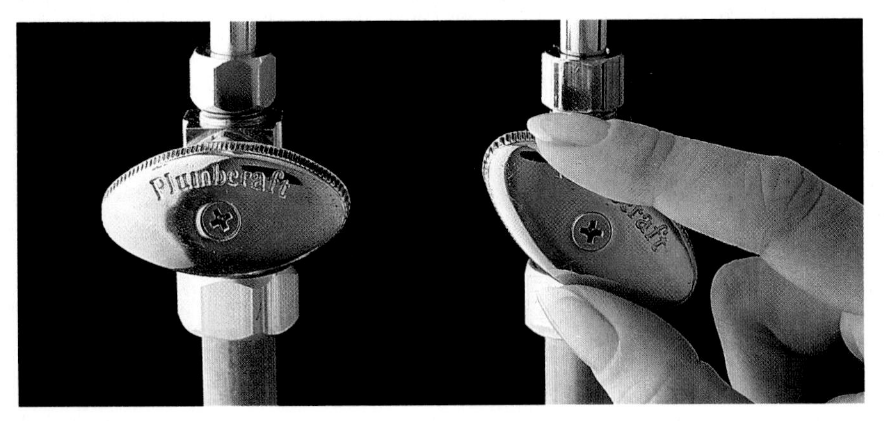

Antes de comenzar la reparación se debe cerrar el **paso del agua,** usando para ello las válvulas de cierre situadas bajo la llave, o bien la válvula principal de servicio, situada cerca del medidor de agua, (página 6). Al abrir las válvulas de cierre, después de efectuar la reparación, las llaves deberán estar abiertas para liberar el aire atrapado. Cerrar las llaves una vez que el agua fluye libremente.

Las fugas en las llaves son los problemas más comunes en el sistema de plomería de una casa. Las fugas se producen cuando las arandelas, juntas tóricas, o empaques del interior de la llave están sucios o gastados. La reparación de las fugas es fácil, pero las técnicas a aplicar varían según el mecanismo de la llave. Antes de iniciar el trabajo se deberá identificar el tipo de llave, determinando cuáles son las refacciones necesarias.

Existen cuatro mecanismos básicos empleados en las llaves: el de bola, el de cartucho, el de disco y el de compresión. Muchas llaves se identifican fácilmente por su apariencia exterior, pero otras requieren ser desarmadas para reconocer el mecanismo que emplean.

El mecanismo de compresión se utiliza en muchas llaves dobles. Las llaves de compresión cuentan con arandelas o empaques que deben ser cambiados con cierta frecuencia. Estas reparaciones son fáciles de hacer, y las partes requeridas son poco costosas.

Las llaves de bola, de cartucho y de disco son conocidas como llaves sin arandelas. Muchas de ellas son controladas con una sola manija, aunque algunos modelos de cartucho utilizan dos manijas. Las llaves que no usan arandelas presentan menos averías que las de compresión, y están diseñadas para que su reparación sea más rápida.

Cuando se instalen partes nuevas en la llave, deberá cuidarse de que las mismas coincidan con las originales. Las refacciones para las llaves sin arandelas se identifican por su nombre de fábrica y el número del modelo. Para lograr una selección correcta conviene llevar las partes viejas al comercio donde se compren las refacciones, para realizar la comparación conveniente.

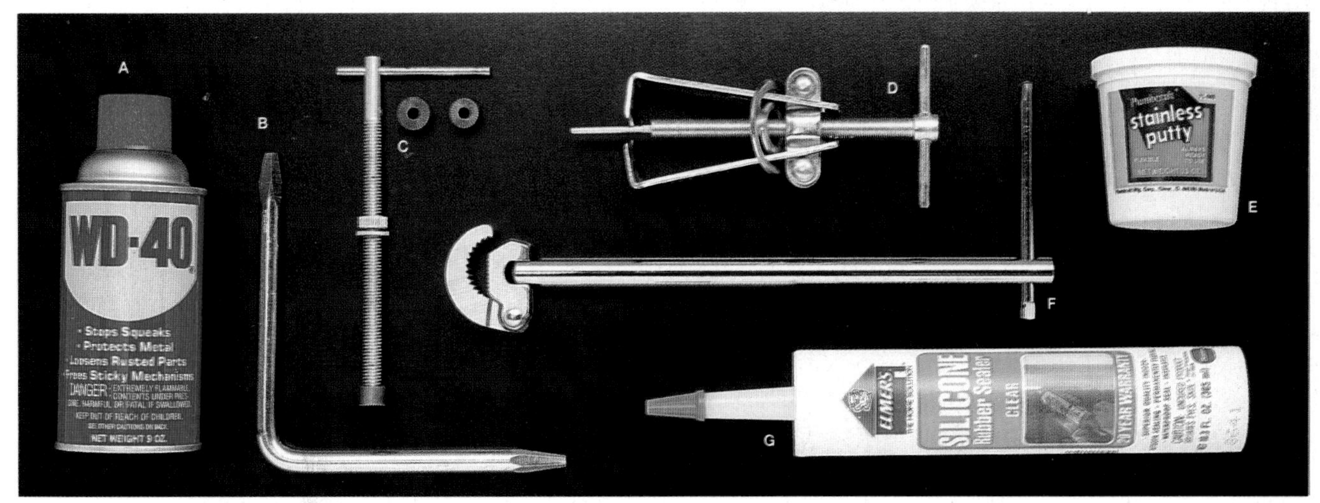

Las herramientas y materiales necesarios para la reparación de las llaves son: aceite penetrante A), llave para asientos B), rectificador de asientos C), extractor de manijas D), mástique de plomero E), llave tubular F), sellador de silicón G).

Cómo identificar el mecanismo de la llave

La llave de bola cuenta con una sola manija, que va sobre una tapa en forma de cúpula. Si la llave es de las marcas Delta o Peerless, probablemente será de bola. Para efectuar reparaciones en este tipo de llaves, véanse las páginas 50 a 51.

Existen dos modelos de llaves de cartucho: con una sola manija o con dos manijas. Entre las marcas más populares de este tipo de llaves se encuentran Price Pfister, Moen, Valley y Aqualine. Para reparar una llave de cartucho, consúltense las páginas 52 y 53.

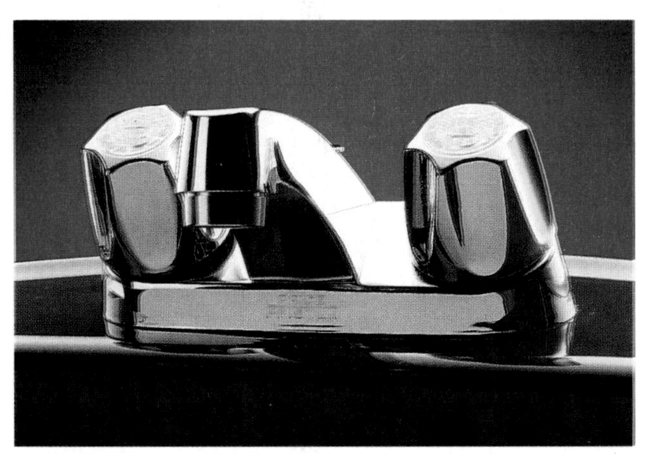

La llave de compresión cuenta con dos manijas. Al cerrar una de ellas, se advierte que dentro de la misma se oprime una arandela de goma. Existen muchas marcas de este tipo de llaves. Para reparar una llave de compresión, véase las páginas 54 a 57.

La llave de disco cuenta con una sola manija y un cuerpo robusto y cromado. Si la llave es American Standard o Reliant, probablemente cuenta con un mecanismo de disco. Ver las páginas 58 y 59 para reparar una llave de este tipo.

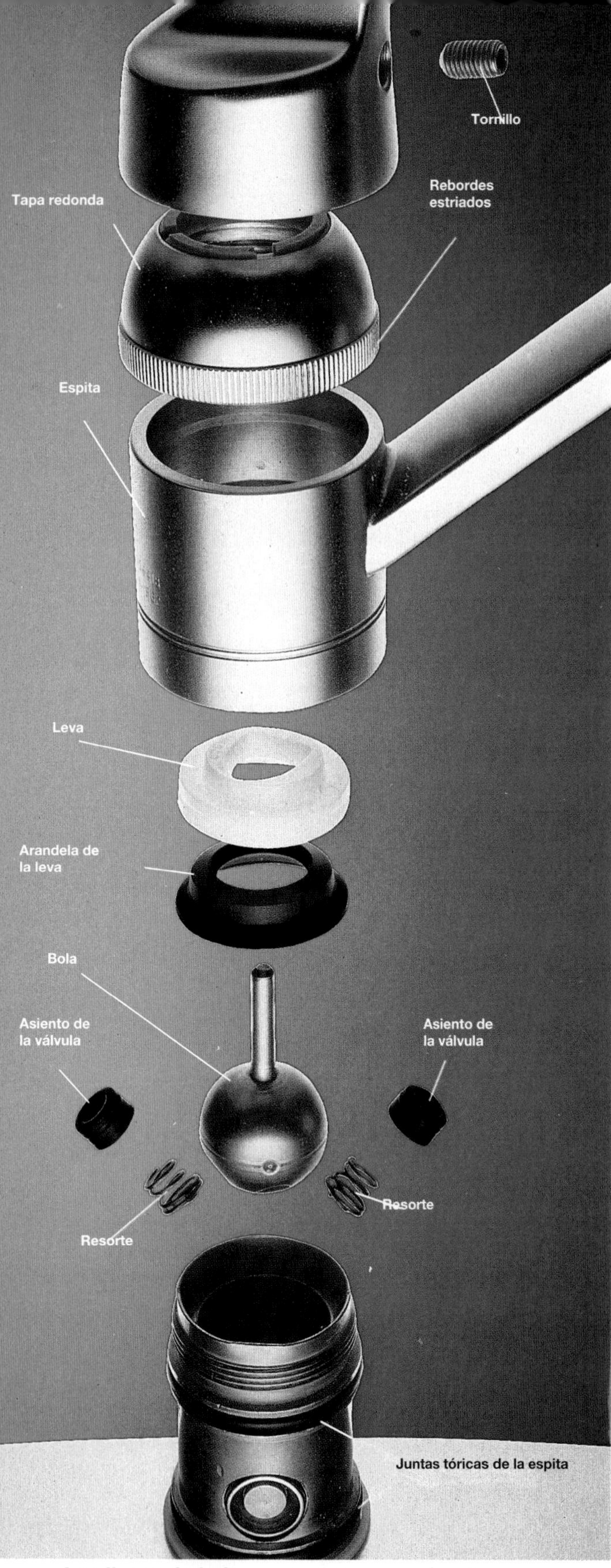

Las llaves de bola cuentan con una esfera hueca que controla la temperatura y el flujo del agua. El goteo en la espita puede ser causado por un desgaste en los asientos de válvula o en los resortes, o bien, por daños en la bola. Las fugas alrededor de la base de la llave son consecuencia de un desgaste de las juntas tóricas.

Reparación de llaves de bola

La llave de bola cuenta con una sola manija, y se identifica por una bola hueca de metal o plástico situada dentro del cuerpo de la llave. Muchas de estas llaves cuentan con una tapa redonda con rebordes estriados, situada bajo la manija. Si la llave gotea por la espita, y es del tipo descrito, deberá intentarse en primer lugar apretar la tapa usando unos alicates ajustables. Si la fuga no desaparece, se deberá desarmar la llave y colocar las piezas de repuesto que sean necesarias.

Los fabricantes ofrecen varios tipos de repuestos para este tipo de llaves. Algunos de los juegos contienen los resortes y los asientos de válvula de neopreno, en tanto que otros incluyen sólo el rodillo y sus arandelas.

La bola debe cambiarse solamente cuando esté rayada o desgastada. Las bolas de refacción son de metal o de plástico. Las primeras resultan más duraderas.

Recuerde cerrar el paso del agua antes de comenzar el trabajo (página 48)

Antes de comenzar:

Herramientas: alicates ajustables, llave allen, desarmador, navaja de uso general.

Materiales: juego de refacciones para la reparación de llaves de bola, bola nueva (si es necesaria), cinta adhesiva, juntas tóricas, grasa a prueba del calor.

El juego para reparaciones de una llave de bola incluye asientos de goma para las válvulas, resortes, rodillo, arandela para el rodillo, y juntas tóricas para la espita. Algunos juegos incluyen también las llaves allen necesarias para desmontar la manija de la llave. Es necesario asegurarse de que el juego corresponde al modelo de la llave. La bola de repuesto puede comprobarse por separado, pero no es necesario, salvo cuando la bola vieja está evidentemente gastada por el uso.

Cómo reparar una llave de bola

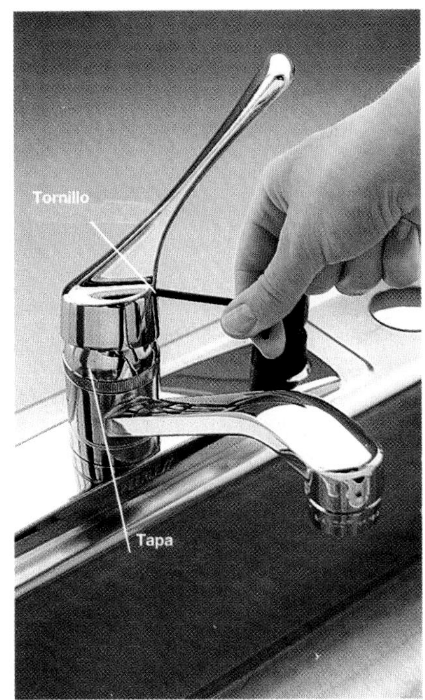

1 Con una llave allen, aflojar el tornillo de la manija. Quitar ésta para descubrir la tapa de la llave.

2 Desmontar la tapa, usando unos alicates ajustables. Para evitar que la superficie brillante y cromada de la tapa resulte dañada, se deberán cubrir las mordazas de los alicates con cinta adhesiva.

3 Desmontar la leva y su arandela, así como la bola giratoria. Observar si la bola presenta señales de desgaste.

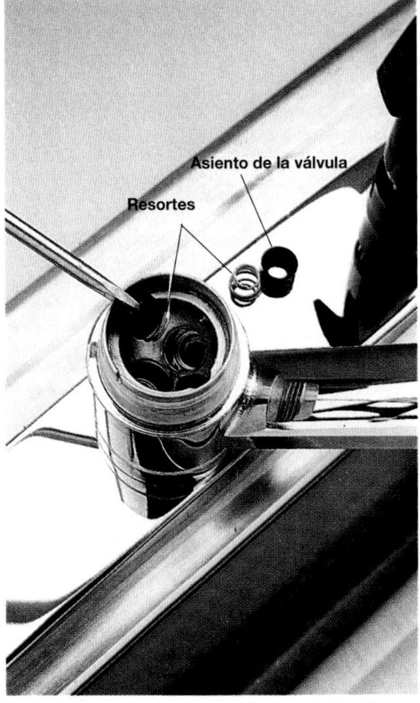

4 Meter un desarmador por la llave, para desmontar los resortes y asientos viejos de las válvulas.

5 Desmontar la espita girándola hacia arriba, y cortar a continuación las juntas tóricas viejas. Recubrir las nuevas juntas tóricas con grasa a prueba de calor, instalándolas a continuación. Volver a colocar la espita girándola hacia abajo, hasta que el collarín se apoye en el anillo deslizante de plástico. Instalar resortes y asientos de válvula nuevos.

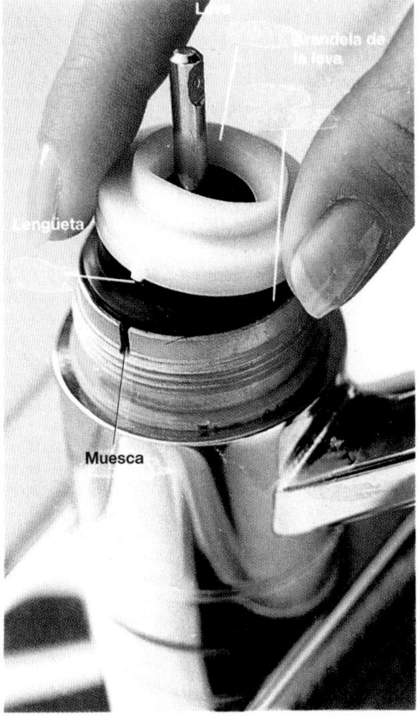

6 Meter la bola y la leva con una arandela nueva. La pequeña lengüeta de la leva debe ajustar en la muesca del cuerpo de la llave. Atornillar la tapa sobre la llave y colocar la manija.

Reparación de llaves de cartucho

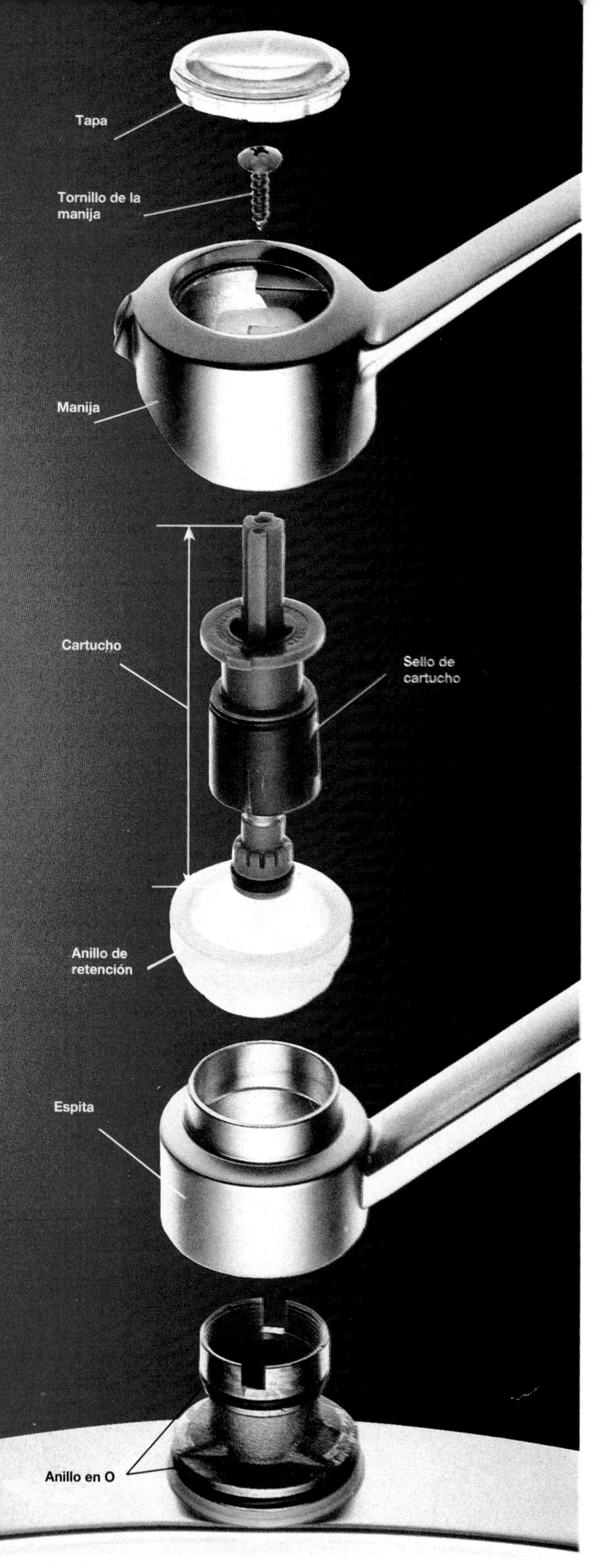

La llave de cartucho tiene un cartucho hueco en el interior, el cual se eleva y gira para controlar el flujo y la temperatura del agua. El goteo en la espita tiene lugar cuando los sellos del cartucho se desgastan. Las fugas alrededor de la base de la llave se presentan cuando se desgastan las juntas tóricas.

La llave de cartucho se identifica por la presencia de un delgado cartucho de metal o de plástico dentro del cuerpo de la llave. Muchas llaves de una sola manija, y algunas de doble manija, utilizan este sistema.

Sustituir un cartucho es una tarea sencilla de la mayoría de las llaves que presentan fugas. Los cartuchos para llaves se fabrican en muchas formas diferentes, por lo que deberá llevarse el cartucho viejo para comparar el repuesto.

Se deberá cuidar de que el cartucho nuevo quede alineado en la misma forma que el viejo. Si se invierten los controles del agua fría y de la caliente deberá desarmarse la llave para girar 180 grados el cartucho.

Recuerde cerrar el paso del agua antes de comenzar el trabajo (página 48).

Antes de comenzar:

Herramientas: desarmador, alicates ajustables, navaja de uso general.

Materiales: cartucho de repuesto, juntas tóricas, grasa a prueba de calor.

Existen muchos tipos de cartuchos de repuesto. Es posible adquirir cartuchos para las marcas más populares, entre ellas (de izquierda a derecha) Price Pfister, Moen, Kohler. Las juntas tóricas se venden por separado.

Cómo arreglar una llave de cartucho

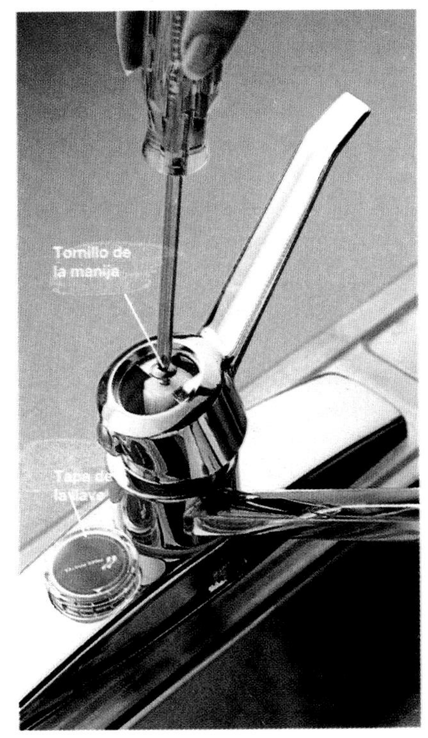

1 Quitar la tapa de la parte superior de la llave y retirar el tornillo de la manija que se encuentra bajo la tapa.

2 Retirar la manija levantándola e inclinándola hacia atrás

3 Retirar el anillo de retención, usando unos alicates ajustables. Retirar cualquier grapa que retenga al cartucho en su lugar.

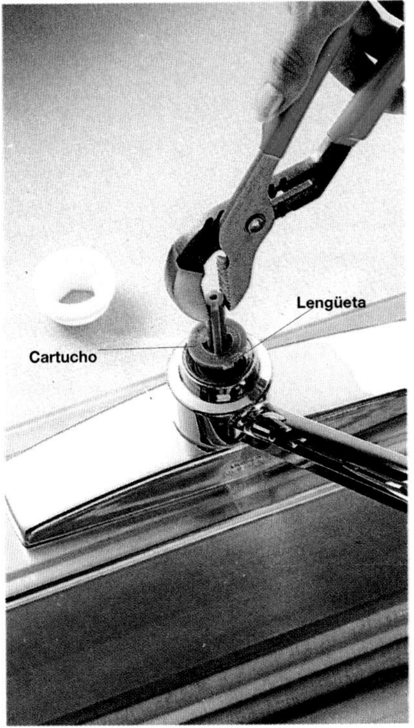

4 Agarrar la parte alta del cartucho con unas pinzas ajustables. Tirar de él hacia arriba. Instalar el cartucho de repuesto de manera que la lengüeta del mismo quede hacia adelante.

5 Quitar la espita, levantándola y girándola. Cortar las juntas tóricas viejas con una navaja. Recubrir las juntas nuevas con grasa a prueba de calor e instalar.

6 Colocar de nuevo la espita. Atornillar el anillo de retención sobre la llave, y apretarlo con unas pinzas ajustables. Colocar la manija, el tornillo de ésta y la tapa.

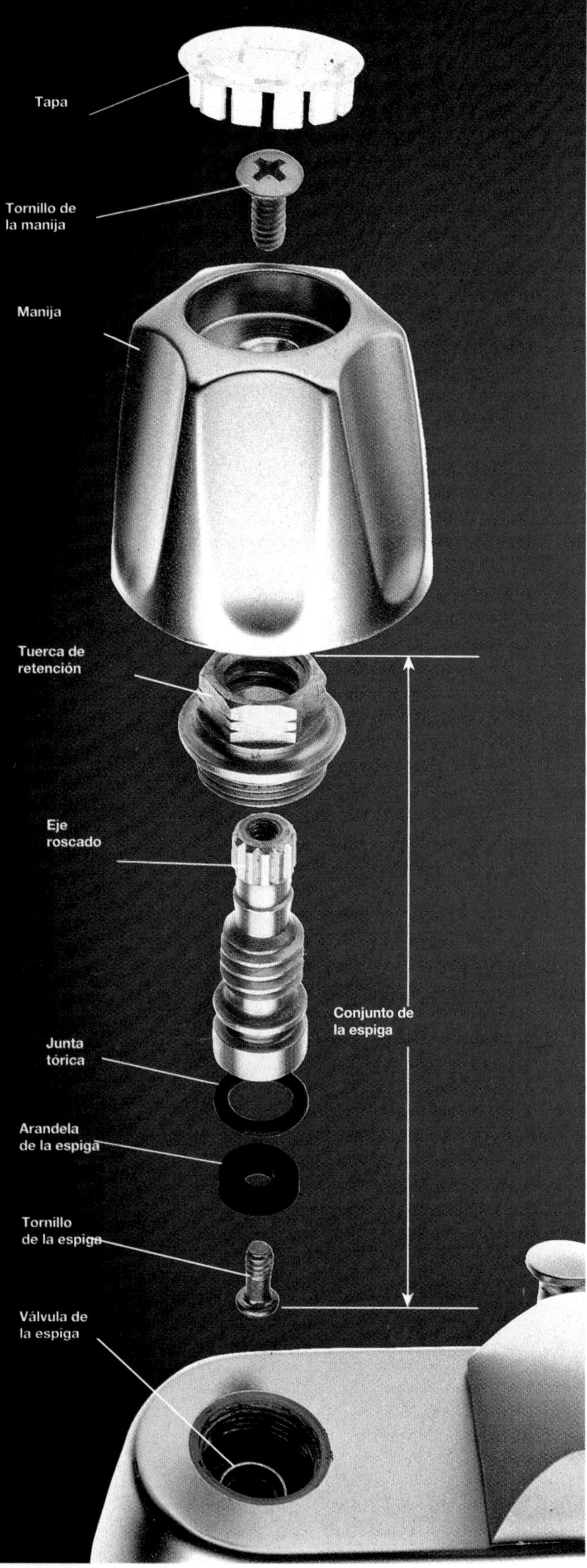

El conjunto de la espiga de una llave de compresión incluye una tuerca de retención, un eje roscado, junta tórica, arandela de la espiga y tornillo de la espiga. El goteo de la llave se produce cuando la arandela se desgasta. Las fugas alrededor de la manija se deben a un desgaste de la junta tórica.

Reparación de llaves de compresión

Las llaves de compresión cuentan con controles separados para el agua fría y caliente, y se identifican por el eje roscado que va dentro del cuerpo de la llave. Las espigas o ejes presentan muchos estilos diferentes, pero todas ellas tienen algún tipo de arandela de neopreno o empaque para controlar el flujo de agua. Las llaves de compresión presentan fugas cuando las arandelas o los sellos se desgastan.

Algunas llaves de compresión más antiguas presentan manijas corroídas que son difíciles de desmontar. La tarea se simplifica usando una herramienta llamada *extractor* de *manijas*, la cual se puede rentar en cualquier comercio dedicado al alquiler de herramientas.

Al cambiar las arandelas se debe revisar el estado en que se encuentran los asientos de las válvulas situadas dentro del cuerpo de la llave. Si los asientos están ásperos deberán ser cambiados o rectificados.

Recuerde cerrar el paso del agua antes de empezar el trabajo (página 48).

Antes de comenzar:

Herramientas: desarmador, extractor de manijas (si es necesario), alicates ajustables, navaja, llave para asientos o rectificador (si es necesario).

Materiales: juego universal de arandelas, cuerda para empacar, grasa a prueba de calor, asientos de válvula de repuesto (si son necesarios).

El juego universal de arandelas contiene las partes necesarias para la reparación de la mayoría de las llaves de compresión. Elija el juego que cuente con la mayor variedad de arandelas de neopreno y juntas tóricas, arandelas de empaque, y tornillos de latón para la espiga.

Sugerencias para reparar una llave de compresión

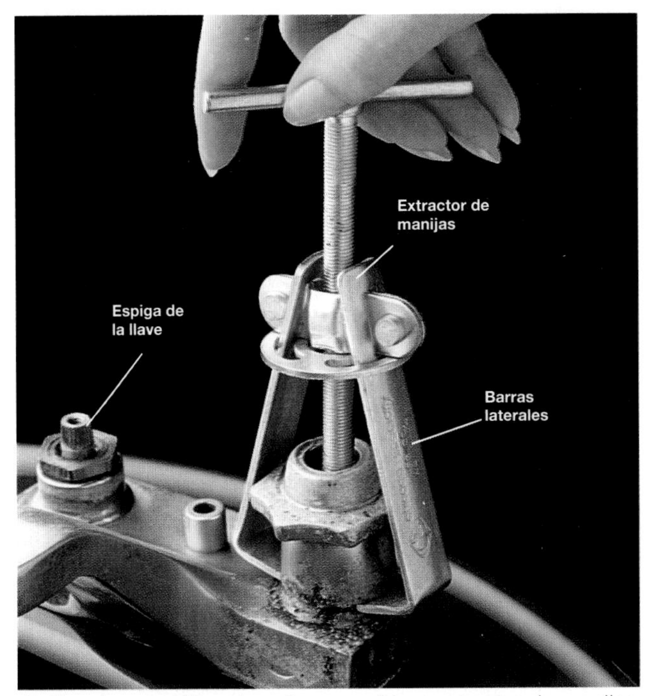

Retirar las manijas atoradas usando un extractor de manijas. Quitar la tapa de la llave y el tornillo de la manija, y meter las barras laterales del extractor bajo la manija. Atornillar el extractor y apretar hasta que se suelte la manija.

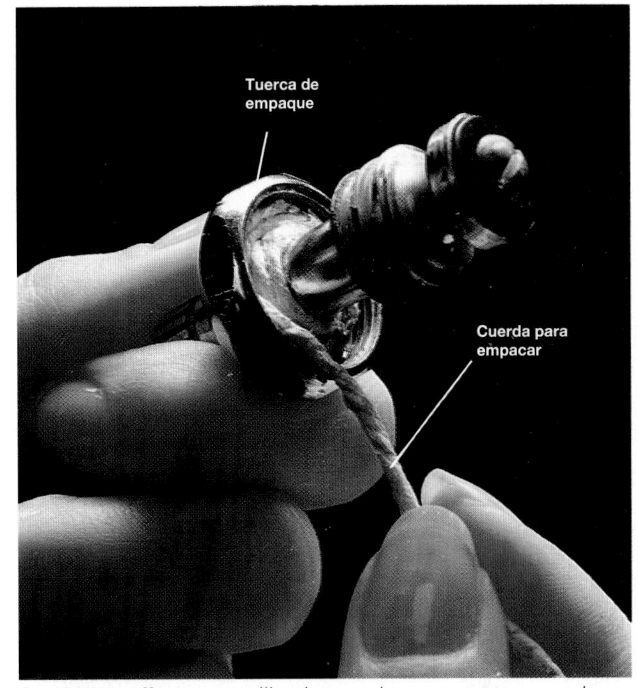

En algunas llaves se utiliza la cuerda para empacar en lugar de una junta tórica. Para arreglar las fugas alrededor de la manija de la llave, se arrolla cuerda para empacar nueva alrededor de la espiga, justamente debajo de la tuerca de empaque o la tuerca de retención.

Tres tipos comunes de espigas de compresión

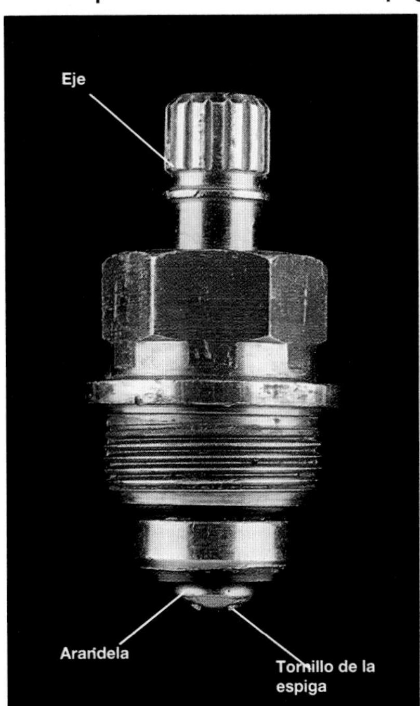

La espiga estándar tiene un tornillo de latón que sujeta una arandela de neopreno, plana o biselada, a la punta del eje. Si el tornillo del eje está gastado deberá ser cambiado.

La espiga en forma de sombrero de copa cuenta con un diafragma de inserción en lugar de una arandela estándar. Las fugas se reparan cambiando el diafragma.

La espiga de presión inversa cuenta con una arandela biselada en el extremo del eje. Para cambiar la arandela se destornilla el eje del resto de la espiga. Algunas espigas cuentan con una pequeña tuerca que sujeta la arandela.

Cómo arreglar una llave de compresión

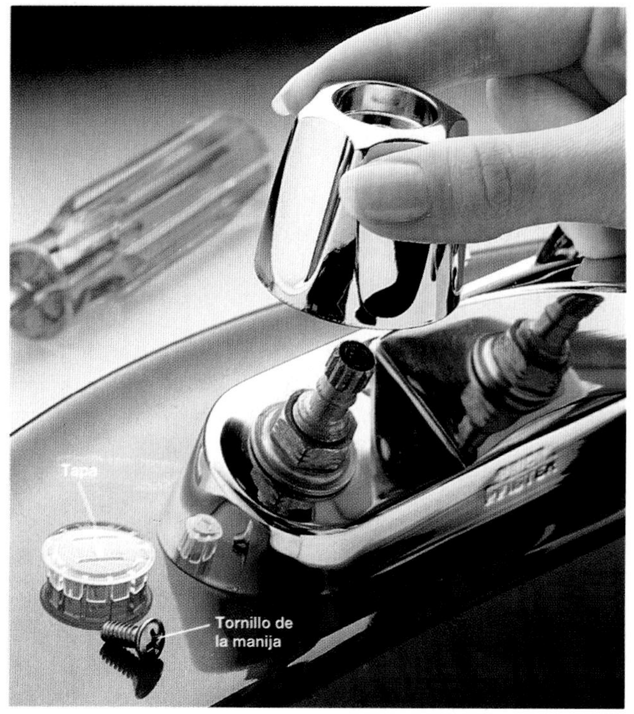

1 Quitar la tapa de la manija de la llave y retirar el tornillo de la misma. Retirar la manija tirando de ella hacia arriba. Si es necesario, utilizar un extractor de manijas (página 55).

2 Destornillar el conjunto de la espiga del cuerpo de la llave, usando alicates ajustables. Revisar el asiento de la válvula, para comprobar si hay desgaste, y cambiar o rectificar según se requiera (página opuesta). Si el cuerpo o la espiga están muy desgastados, generalmente es mejor cambiar toda la llave.

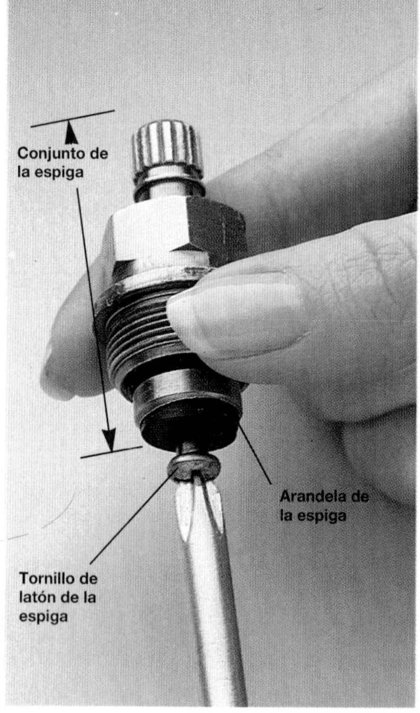

3 Retirar el tornillo de latón de la espiga. Quitar la arandela desgastada.

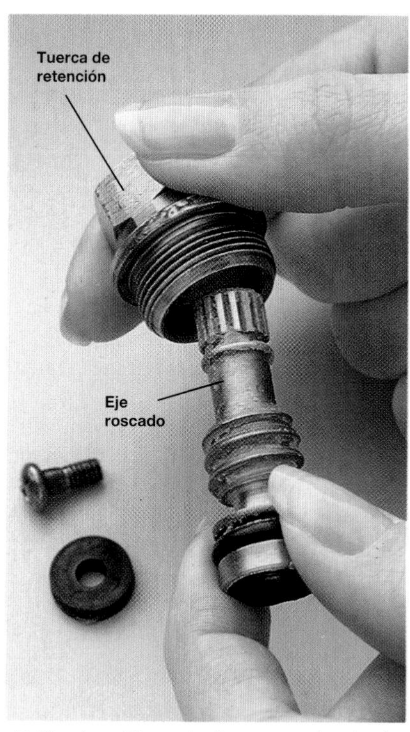

4 Destornillar el eje roscado de la tuerca de retención.

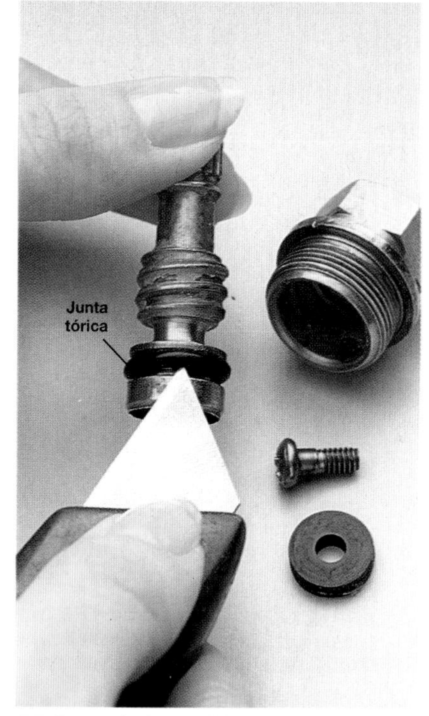

5 Cortar la junta tórica vieja y cambiarla por un duplicado exacto. Instalar una arandela y un tornillo de la espiga nuevos. Recubrir todas las partes con grasa a prueba del calor, y reensamblar la llave.

Cómo cambiar los asientos de válvula desgastados

1 Comprobar si el asiento de la válvula tiene daños, recorriendo con un dedo el reborde del asiento. Si se siente áspero, habrá que cambiarlo o rectificarlo con una herramienta diseñada para tal fin (ver abajo).

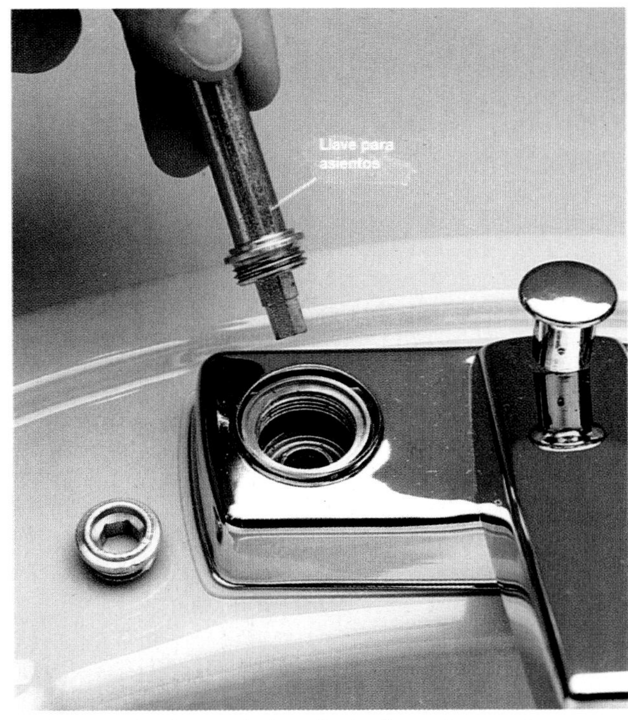

2 Quitar el asiento de la válvula, usando una llave para asientos. Elegir la punta que se ajuste al asiento, y colocarla en la llave. Girar en sentido contrario al de las manecillas del reloj para sacar el asiento, e instalar el repuesto. Si no es posible desmontar el asiento se deberá rectificar usando la herramienta correspondiente (abajo).

Cómo rectificar los asientos de válvula

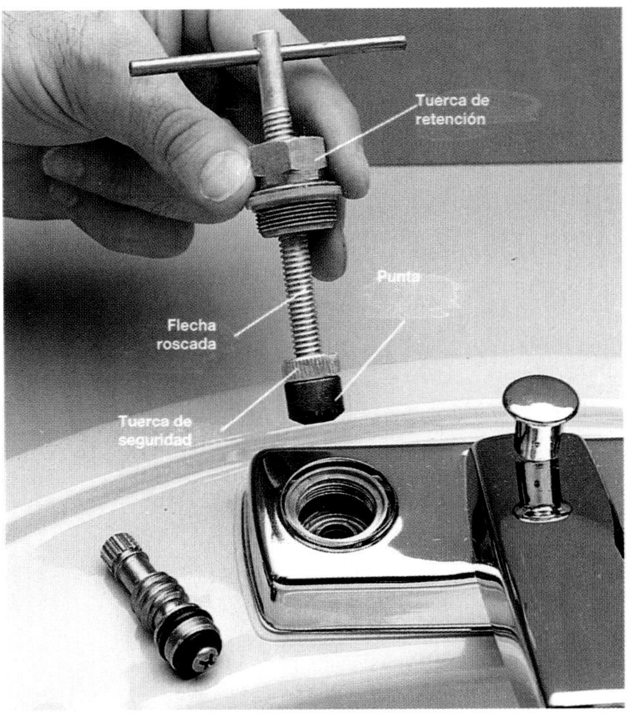

1 Escoger la punta que se ajuste al diámetro interior de la tuerca de retención. Deslizar dicha tuerca sobre la flecha roscada del rectificador de asientos y unir la tuerca de seguridad y la punta a la flecha.

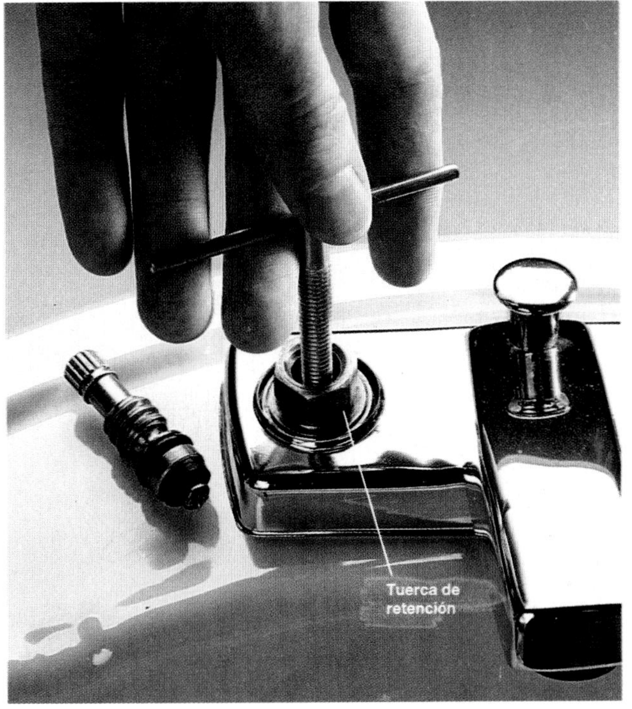

2 Atornillar la tuerca de retención en el cuerpo de la llave sin apretarla del todo, presionar ligeramente la herramienta hacia abajo, y girar la manija de la misma en el sentido de las manecillas del reloj, dándole dos o tres vueltas. Reensamblar la llave.

Reparación de llaves de disco

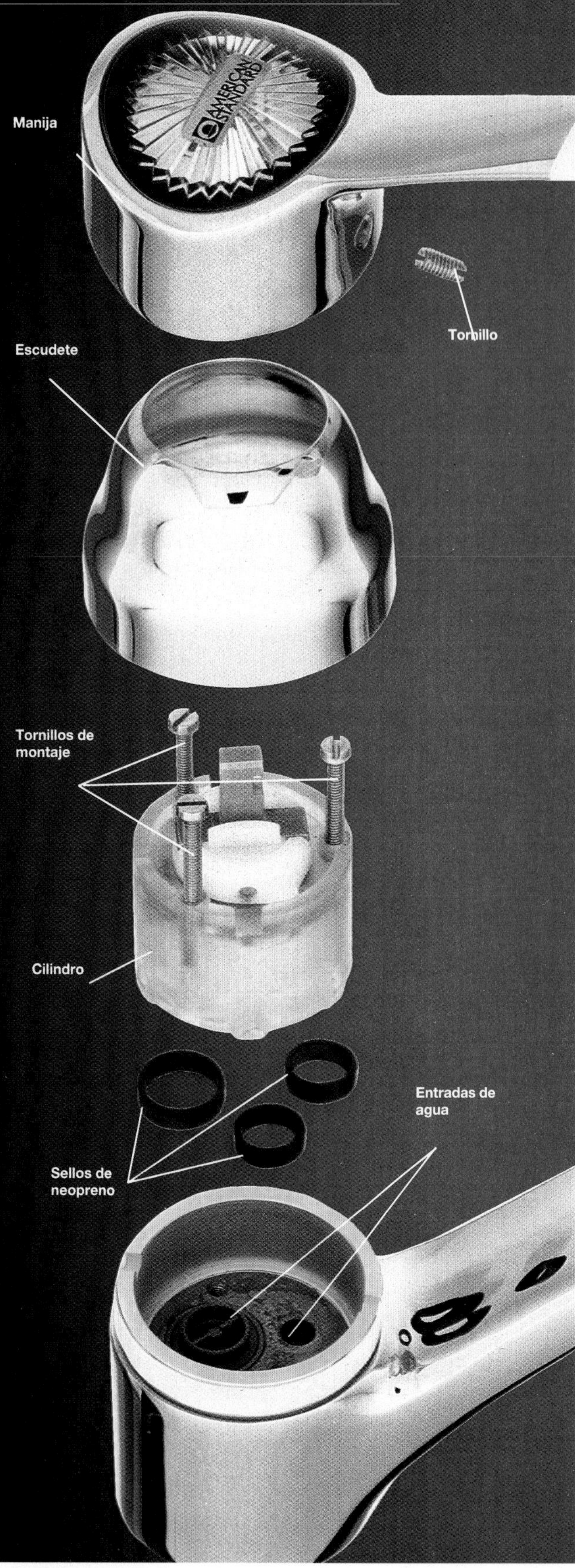

Las llaves de disco tienen un cilindro sellado que contiene dos discos de cerámica muy ajustados. La manija de la llave controla el agua deslizando los discos para que estén alineados. El goteo de la espita se produce cuando los empaques de neopreno o las aberturas del cilindro están sucios.

La llave de disco cuenta con una sola manija, y se identifica por el grueso cilindro que se encuentra dentro del cuerpo de la llave. El cilindro contiene un par de discos de cerámica muy ajustados que controlan el paso del agua.

Una llave de discos cerámicos es un instrumento de alta calidad y fácil de reparar. Las fugas se eliminan fácilmente sacando el cilindro y limpiando los sellos de neopreno y las aberturas del cilindro. Se deberá instalar un cilindro nuevo sólo si la llave sigue presentando fugas aún después de haber sido limpiada.

Después de reparar una llave de disco, se deberá asegurar que la manija está en la posición ON (abierto), y abrir lentamente las válvulas de cierre. De otra manera, los discos podrían romperse por la liberación repentina de aire en la llave. Una vez que el agua corre normalmente, cerrar la llave.

Recuerde cerrar el paso del agua antes de comenzar el trabajo (página 48).

Antes de comenzar:

Herramientas: desarmador.

Materiales: fibra de Scotch Brite® y cilindro de repuesto (si es necesario).

El cambio del cilindro sólo es necesario cuando la llave sigue goteando después de ser limpiada. Una fuga continua es provocada por el daño o ruptura de los discos de cerámica. Los cilindros de repuesto incluyen sellos de neopreno y tornillos de montaje.

Cómo reparar una llave de discos de cerámica

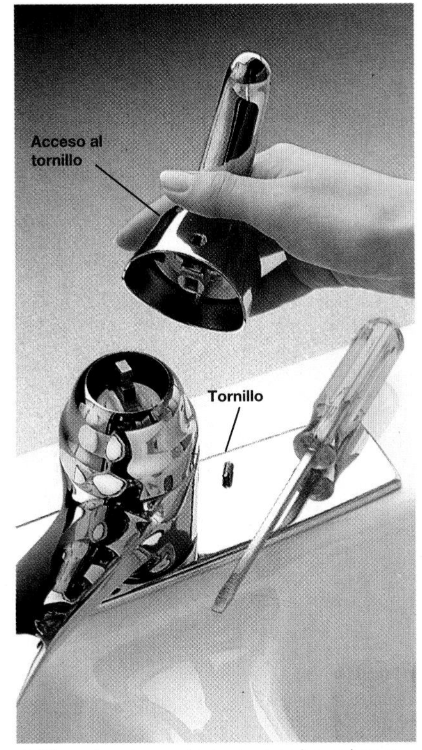

1 Girar hacia un lado la espita y levantar la manija. Quitar los tornillos que la sujetan y retirarla.

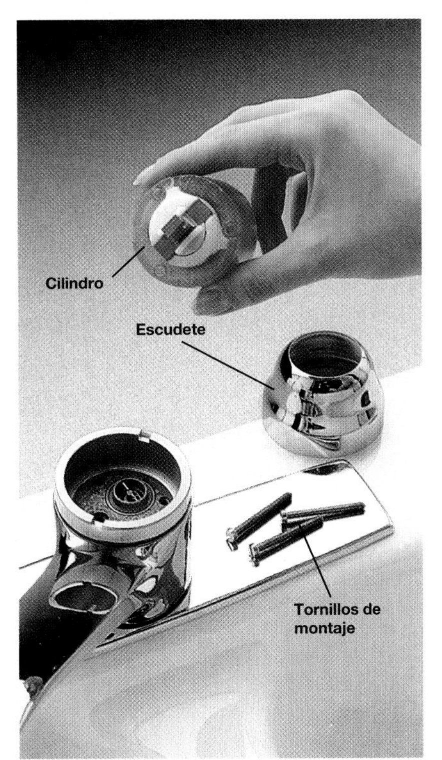

2 Quitar el escudete. Quitar los tornillos de montaje del cartucho y sacar el cilindro.

3 Quitar los empaques de neopreno de las aberturas del cilindro.

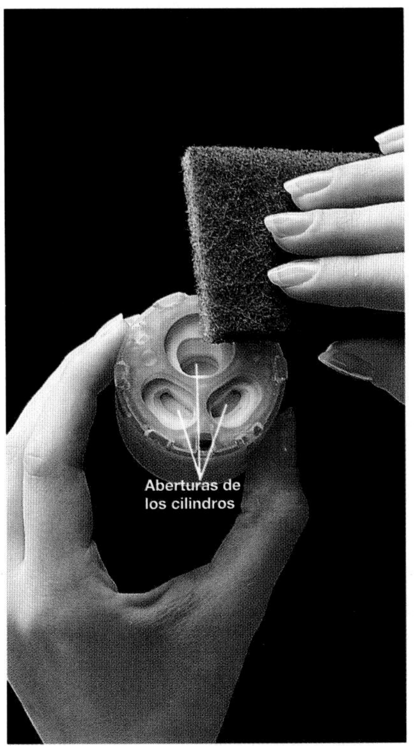

4 Limpiar las aberturas del cilindro y los sellos de neopreno usando una fibra de Scotch Brite®. Lavar el cilindro con agua limpia.

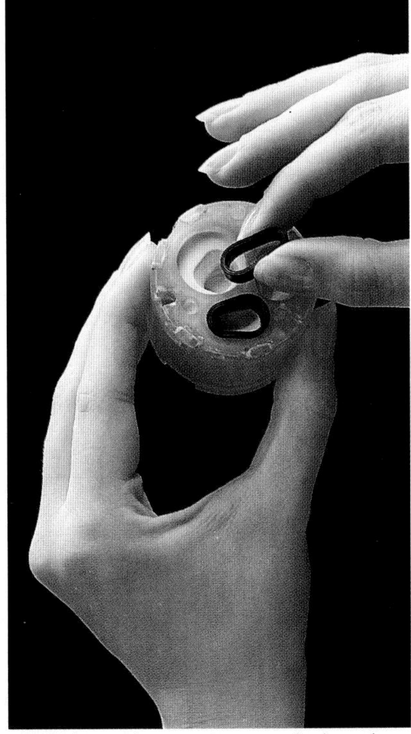

5 Colocar los empaques de las aberturas del cilindro y reensamblar la llave. Poner la manija en la posición ON, y abrir lentamente la válvula de cierre. Cuando el agua fluya libremente, cerrar la llave.

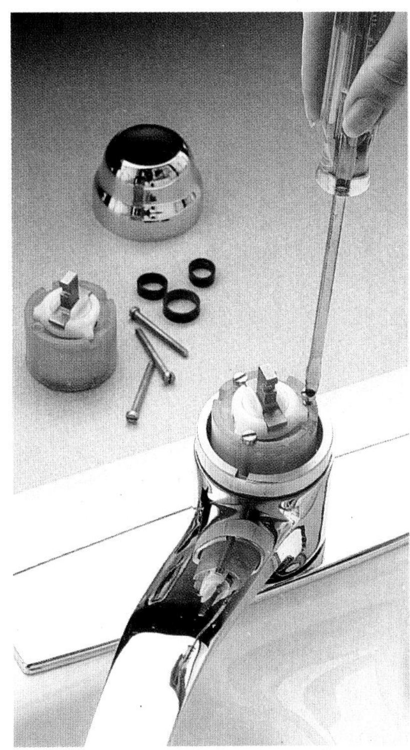

6 Instalar un cilindro nuevo sólo cuando la llave sigue presentando fugas aún después de ser limpiada.

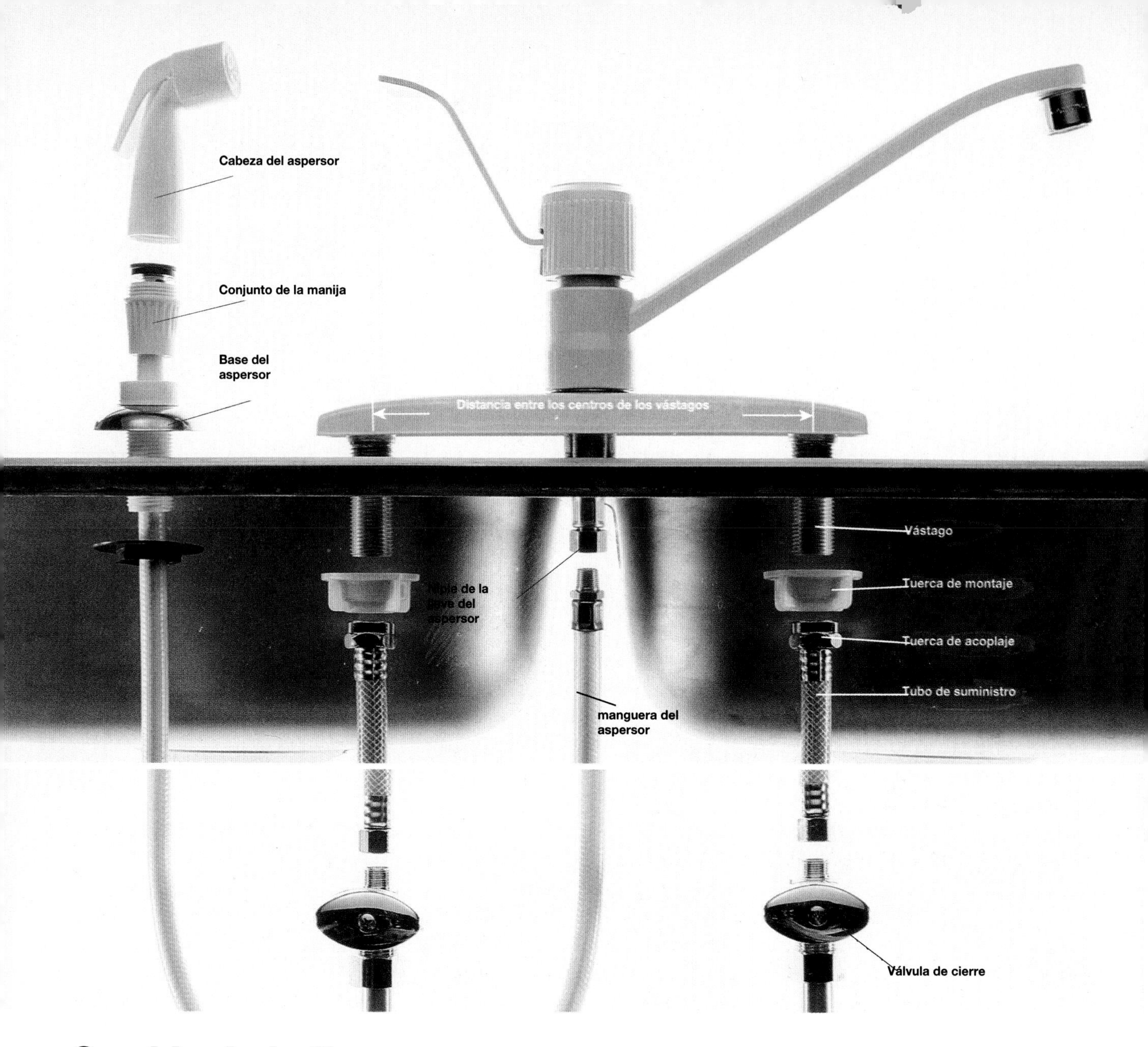

Cambio de la llave de fregadero

La instalación de una llave de fregadero es un trabajo fácil que requiere aproximadamente una hora. Antes de comprar una llave nueva es necesario medir el diámetro de los orificios del fregadero, así como la distancia entre los vástagos (medidos entre sus centros). Hay que asegurarse de que los vástagos de la llave nueva coinciden con los orificios del fregadero.

Al comprar una llave nueva se deberá elegir un modelo hecho por un fabricante acreditado. El conseguir las partes necesarias para una reparación es fácil si se trata de una marca conocida. Las mejores llaves tienen el cuerpo de latón macizo; son fáciles de instalar y brindan años de buen servicio. Algunos modelos sin arandela cuentan con garantías para toda la vida.

Al instalar una llave nueva, habrá que instalar siempre tubos nuevos para el suministro. Los tubos viejos no deben ser reutilizados. Si los tubos situados debajo del fregadero no cuentan con válvulas de cierre, será posible instalar dichas válvulas al cambiar los tubos y la llave (páginas 64 y 65).

Recuerde cerrar el paso del agua antes de comenzar el trabajo (página 48).

Antes de comenzar:

Herramientas: llave tubular ajustable, espátula, pistola para sellar, llaves ajustables.

Materiales: aceite penetrante, sellador de silicón o mástique de plomero, dos tubos flexibles de suministro.

Cómo desmontar la llave vieja del fregadero

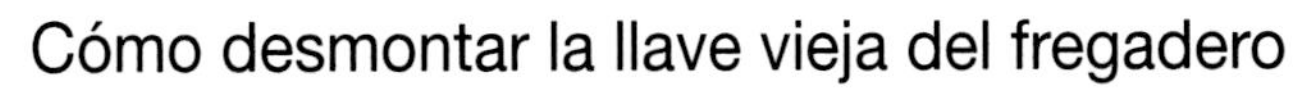

1 Rociar aceite penetrante sobre las tuercas de montaje de vástagos y sobre las tuercas de los tubos de suministro. Quitar las tuercas de acoplamiento con la llave tubular o alicates ajustables.

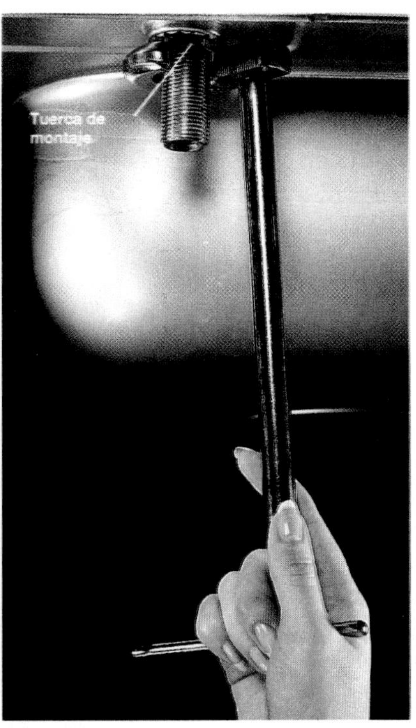

2 Quitar las tuercas de montaje de los vástagos usando una llave tubular o alicates ajustables. Las llaves tubulares tienen un mango largo que facilita el trabajo en sitios estrechos.

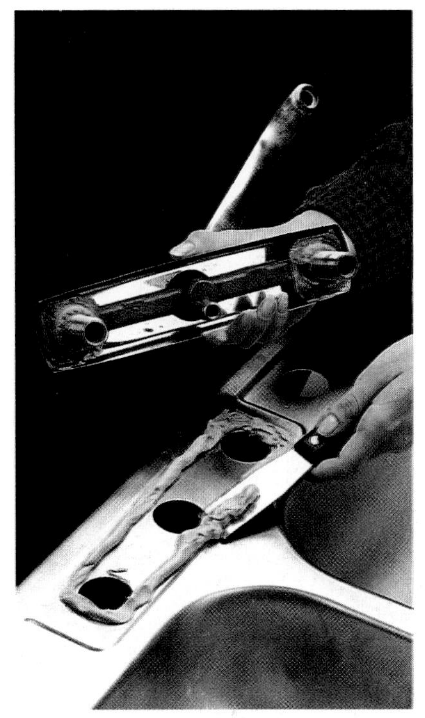

3 Desmontar la llave. Utilizar una espátula de vidriero para limpiar el mástique viejo de la superficie del fregadero .

Tipos de conexiones de llaves de fregadero

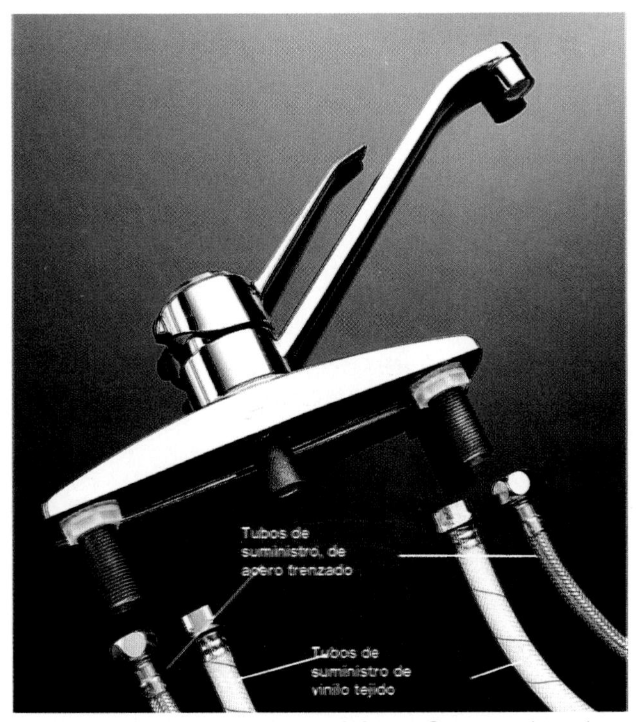

Llave nueva sin tubos de suministro: Comprar dos tubos nuevos de suministro. Éstos se encuentran en acero trenzado, en vinilo tejido (ver fotografía), en PB o en cobre cromado (página 64).

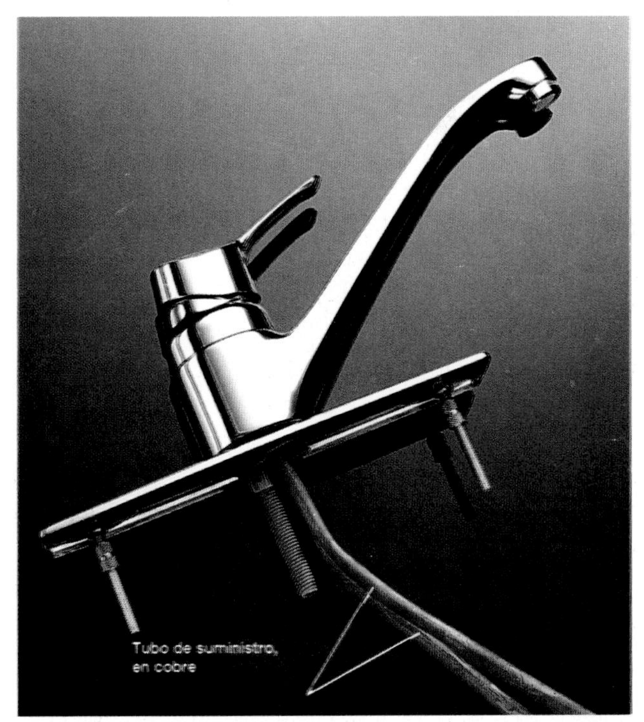

Llave de fregadero nueva, con tubos de cobre instalados de fábrica: Hacer las conexiones uniendo la tubería de suministro directamente a las válvulas de cierre, usando accesorios de compresión (página 63).

Cómo instalar una llave nueva de fregadero

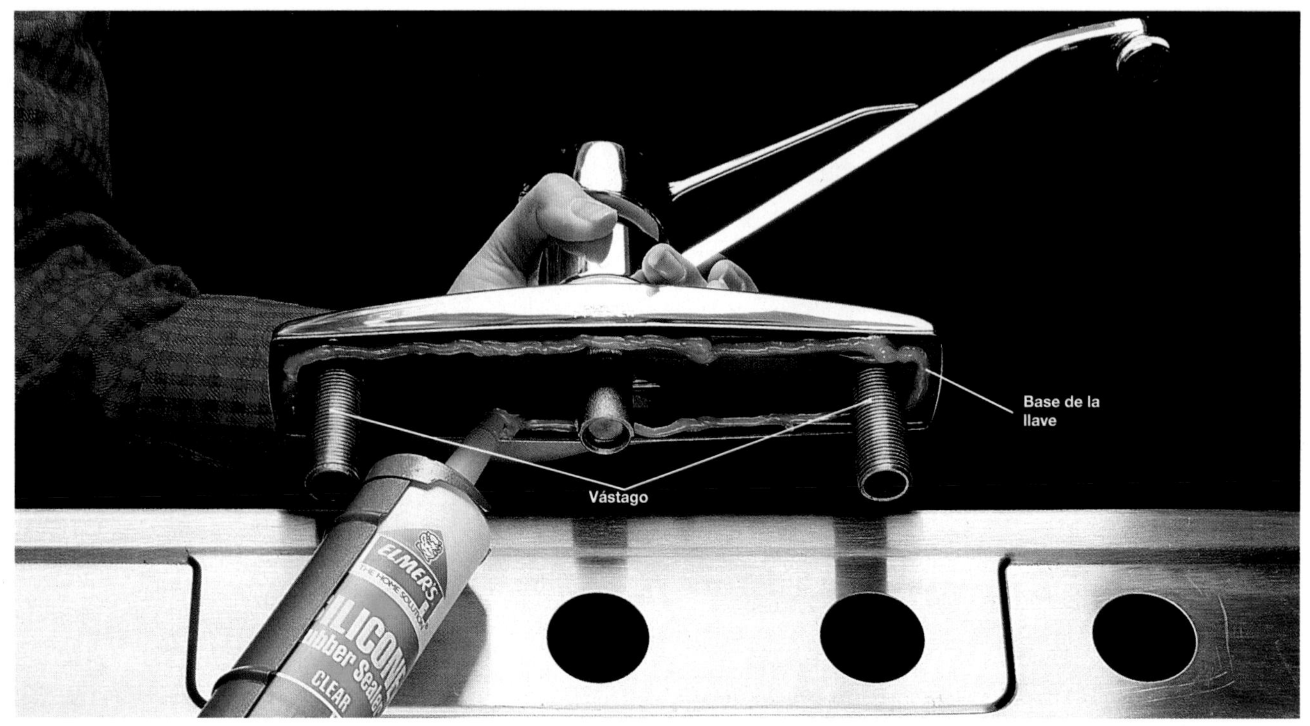

1 Aplicar una capa de sellador de silicón de 1/4" (0.63 cm), o de mástique de plomero alrededor de la base de la llave. Colocar la llave de forma que su base quede paralela al reborde del fregadero, y presionar hacia abajo para asegurarse de que el silicón forma un buen sello.

2 Atornillar las arandelas metálicas de fricción y las tuercas de montaje sobre los vástagos, apretándolas con una llave tubular o alicates ajustables. Limpiar el exceso de sellador de la base de la llave.

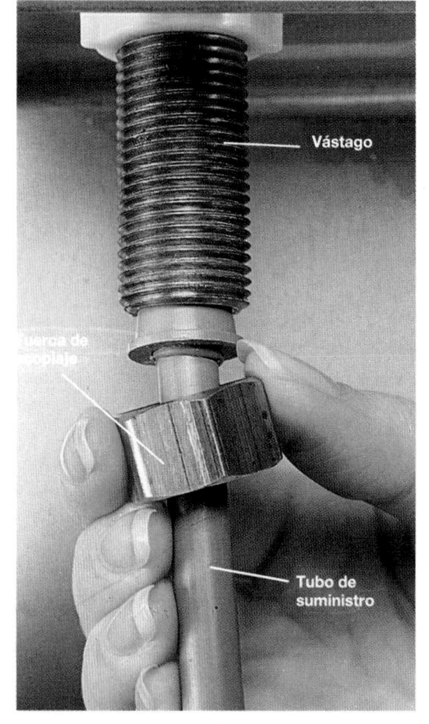

3 Conectar los tubos flexibles de suministro a los vástagos de la llave. Apretar las tuercas de acoplaje con una llave tubular o pinzas ajustables.

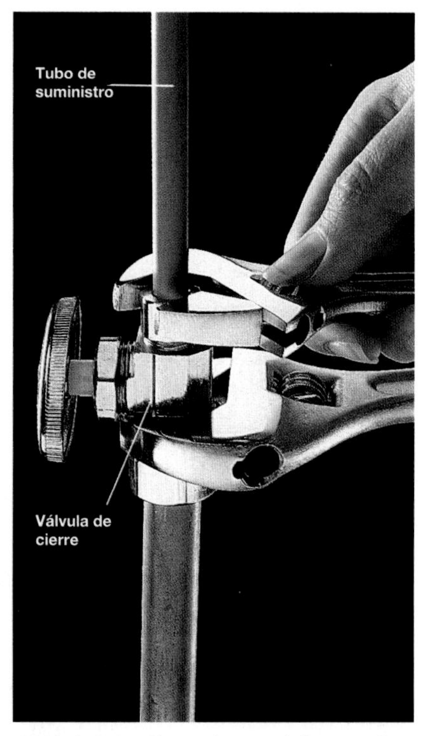

4 Unir los tubos de suministro a las válvulas de cierre usando accesorios de compresión (páginas 26 y 27). Apretar las tuercas a mano y a continuación utilizar una llave para apretarlas 1/4 de vuelta. Si es necesario, sostener la válvula con otra llave mientras se aprieta la tuerca.

Cómo conectar una llave con tubos de suministro instalados de fábrica

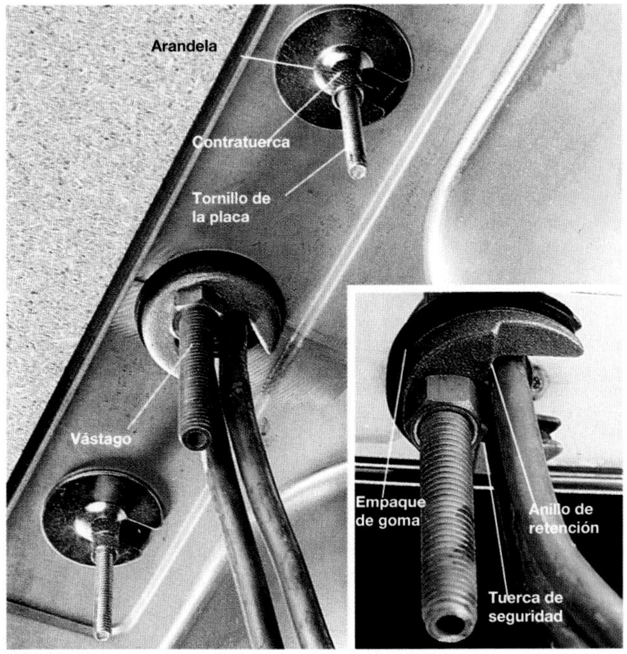

1 Colocar las arandelas de goma, anillos de retención y tuerca de seguridad en el vástago. Apretar la tuerca de seguridad con una llave tubular o unos alicates ajustables. Algunas llaves de montaje al centro cuentan con una tapa decorativa. Ésta se asegura desde abajo con arandelas y tuercas atornilladas en los pernos.

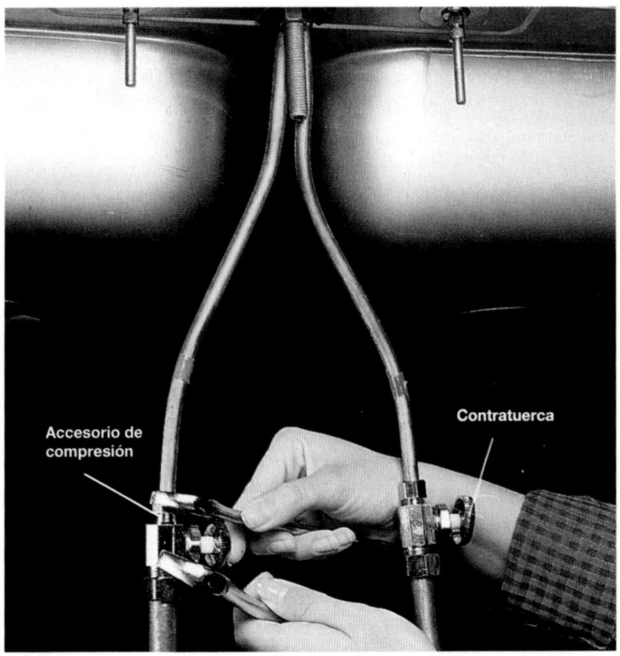

2 Conectar los tubos instalados de fábrica a los tubos de suministro y las válvulas de cierre utilizando accesorios de compresión (páginas 26 y 27). El tubo marcado en rojo deberá unirse al tubo de agua caliente, y el marcado en azul, al tubo de el agua fría.

Cómo instalar un aspersor de fregadero

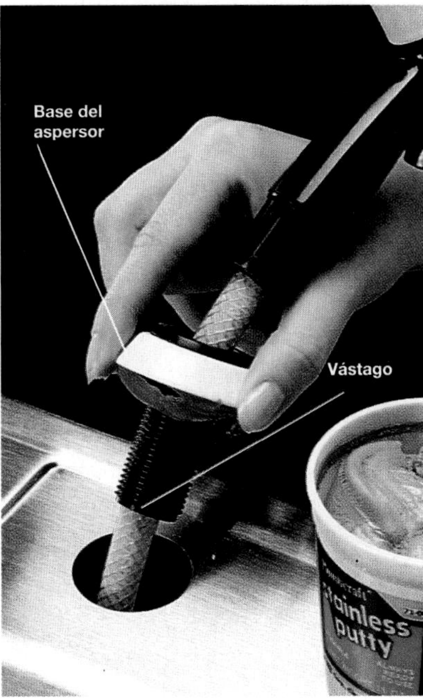

1 Aplicar una capa de 1/4" (0.63 cm) de mástique de plomero o sellador de silicón al reborde inferior de la base del aspersor. Introducir el vástago del aspersor en el orificio del fregadero.

2 Colocar una arandela de fricción sobre la cola, atornillar la tuerca de montaje en el vástago y apretarla con una llave tubular o alicates ajustables. Limpiar el exceso de mástique o sellador de la base del aspersor.

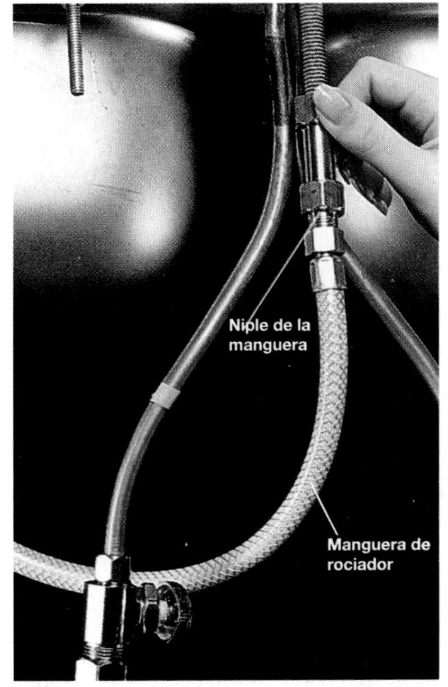

3 Atornillar la manguera del aspersor en el niple correspondiente en la base de la llave. Apretar 1/4 de vuelta usando una llave tubular o unos alicates ajustables.

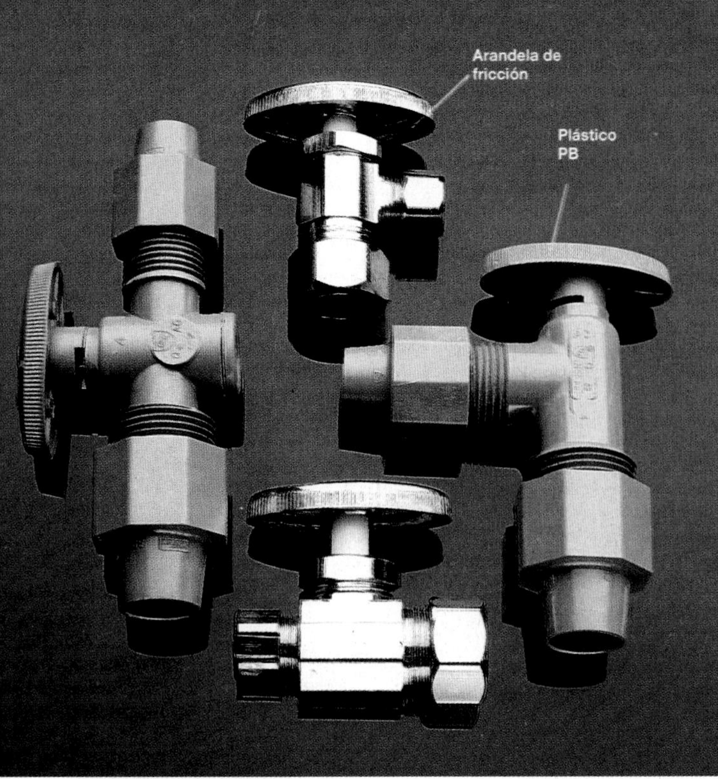

Las válvulas de cierre cortan el paso del agua hacia un determinado aparato, de forma que éste pueda ser reparado. Dichas válvulas se encuentran disponibles en latón cromado, o en plástico. Las válvulas de cierre se obtienen en 1/2 ó 3/4" (1.27 0 1.90 cm), que son las medidas más comunes en los tubos de suministro de agua.

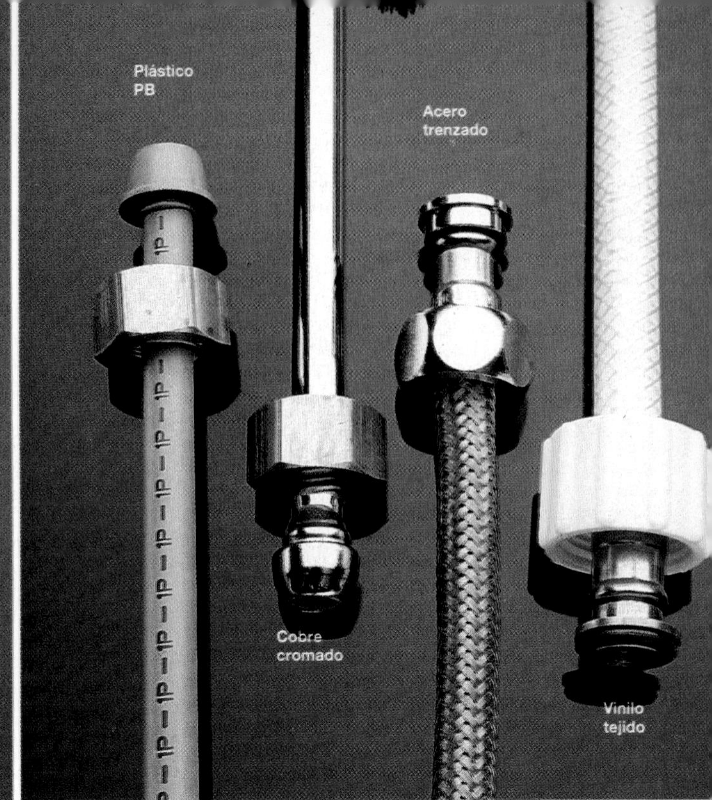

Los tubos de suministro se usan para conectar los tubos de agua a las llaves, inodoros u otros aparatos o instalaciones. Se obtienen en longitudes de 12, 20 ó 30 pulg. (30.5, 50.8 ó 76.2 cm). Los tubos de PB y los de cobre cromado no son caros. Los de acero trenzado o de vinilo tejido son fáciles de instalar.

Reparación de válvulas de cierre y tubos de suministro

Las válvulas de cierre y los tubos de suministro desgastados pueden provocar fugas debajo de un fregadero o de otra instalación.

En primer lugar, se deben apretar las uniones usando una llave ajustable. Si el hacerlo no elimina la fuga, deberán cambiarse las válvulas de cierre y los tubos de suministro.

Existen diferentes tipos de válvulas de cierre. Para los tubos de cobre, las válvulas instaladas con accesorios de compresión (páginas 26 y 27) son las más fáciles de colocar. En el caso de los tubos de plástico (páginas 30 a 37) se usan válvulas y accesorios de agarre. Si se trata de tubos de hierro galvanizado (páginas 38 a 41) se utilizan válvulas con roscado hembra.

Las instalaciones viejas no solían contar con válvulas de cierre. Al reparar o cambiar tuberías se podrán instalar las válvulas de cierre en las instalaciones que no cuenten con ellas.

Antes de comenzar:

Herramientas: sierra para metales, cortador de tubos, llave ajustable, doblador de tubos, pluma con punta de fieltro.

Materiales: válvulas de cierre, tubos de suministro, pasta de grafito para juntas de tubos.

Válvula principal y tubos de suministro

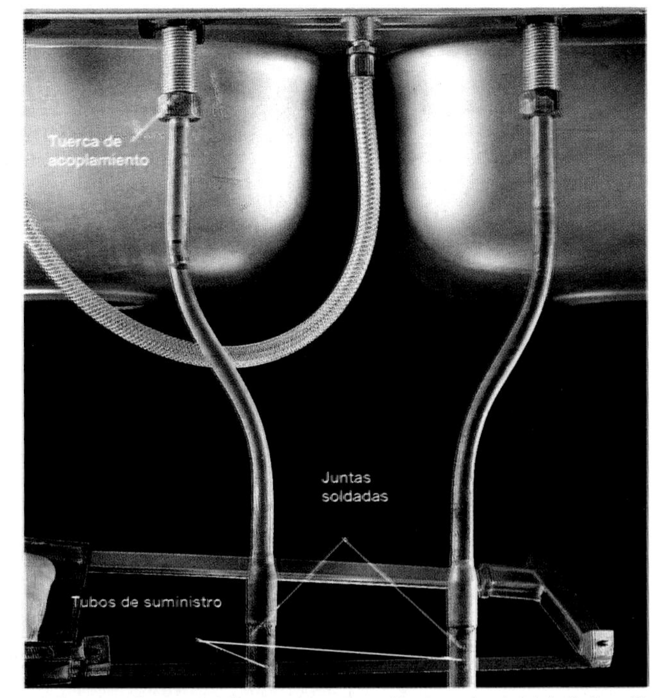

1 Cerrar el paso del agua con la válvula principal (página 6). Desmontar los tubos viejos de suministro. Si los tubos son de cobre soldado, cortarlos justamente bajo la junta soldada, usando una sierra para metales o un cortador de tubos. Cuidar de que los cortes sean rectos. Destornillar las tuercas de acoplaje y retirar los tubos viejos.

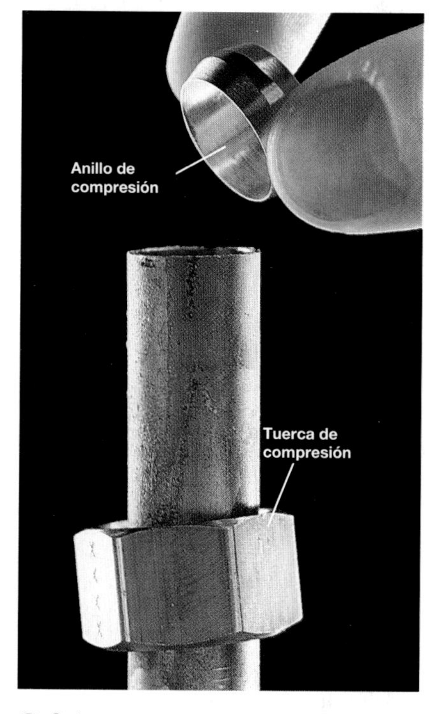

2 Colocar una tuerca de compresión y un anillo de compresión en el tubo del agua. Las roscas de la tuerca deben quedar frente al extremo del tubo.

3 Colocar la válvula de cierre en el tubo. Aplicar una capa de pasta de grafito para juntas de tubos al anillo de compresión. Atornillar la tuerca de compresión a la válvula de cierre, y apretarla con una llave ajustable.

4 Doblar el tubo de suministro de cobre cromado de manera que ajuste entre el vástago del aparato y la válvula de cierre, usando para ello un doblador de tubos (página 19). Doblar lentamente el tubo para evitar deformaciones en el mismo.

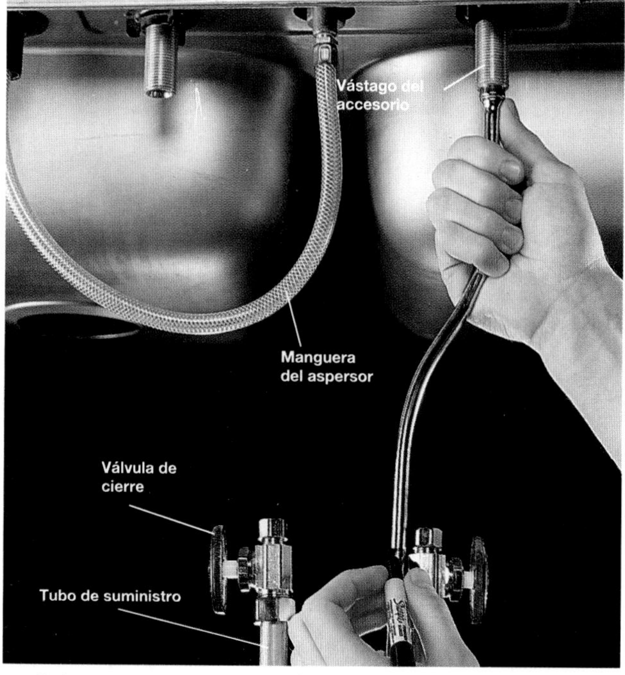

5 Colocar el tubo de suministro entre el vástago del aparato y la válvula de cierre, y marcar la longitud del tubo. Cortar el tubo de suministro con un cortador para tubos (página 21)

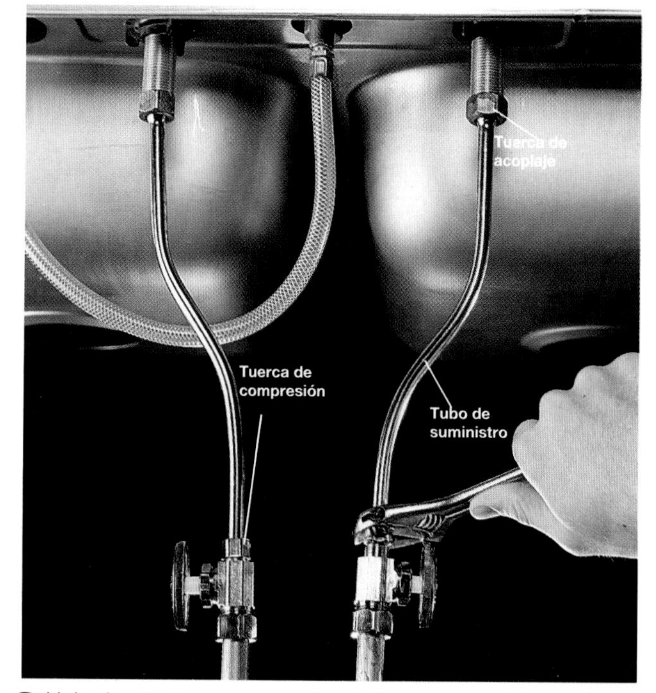

6 Unir el extremo acampanado del tubo de suministro vástago del aparato, usando la tuerca de acoplaje, y unir el otro extremo a la válvula de cierre por medio del anillo y la tuerca de compresión (páginas 26 y 27). Apretar todos los accesorios con una llave ajustable.

Reparación de aspersores y aereadores

Si la presión del agua del rociador de un fregadero es baja, o si aquél presenta fugas en la manija, esto se debe en la mayoría de los casos, a que se ha formado un sedimento de cal que bloquea los pequeños orificios de la cabeza. Para solucionar el problema es necesario desmontar la cabeza del aspersor y limpiar sus partes. Si la limpieza no resuelve el problema, éste puede ser causado por un defecto en la válvula desviadora. Esta válvula, situada dentro del cuerpo de la llave desvía el agua de la llave hacia el aspersor cuando se oprime la manija de éste. Limpiar o cambiar la válvula divisora puede resolver el problema de la escasa presión del agua.

Cuando se hagan reparaciones al aspersor del fregadero deberá observarse si la manguera está doblada o agrietada. Si presenta algún defecto, debe ser cambiada.

Si la presión del agua que sale de la espita de la llave es baja, o si el flujo está parcialmente bloqueado, es necesario desmontar el aereador y limpiar sus partes. El aereador es una pieza atornillada con una pantalla metálica que mezcla pequeñas burbujas de aire en el flujo de agua. Revisar que la pantalla no está tapada con sedimentos o formaciones de cal. Si la presión del agua es baja en toda la casa, puede deberse a que los tubos de hierro galvanizado están oxidados. Si es así, se deberán reemplazar con tubos de cobre.

Antes de comenzar:

Herramientas: desarmador, alicates ajustables, alicates con punta de aguja, cepillo pequeño.

Materiales: vinagre, juego universal de arandelas, grasa a prueba de calor, repuesto de la manguera del aspersor.

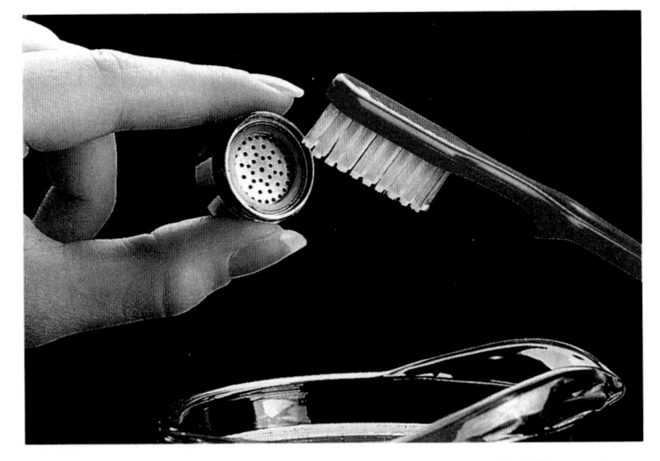

La limpieza de aereadores y aspersores del fregadero resuelve la mayoría de los problemas de presión. Desmontar el aereador o aspersor y eliminar el sedimento con un pequeño cepillo y vinagre.

Cómo arreglar una válvula divisora

1 Cerrar el paso del agua (página 48) Retirar la manija y la espita de la llave (ver las instrucciones según el tipo de llave en las páginas 50 a 59).

2 Sacar la válvula divisora del cuerpo de la llave, alicates con punta de aguja. Usar una brocha pequeña empapada en vinagre para eliminar las formaciones de cal y la basura de la válvula.

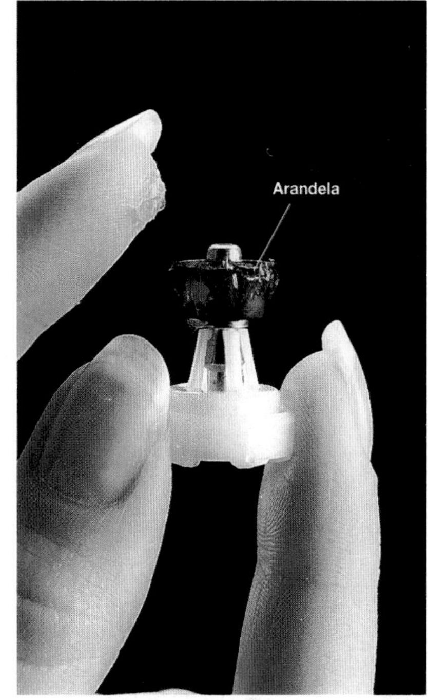

3 Cambiar, si es posible, cualquier arandela o junta tórica defectuosa. Recubrir las partes nuevas con grasa a prueba de calor e instalar de nuevo la válvula divisora, reensamblando la llave.

Cómo cambiar la manguera del aspersor

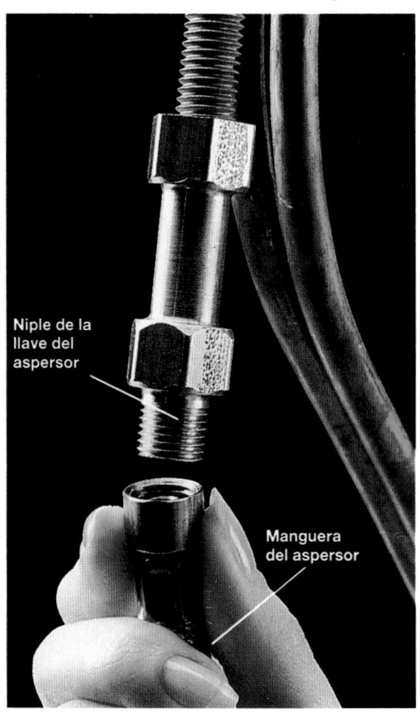

1 Destornillar la manguera del niple correspondiente, utilizando alicates ajustables. Sacar la manguera del aspersor por el orificio del fregadero.

2 Destornillar la cabeza del rociador. Retirar la arandela.

3 Usando unos alicates con punta de aguja, quitar la grapa de retención y retirar la manguera vieja. Unir la manija, la grapa de retención, y la cabeza del aspersor a la manguera nueva. Sujetar la manguera del rociador al niple co-rrespondiente situado en la llave.

Reparación de válvulas y grifos para manguera

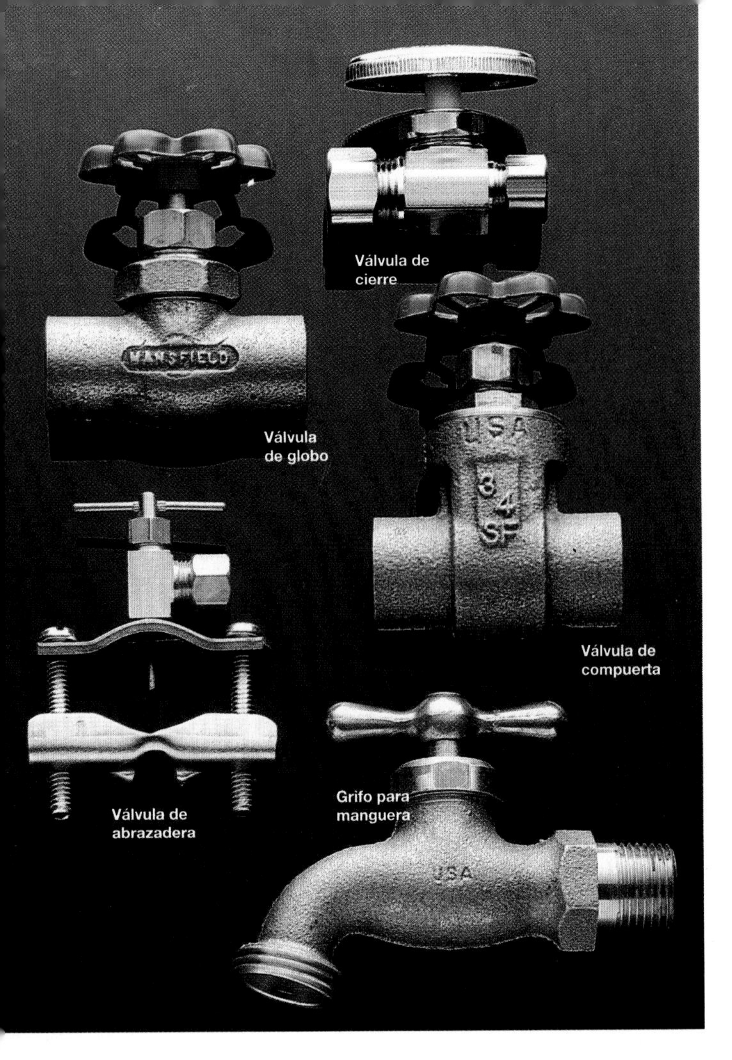

Las válvulas hacen posible cortar el paso del agua en cualquier punto del sistema de suministro. Si se rompe un tubo o si un accesorio cualquiera presenta fugas es posible cortar el paso del agua que va a la zona dañada, con el objeto de reparar la falla. Un grifo para manguera es una llave con espita roscada, que se usa frecuentemente para conectar mangueras de goma para instalaciones o aparatos.

Las válvulas y los grifos para manguera presentan fugas cuando las arandelas o los empaques se desgastan. Los juegos universales que se usan para reparar las llaves de compresión contienen también las partes de repuesto necesarias (página 54). Es necesario recubrir las arandelas de repuesto con grasa a prueba de calor, para que se conserven suaves y sin grietas.

Recuerde cerrar el paso del agua antes de empezar el trabajo (página 6)

Todo lo que necesita:

Herramientas: desarmador, llave ajustable.

Materiales: juego universal de arandelas, grasa a prueba de calor.

Cómo arreglar las fugas en un grifo para manguera

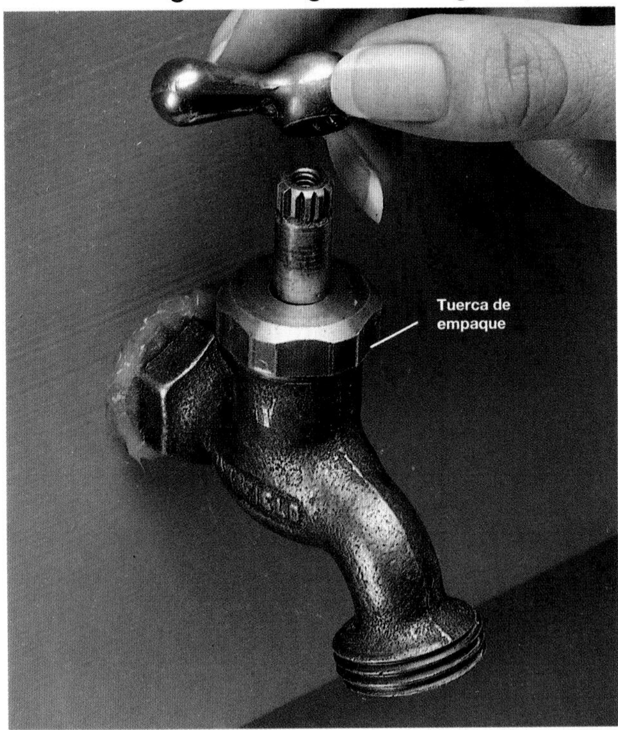

1 Quitar el tornillo de la manija y retirar ésta. Destornillar la tuerca de empaque utilizando una llave ajustable.

2 Destornillar el eje y sacarlo del cuerpo del grifo. Quitar el tornillo de la espiga y cambiar su arandela. Colocar de nuevo la arandela de empaque y reensamblar el grifo.

Tipos comunes de válvula

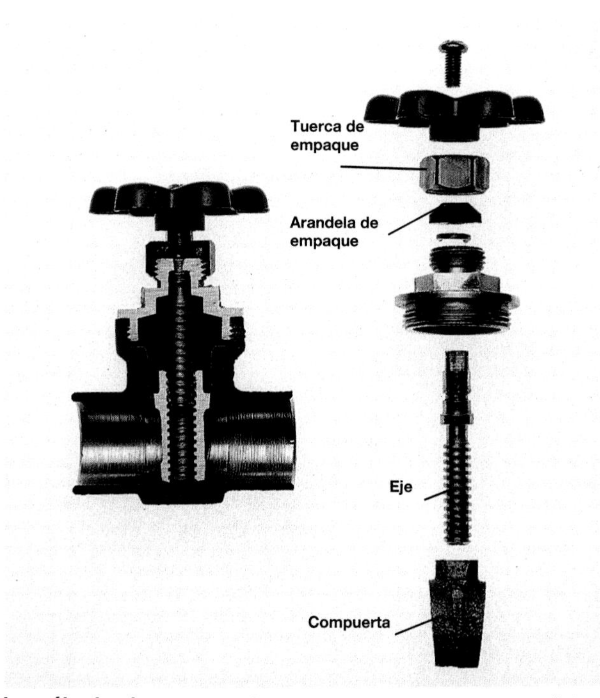

La válvula de compuerta cuenta con una cuña movible de latón o "compuerta" que se atornilla arriba y abajo para controlar el flujo de agua. Las válvulas de compuerta pueden presentar fugas alrededor de la manija. Éstas se eliminan cambiando la arandela de empaque o la cuerda de empaque que se encuentra debajo de la tuerca de empaque.

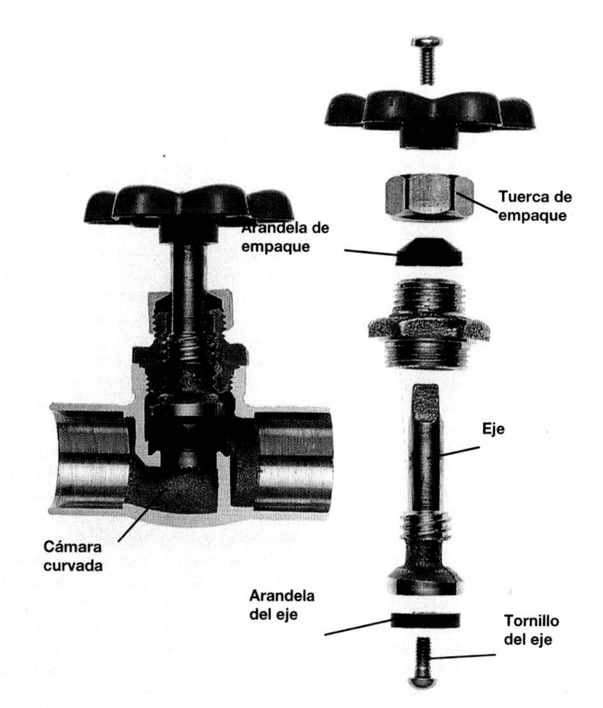

Las válvulas de globo cuentan con una cámara curvada. Las fugas alrededor de la manija se arreglan cambiando la arandela de empaque. Si la válvula no detiene totalmente el flujo del agua al estar cerrada, deberá cambiarse la arandela del eje.

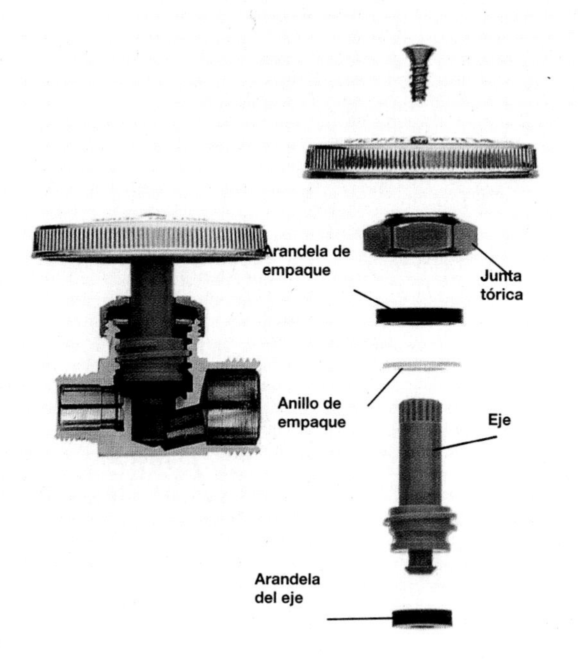

La válvula de cierre controla el suministro del agua a una instalación o aparatos determinados (páginas 64 y 65). La válvula de cierre tiene una espiga de plástico con una arandela de empaque y una arandela de resorte en la espiga. Las fugas alrededor de la manija se reparan cambiando la arandela de empaque. Si la válvula no interrumpe totalmente el curso del agua cuando está cerrada, deberá cambiarse la arandela de la espiga.

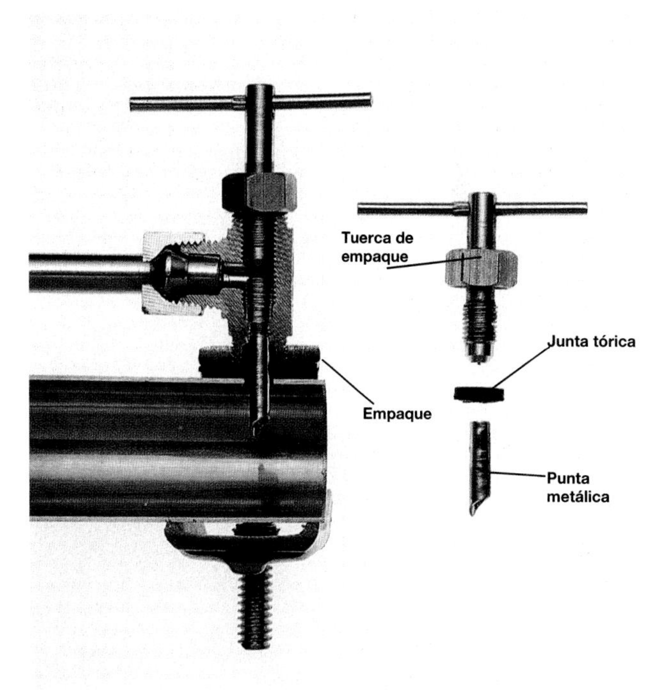

La válvula de abrazadera es un accesorio pequeño utilizado con frecuencia para conectar un tubo de suministro a la hielera del refrigerador o al filtro de agua montado en el fregadero. Estas válvulas presentan una punta hueca de metal que perfora el tubo de agua cuando la válvula se cierra por primera vez. El ajuste se sella con una arandela de goma. Las fugas alrededor de la manija se resuelven cambiando la junta tórica situada bajo la tuerca de empaque

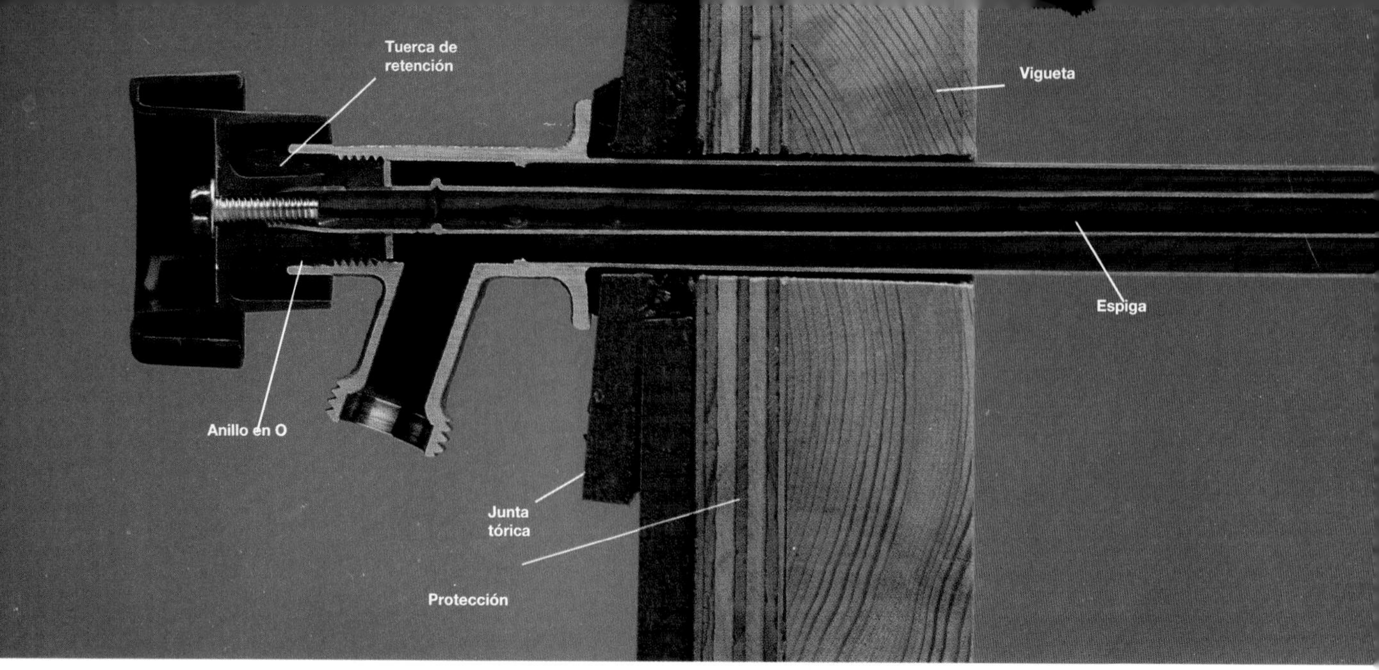

El grifo exterior para manguera a prueba de congelación se monta en el umbral y tiene una espiga que entra de 6 a 30 pulg. (15.2 a 76.2 cm) dentro de la casa, para proteger del frío al grifo. Éste debe inclinarse hacia abajo, para un mejor drenaje. La arandela de la espiga y la junta tórica (o cuerda de empaque) deben ser reemplazadas si el grifo presenta fugas. El grifo para

Instalación y reparación de grifos exteriores

Un grifo exterior para manguera es en realidad una llave de compresión situada en el exterior de la casa. La reparación de éste se realiza cambiando la arandela de la espiga o la junta tórica. Los grifos exteriores para manguera se dañan por una helada. Para reparar véanse las páginas 122 y 123. Para evitar que los tubos se revienten, se debe cerrar la válvula interior y desconectar las mangueras del jardín abriendo el grifo exterior para permitir que fluya el agua atrapada.

Un grifo exterior para manguera a prueba de congelación tiene una espiga que entra por lo menos 6" (15.2 cm) dentro de la casa, para proteger al grifo del frío. Éste debe instalarse con una inclinación hacia abajo con respecto de la válvula de cierre. Esto permite que el agua escape cada vez que se cierra la llave.

Recuerde cerrar el paso del agua antes de empezar el trabajo (página 6)

Todo lo que necesita:

Herramientas: desarmador, alicates ajustables, lápiz, taladro en ángulo recto o estándar, broca de punta y hoja de 1" (2.54 cm), pistola para sellar, sierra para metales o cortador de tubos y soplete de propano.

Materiales: juego universal de arandelas, grifo exterior para manguera, sellador de silicona, dos tornillos de 2" (5.08 cm) resistentes a la corrosión, tubo de cobre, accesorio en T, cinta Teflón®, adaptador roscado, válvula de cierre, tela de esmeril, pasta para soldar, soldadura.

Cómo reparar un grifo exterior para manguera

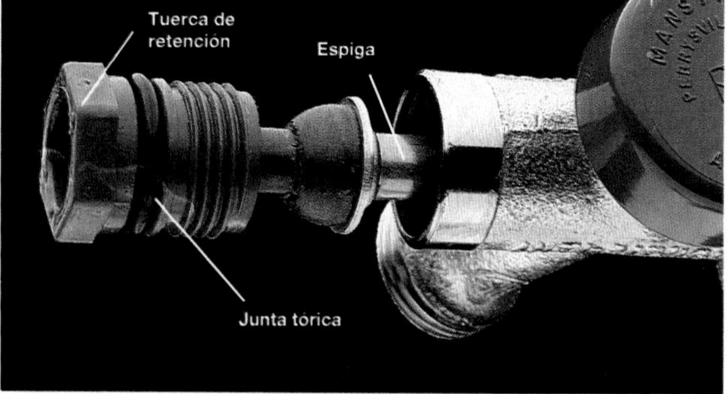

1 Desmontar la manija del grifo y aflojar la tuerca de retención usando alicates ajustables. Desmontar la espiga. Cambiar la junta tórica de la tuerca de retención o la espiga.

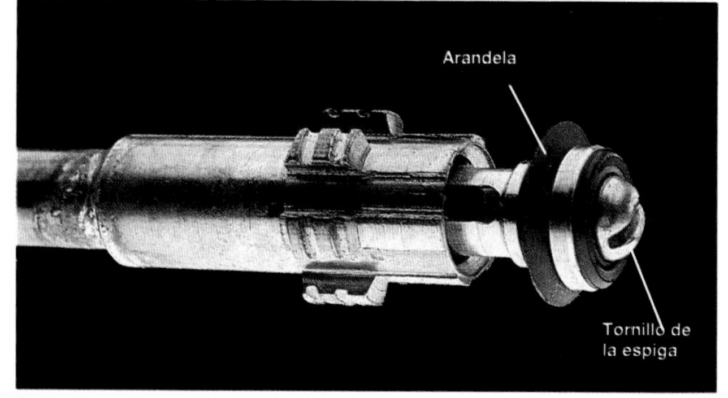

2 Quitar el tornillo de latón de la espiga situado al final de ésta y cambiar la arandela. Reensamblar el grifo.

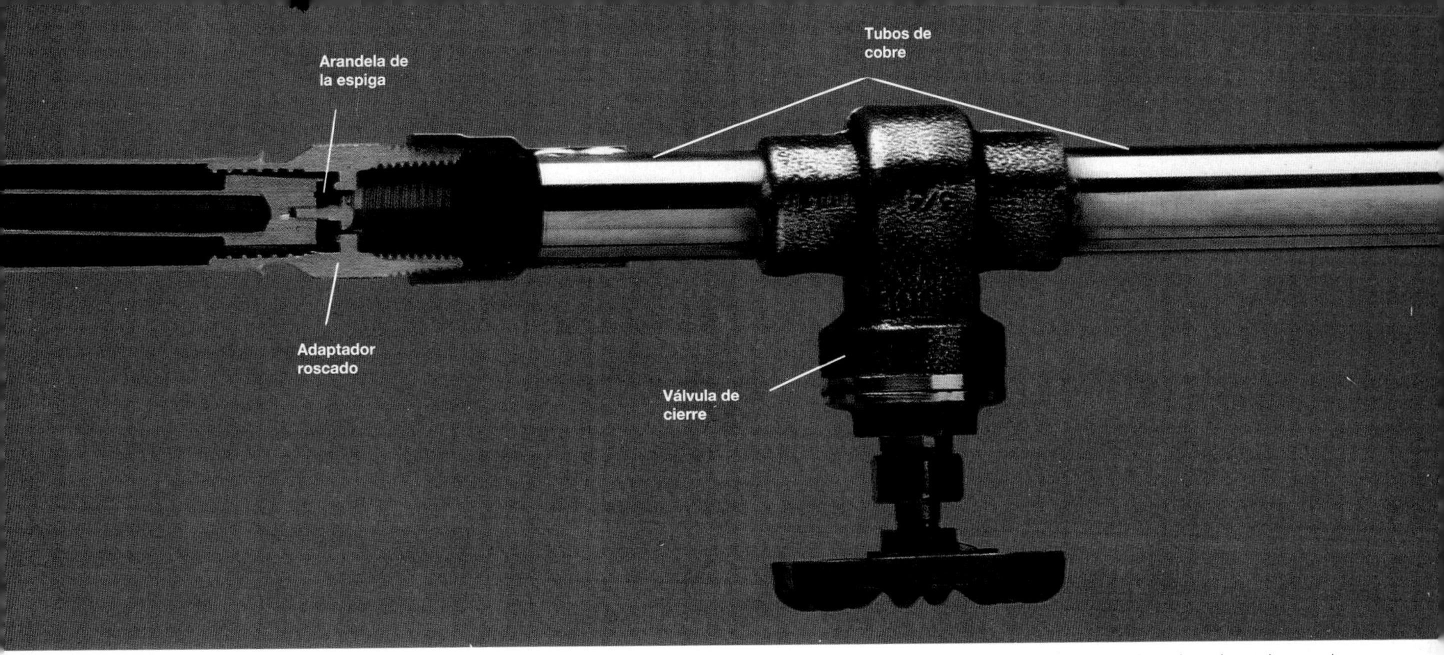

manguera va conectado a un tubo cercano de suministro de agua con un adaptador roscado, dos tramos de tubo de cobre soldado y una válvula de cierre. Un accesorio en T (que no aparece) se utiliza para unir el conjunto a un tubo existente de agua fría.

Cómo instalar un grifo para manguera a prueba de congelación

1 Determinar la ubicación del orificio para el grifo. A partir del tubo para agua fría más próximo, marcar un punto en la vigueta que esté ligeramente más bajo que el tubo de agua. Hacer un orificio a través de la vigueta, usando una broca de punta y hoja de 1" (2.54 cm).

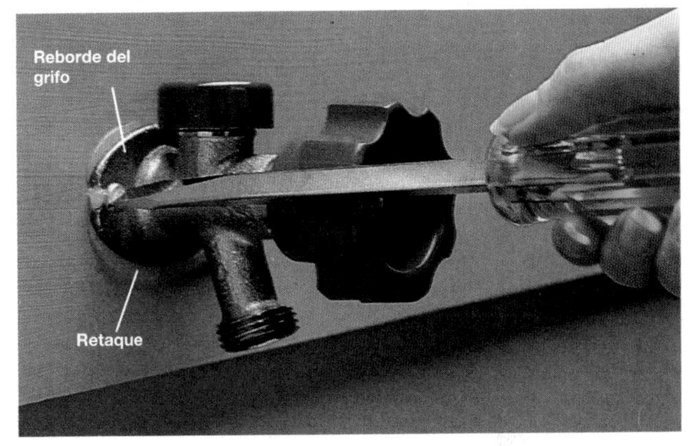

2 Aplicar una capa gruesa de sellador de silicón en la parte posterior del reborde del grifo e insertarlo en el orificio, sujetándolo a la vigueta con tornillos de 2" (5.08 cm) resistentes a la corrosión. Colocar la manija en la posición ON. Limpiar el exceso de sellador.

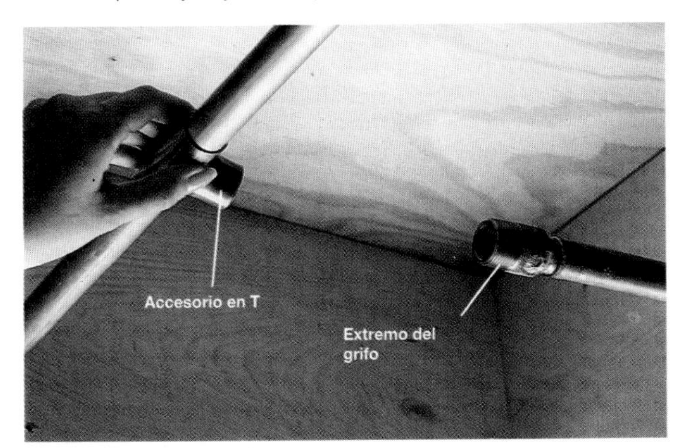

3 Marcar el tubo de agua fría; cortar el tubo e instalar un accesorio en T (páginas 22 a 25). Envolver cinta Teflón® sobre las roscas del grifo.

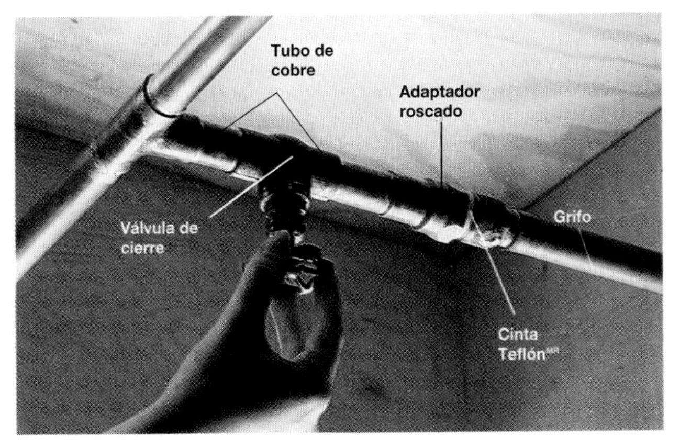

4 Unir el accesorio en T al grifo, usando un adaptador roscado (página 17), una válvula de cierre y dos tramos de tubo de cobre. Preparar los tubos y soldar las juntas. Reanudar el flujo de agua y cerrar el grifo exterior para manguera cuando el agua corra normalmente.

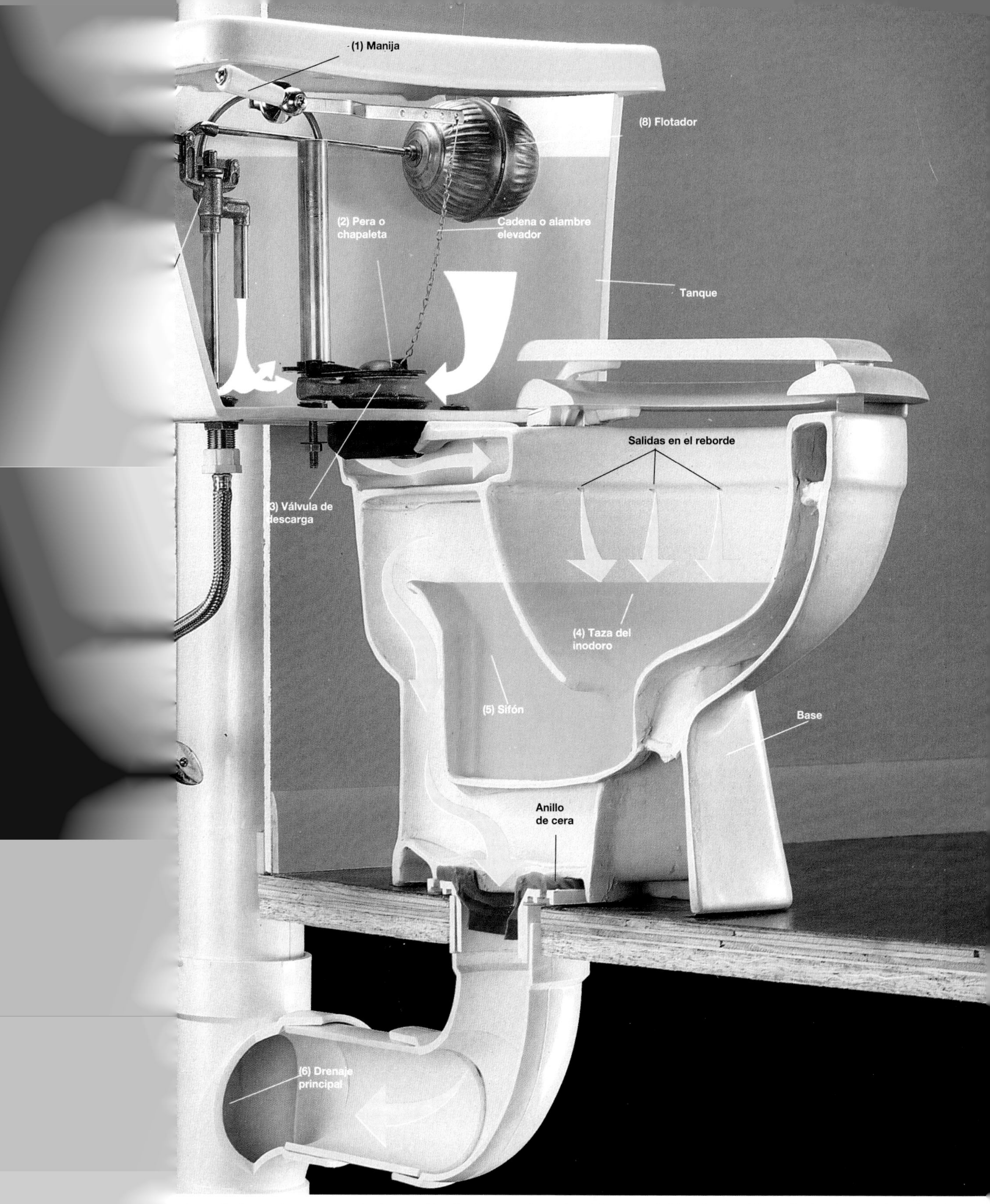

aja así: Cuando se empuja la manija 1), la sello de goma llamado **pera o chapaleta** del ıa del tanque corre por la salida de la **válvula** ituada en el fondo del tanque, y llega hasta la 4). El agua sucia de la taza es forzada a salir ıcia el **desagüe principal** 6).

Cuando el tanque del inodoro está vacío, la chapaleta sella el tanque, y la válvula del suministro de agua, llamada llave de **flotador** 7) vuelve a llenar el tanque del inodoro. Esta llave es controlada por **el flotador** 8) que se eleva a la superficie del agua. Cuando el tanque está lleno, el flotador cierra automáticamente la llave.

Problemas comunes en los inodoros

Las obstrucciones en el inodoro constituyen uno de los problemas de plomería más frecuentes. Si el inodoro se derrama o elimina el agua de manera deficiente, retirar la obstrucción con un émbolo o sonda para inodoro (página 90). Si persiste el problema, la obstrucción puede encontrarse en la chimenea principal de detritus y ventilación (página 97).

La mayoría de los problemas se eliminan fácilmente realizando ajustes menores que no requieren desarmar o cambiar partes. Estos ajustes pueden hacerse en unos cuantos minutos, utilizando herramientas comunes (página 74).

Si un ajuste menor no resuelve el problema, será necesario realizar reparaciones mayores. Las partes de un inodoro estándar no son difíciles de separar, y la mayoría de los trabajos de reparación puede llevarse a cabo en menos de una hora.

Si continuamente se observa un charco de agua en el piso alrededor del inodoro puede ser que exista una grieta en la base del mismo o en el tanque. Un inodoro dañado deberá ser reemplazado. Instalar un inodoro nuevo es un trabajo fácil que se efectúa en tres o cuatro horas. Un inodoro estándar en dos piezas cuenta con un tanque superior atornillado a una base. Este tipo de inodoro utiliza un sistema de descarga simple, operado por gravedad, y puede repararse fácilmente siguiendo las instrucciones de las páginas que siguen. Algunos inodoros de una pieza utilizan una válvula de descarga complicada de alta presión. La reparación de estos inodoros es difícil, por lo que se deberá acudir a un profesional.

Problemas	Reparaciones
La manija del inodoro se atora o cuesta trabajo empujarla	1. Ajustar los alambres de elevación (página 74) 2. Limpiar y ajustar la manija (página 74)
La manija está suelta	1. Ajustar la manija (página 74) 2. Volver a unir la cadena o los alambres de elevación a la palanca (página 74).
No se produce descarga en el inodoro	1. Revisar si hay flujo de agua 2. Ajustar la cadena o alambres de elevación (página 74)
El inodoro no queda bien limpio	1. Ajustar la cadena de elevación (página 74) 2. Ajustar el nivel de agua en el tanque (página 76)
El inodoro se derrama o se vacía lentamente.	1. Limpiar las obstrucciones en el inodoro (página 90) 2. Limpiar la chimenea principal de detritus y ventilación obstruida (página 97)
El agua fluye constantemente en el inodoro	1. Ajustar los alambres o cadena de elevación (página 74) 2. Cambiar el flotador con fugas (página 75) 3. Ajustar el nivel de agua en el tanque (página 76). 4. Ajustar y limpiar la válvula de descarga (página 79) 5. Cambiar la válvula de descarga (página 79) 6. Reparar o cambiar la llave de flotador (páginas 77 y 78)
Hay agua en el piso alrededor del inodoro	1. Apretar los tornillos del tanque y las conexiones de agua (página 80) 2. Aislar el tanque para evitar la condensación (página 80) 3. Cambiar el anillo de cera (páginas 81 y 82) 4. Cambiar el tanque o la taza agrietados (páginas 80 a 83).

Cómo hacer ajustes menores

Muchos problemas del inodoro pueden arreglarse mediante ajustes menores en la manija o en la cadena (o alambres) de elevación.

Si la manija se atora o es difícil de empujar, habrá que retirar la tapa del tanque y limpiar la tuerca de montaje de la manija. Es necesario asegurarse de que los alambres de elevación sean rectos.

Si el inodoro no se limpia completamente a menos de que se mantenga baja la manija, tal vez sea necesario eliminar un exceso de juego en la cadena de elevación.

No se produce una descarga de agua, es posible que la cadena de elevación esté rota o tal vez haya que rectificar su longitud.

Un flujo continuo de agua en el inodoro (página opuesta) puede deberse a un doblez en los alambres de elevación, a una cadena de elevación retorcida, o una formación de cal en la tuerca de montaje de la manija. Es necesario limpiar y ajustar la manija y los alambres o cadena de elevación para resolver el problema.

Antes de comenzar:

Herramientas: llave ajustable, alicates con punta de aguja, desarmador, cepillo pequeño de alambre.

Materiales: Vinagre.

Cómo ajustar la manija y la cadena o alambres de elevación de un inodoro

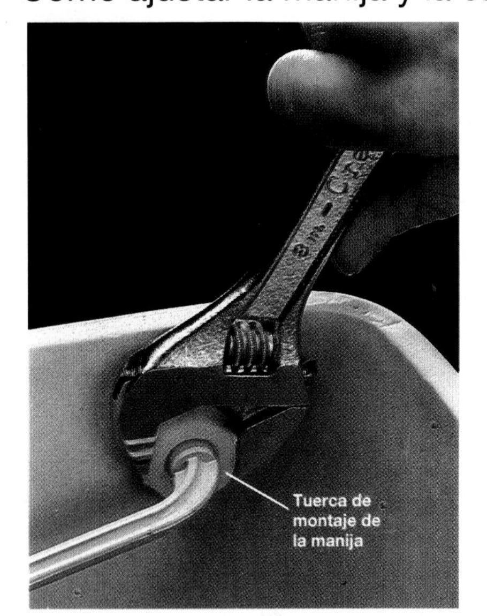

Limpiar y ajustar la tuerca de montaje de la manija hasta que opere suavemente. La tuerca de montaje tiene rosca inversa. Aflojar la tuerca, girándola en el sentido de las manecillas del reloj y apretarla haciéndola girar en sentido contrario. Eliminar la formación de cal limpiando las partes con una brocha empapada en vinagre.

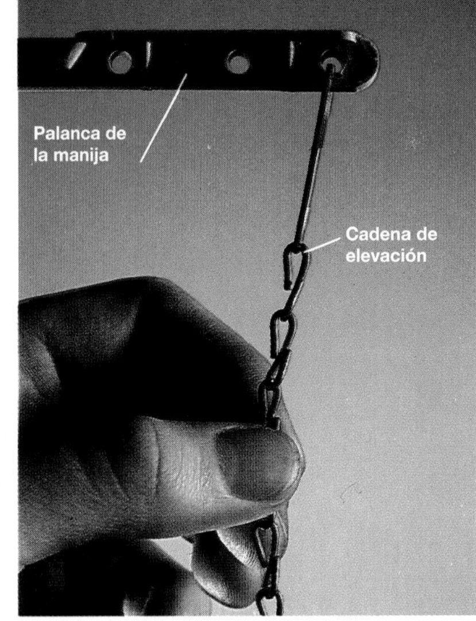

Ajustar la cadena de elevación de manera que cuelguen en línea recta desde la palanca de la manija, con un juego aproximado de 1/2 pulgada (1.27 cm). Eliminar el exceso de juego de la cadena, enganchándola en un orificio distinto de la palanca de la manija, o bien cortando eslabones con las pinzas de aguja. Si la cadena está rota deberá ser cambiada.

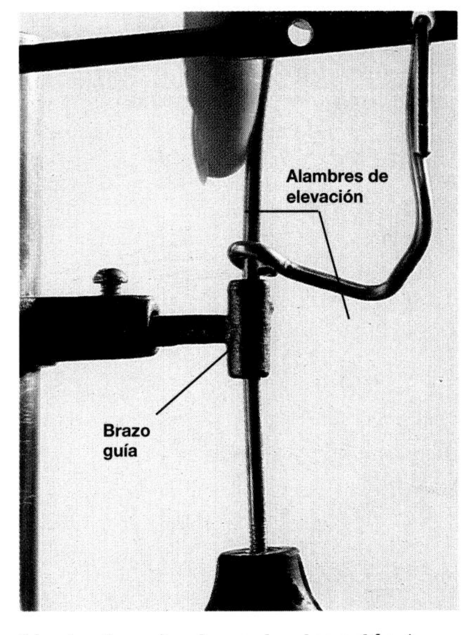

Ajustar los alambres de elevación (que se encuentran en los inodoros que no tienen cadena de elevación) de forma que los alambres estén rectos y operen suavemente cuando se empuja la manija. Si la manija se atora podrá arreglarse enderezando los alambres de elevación.

Reparación de un inodoro en circulación continua

El sonido del agua corriendo continuamente tiene lugar cuando el agua sigue entrando al tanque del inodoro después de haber terminado la descarga. Un inodoro en estas condiciones puede desperdiciar 20 galones (75 litros) de agua o más por día.

Para arreglar un inodoro con este problema lo primero que hay que hacer es agitar varias veces la manija. Si el sonido del agua en circulación se detiene es señal de que la manija o los alambres (o cadena) de elevación necesitan un ajuste (ver la página anterior).

Si el sonido del agua en circulación no se detiene al agitar la manija, se deberá retirar la tapa del tanque y comprobar si el flotador está rozando el costado del tanque. Si es necesario, doblar el brazo del flotador para separar éste del costado del tanque. Habrá que asegurarse de que el flotador no presenta orificios. Para comprobarlo es necesario destornillar el flotador y agitarlo suavemente. Si tiene agua en su interior, deberá ser reemplazado.

Si estos ajustes menores no arreglan la situación, tal vez sea necesario ajustar o reparar la llave de flotador o la válvula de descarga (ver foto, a la derecha). Seguir las instrucciones contenidas en las páginas siguientes.

Antes de comenzar:

Herramientas: desarmador, cepillo de alambre pequeño, esponja, llaves ajustables, llave de cola o alicates ajustables.

Materiales: Juego universal de arandelas, llave de bola (si es necesaria), sellos de la misma, tela esmeril, fibra Scotch Brite®, aleta o bola del tanque, válvula de descarga (si es necesaria).

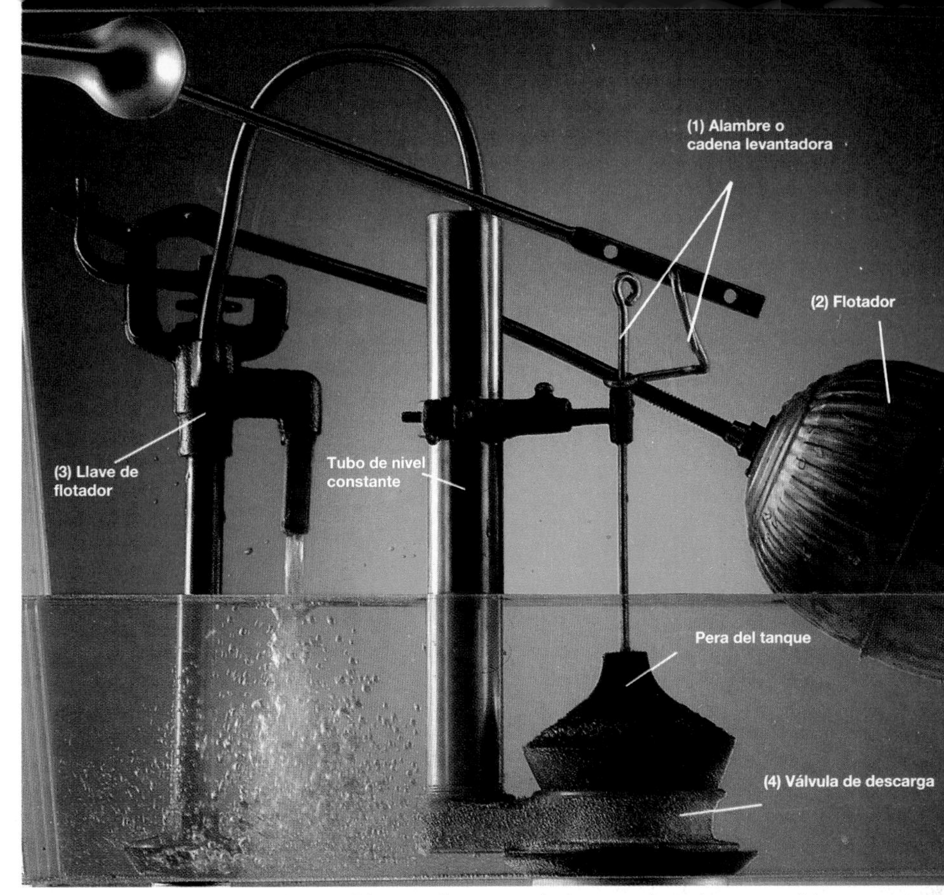

El sonido del agua en circulación continua puede ser ocasionado por problemas muy distintos: Si el alambre (o cadena) **de elevación** 1) está doblado o retorcido; si el **flotador** 2) tiene orificios o roza contra un lado del tanque; si una llave de **flotador defectuosa** 3) no corta el suministro de agua o si la **válvula de descarga** 4) permite que el agua llegue hacia la taza del inodoro, habrá fugas. En primer lugar, revisar los alambres de elevación y el flotador. Si por medio de unos ajustes simples y reparaciones en estas partes no se arregla el problema, será necesario reparar la llave de flotador o la válvula de descarga (ver foto abajo).

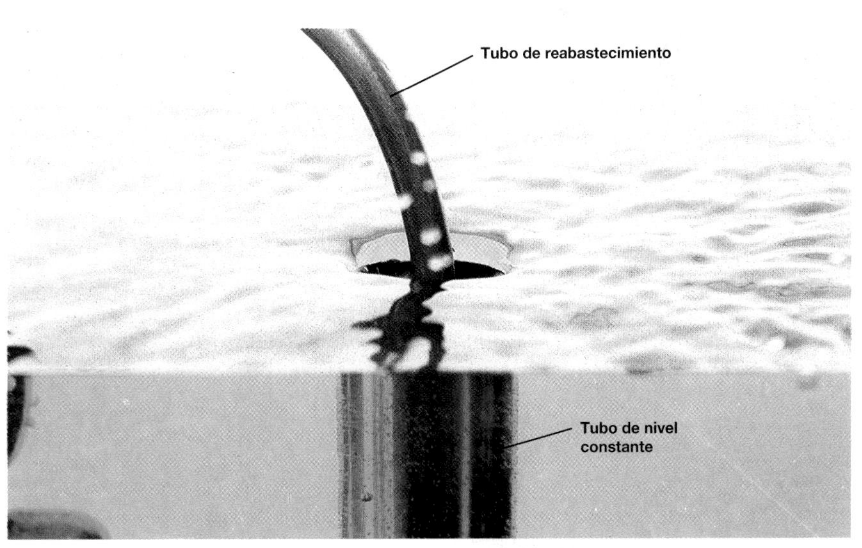

Revisar el tubo de nivel constante si el sonido de circulación continúa aún después de que el flotador y los alambres de elevación han sido ajustados. **Si hay agua hacia adentro del tubo de nivel constante,** será necesario reparar la llave de bola. En primer lugar ésta se debe ajustar para reducir el nivel de agua en el tanque (página 76). Si continúa el problema, habrá que reparar o cambiar la llave de bola (páginas 77 y 78). **Si el agua no fluye hacia el tubo de nivel constante,** será necesario reparar la válvula de descarga (pagina 79). Revisar si la pera o chapaleta del tanque presenta desgastes, y reemplazarla si es necesario. Si el problema continúa, se deberá cambiar la válvula de descarga.

Cómo ajustar una llave de flotador para determinar el nivel del agua

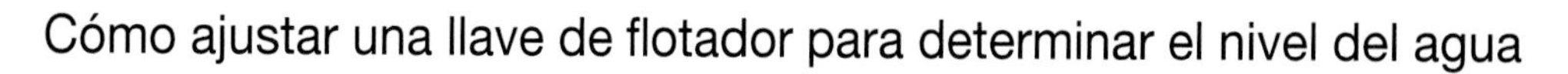

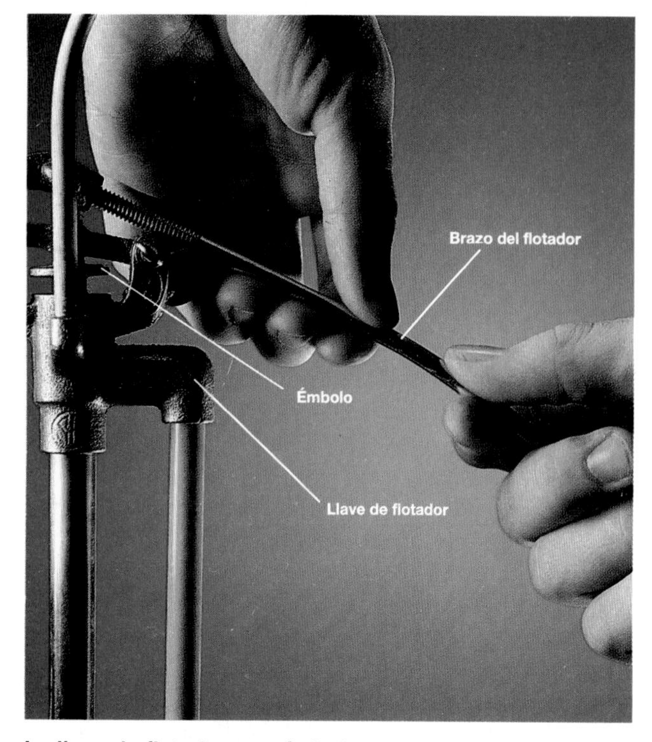

La llave de flotador con émbolo está hecha de latón. El flujo del agua se controla mediante un émbolo que va unido al brazo y a la bola del flotador. El nivel de agua se reduce doblando el brazo del flotador un poco hacia abajo, y se eleva doblándolo hacia arriba.

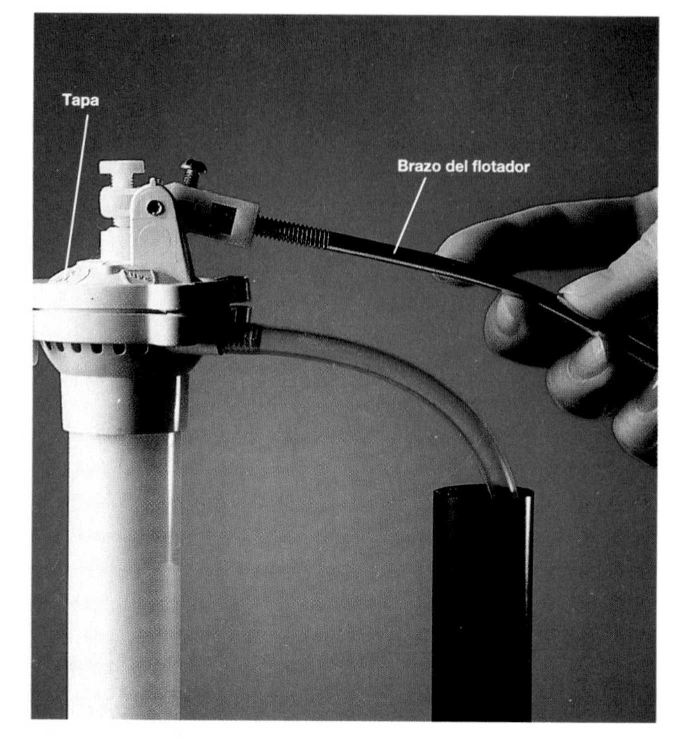

La llave de flotador con diafragma generalmente está hecha de plástico, y cuenta con una tapa amplia que contiene un diafragma de goma. El nivel de agua se reduce doblando el brazo del flotador un poco hacia abajo y se eleva doblándolo hacia arriba.

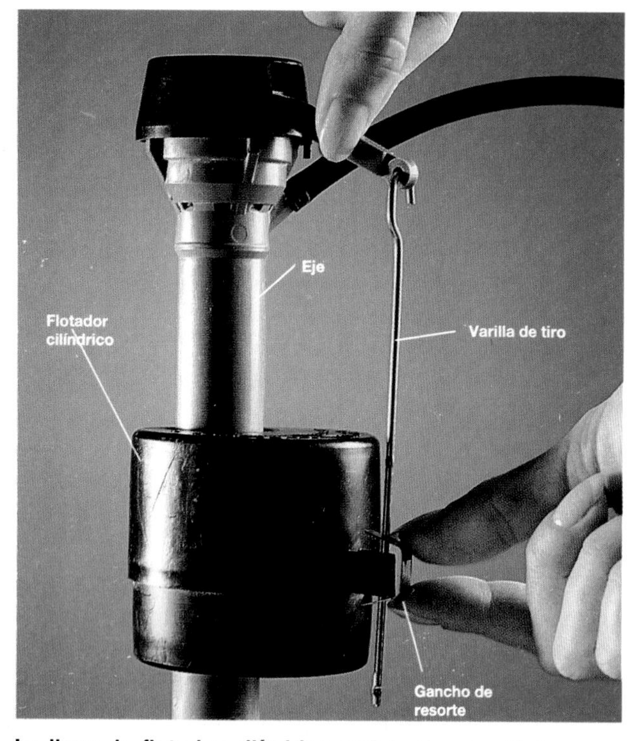

La llave de flotador cilíndrico está hecha de plástico, y es fácil de ajustar. El nivel del agua se reduce apretando el gancho de resorte sobre la varilla de tiro y deslizando el flotador hacia abajo por el eje de la válvula. Para elevar el nivel de agua, el flotador se mueve hacia arriba.

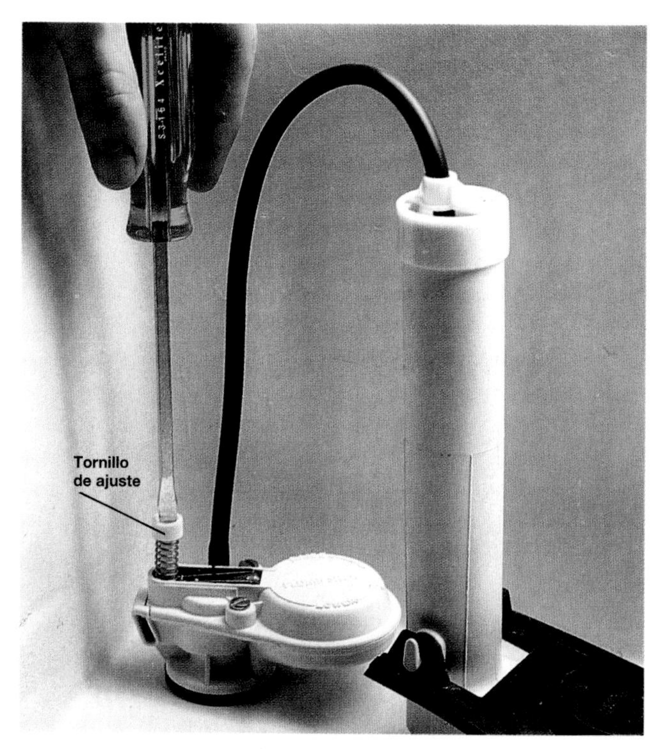

La llave sin flotador controla el nivel del agua mediante un dispositivo sensor de la presión. El nivel del agua se baja girando el tornillo de ajuste en sentido contrario a las manecillas del reloj, 1/2 vuelta cada vez, y se eleva haciendo girar dicho tornillo en el sentido de las agujas del reloj. Las llaves sin flotador no requieren reparaciones, pero en un momento pueden requerir ser cambiadas.

Cómo reparar una llave de flotador con émbolo

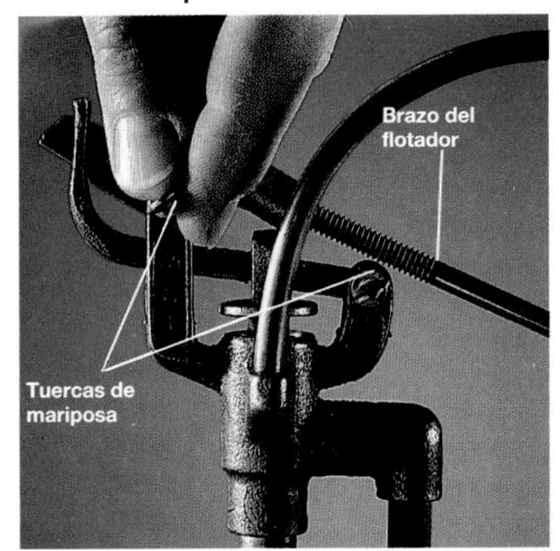

1 Detener el flujo del agua y vaciar el tanque. Quitar las tuercas de mariposa de la válvula y sacar el brazo del flotador.

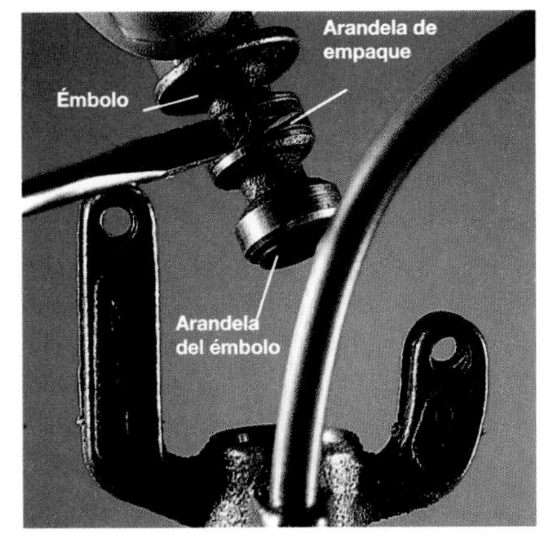

2 Retirar el émbolo y quitar la arandela de empaque o junta tórica. Quitar la arandela del émbolo. (Si es necesario, retirar el tornillo de la espiga.)

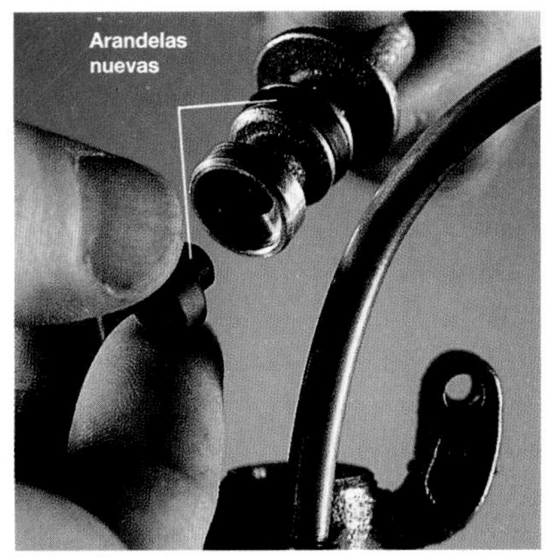

3 Instalar arandelas nuevas. Limpiar los sedimentos del interior de la válvula usando un cepillo de alambre, y reensamblar el conjunto.

Cómo reparar una llave de flotador con diafragma

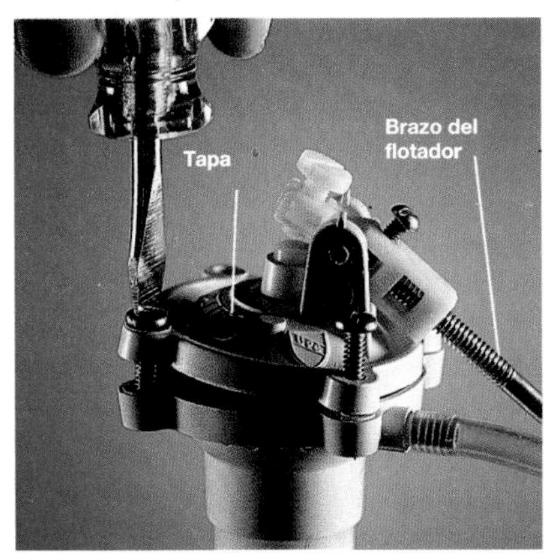

1 Cortar el flujo del agua y vaciar el tanque. Quitar los tornillos de la tapa.

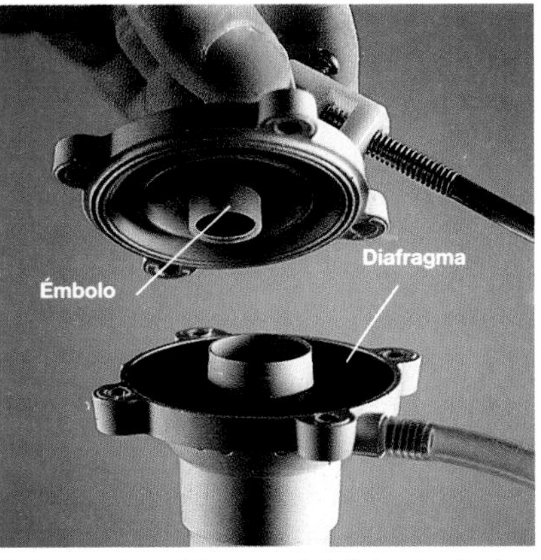

2 Levantar el brazo del flotador junto con la tapa. Revisar el diafragma y el émbolo, observando si están desgastados.

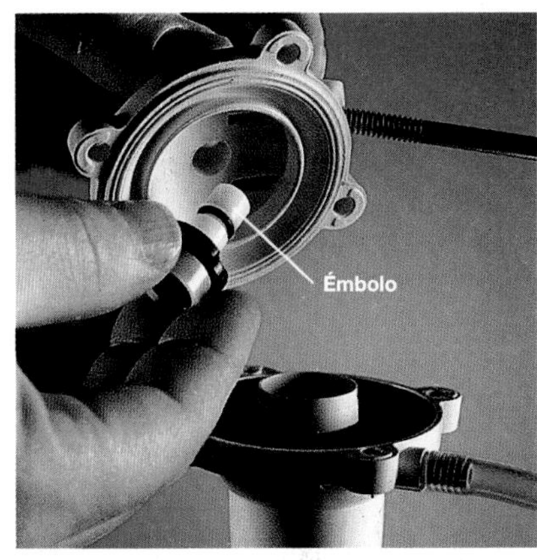

3 Cambiar cualquier parte que aparezca agrietada o dura. Si el conjunto está muy desgastado, cambiar todo el conjunto (página 78.)

Cómo reparar una llave de flotador cilíndrico

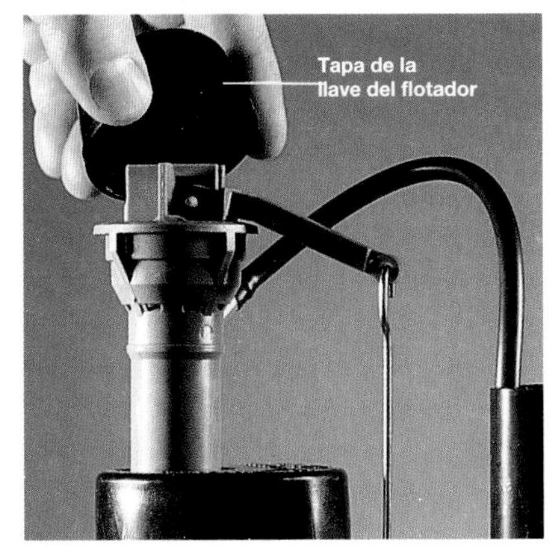

1 Cortar el flujo del agua y vaciar el tanque. Desmontar la tapa de la válvula del flotador.

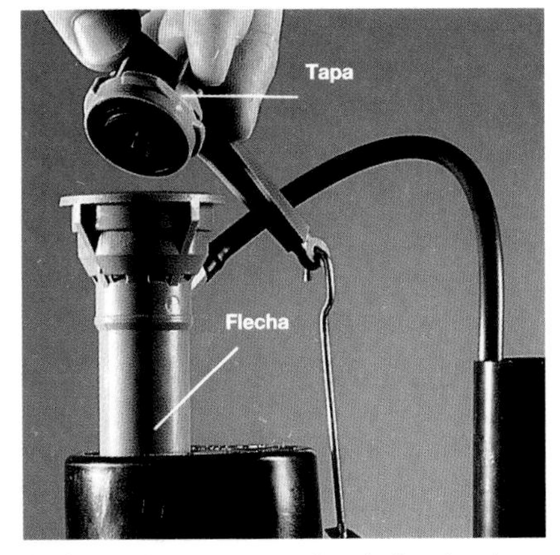

2 Quitar la tapa empujando hacia abajo la flecha y girando en sentido contrario al de las manecillas del reloj. Limpiar el sedimento del interior de la válvula usando un cepillo de alambre.

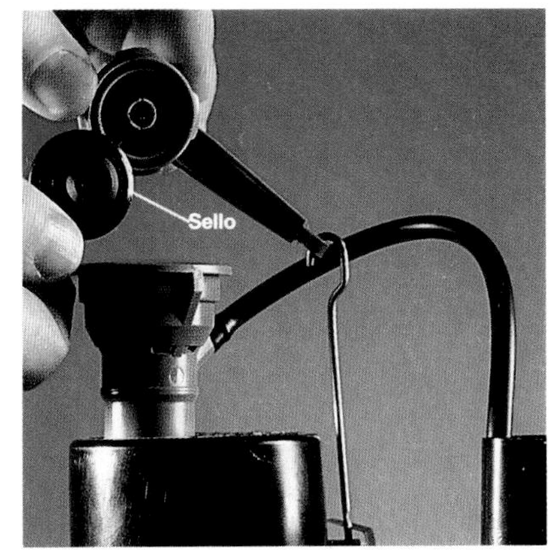

3 Cambiar el empaque. Si el conjunto está muy desgastado, cambiar toda la válvula (página 78).

Cómo instalar una llave de flotador nueva

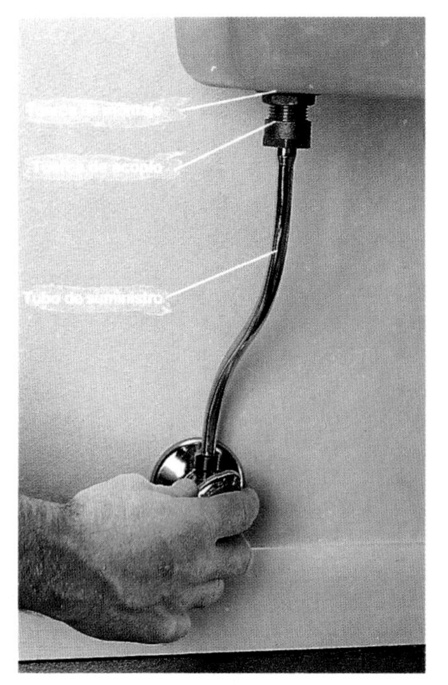

1 Cortar el flujo del agua y vaciar el tanque. Utilizar una esponja para eliminar el agua que haya quedado en el mismo. Desconectar la tuerca de acoplaje del tubo de suministro y la tuerca de montaje de la llave utilizando una llave ajustable. Desmontar el conjunto.

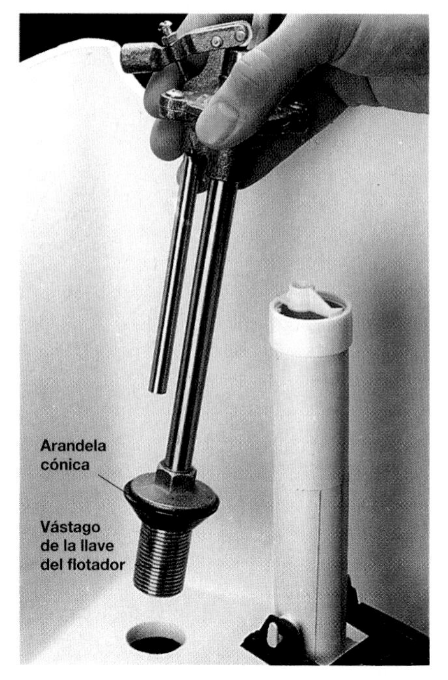

2 Unir una arandela cónica al vástago de la llave nueva e insertar aquél en la abertura del tanque.

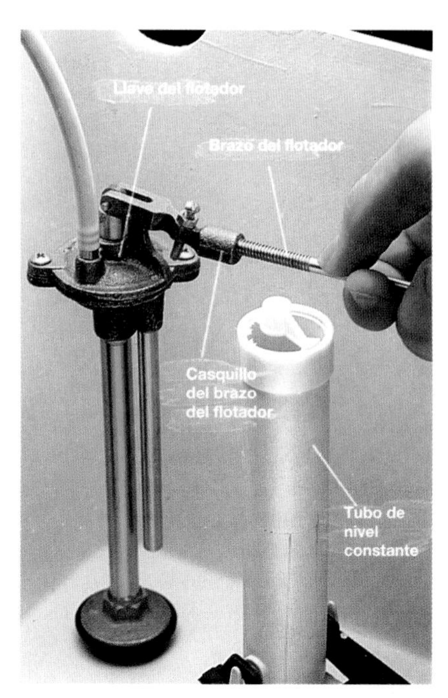

3 Alinear la tuerca del brazo del flotador de manera que éste pase detrás del tubo de nivel constante. Atornillar el brazo del flotador a la llave. Atornillar el flotador al brazo del mismo.

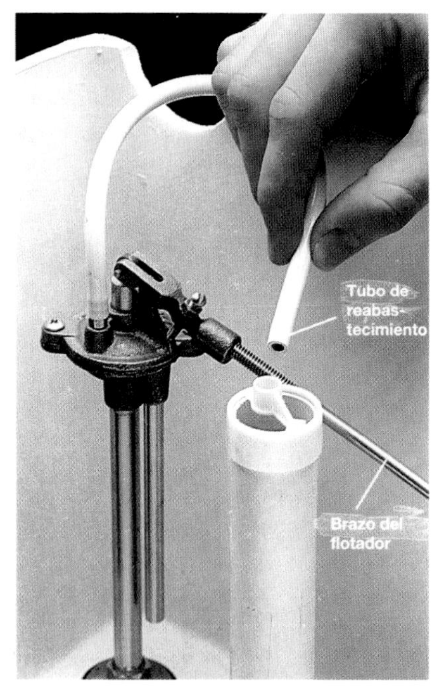

4 Doblar o recortar el tubo de reabastecimiento, de manera que su punto quede dentro del tubo de nivel constante.

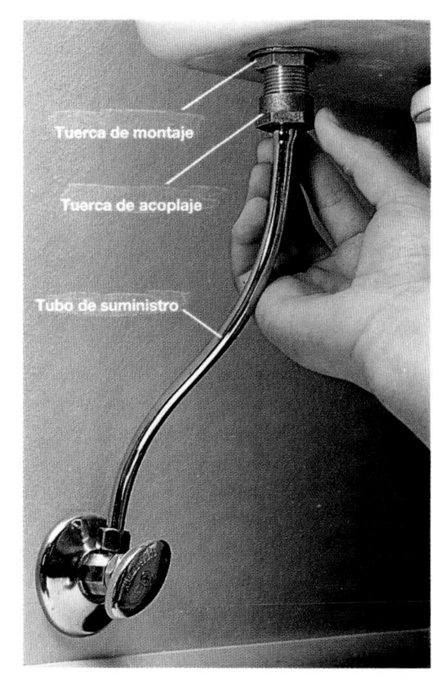

5 Atornillar la tuerca de montaje y la tuerca de acoplaje del tubo de suministro al vástago de la válvula, y apretar usando una llave ajustable. Reanudar el flujo de agua y revisar si hay fugas.

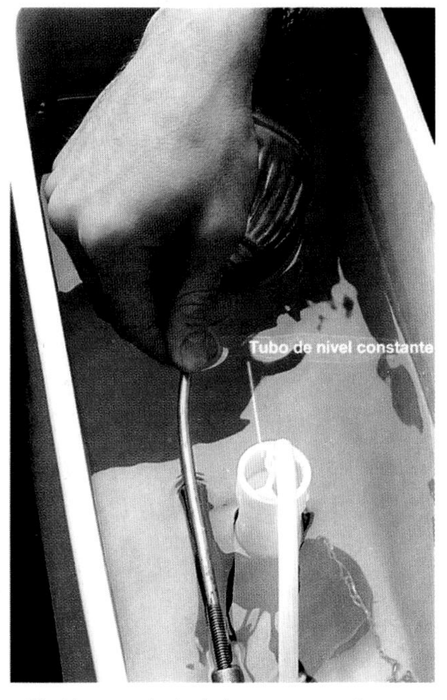

6 Ajustar el nivel de agua en el tanque de manera que quede 1/2 pulg. (1.27 cm.) por debajo de la parte alta del tubo de nivel constante (página 76).

Cómo ajustar y limpiar una válvula de descarga

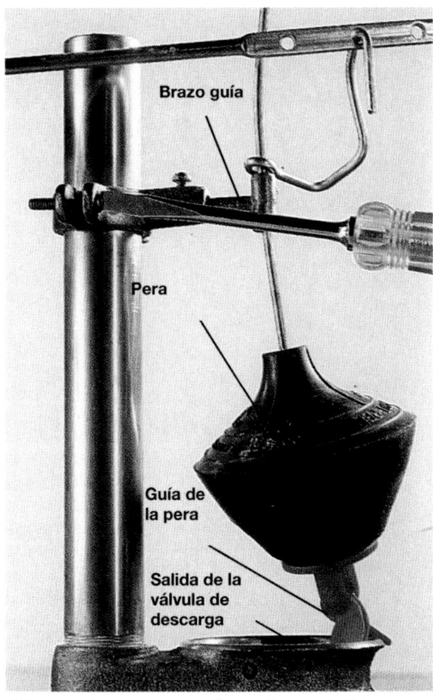

Ajustar la pera o chapaleta del tanque de forma que quede directamente sobre la válvula de descarga. La pera cuenta con un brazo guía que puede aflojarse para modificar la posición de la misma. (Algunas bolas de tanque tienen una guía que les permite asentar en la válvula de descarga.)

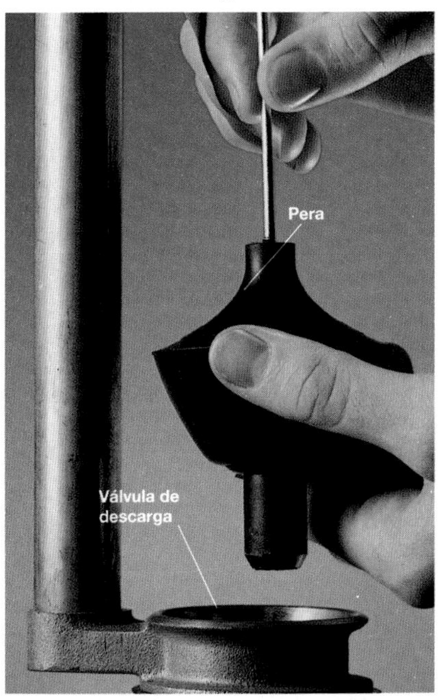

Cambiar la pera del tanque si está agrietada o desgastada. Las peras tienen un ajuste roscado que permite atornillarlas en el alambre de elevación. Limpiar las aberturas de la válvula de descarga usando tela de esmeril (si la válvula es de latón) o una fibra Scotch Brite® (si la válvula es de plástico).

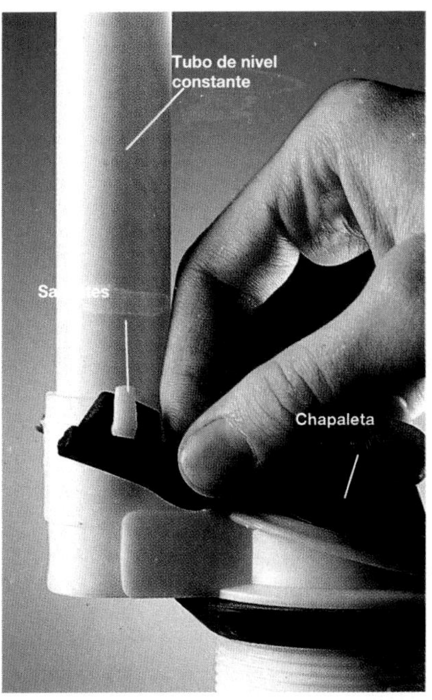

Cambiar la chapaleta si está desgastada. Las chapaletas van unidas a unos pequeños salientes situados a los lados del tubo de nivel constante.

Cómo instalar una válvula de descarga nueva

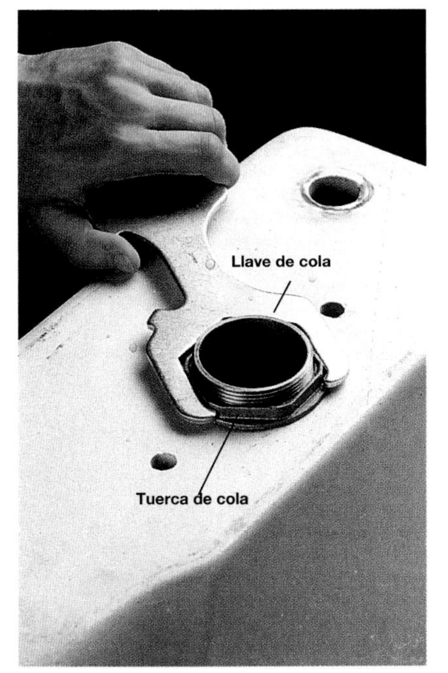

1 Cortar el flujo de agua, desconectar la llave del flotador (página anterior, paso 1) y desmontar el tanque del inodoro (página 81, paso 1 y 2). Retirar la válvula vieja destornillando la tuerca con una llave de cola o con unos alicates ajustables.

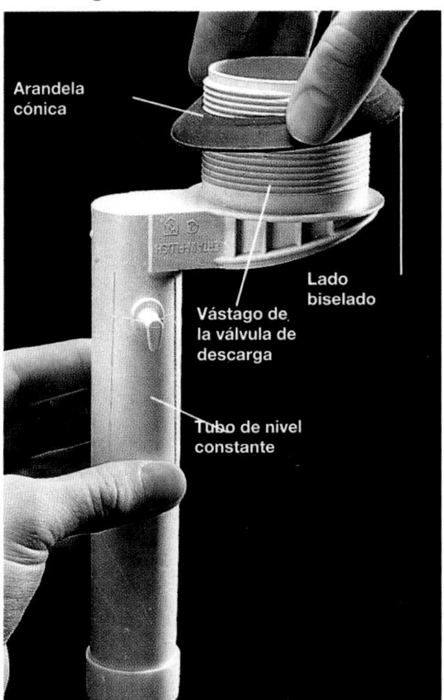

2 Colocar la arandela de cono en el vástago de la válvula nueva. El lado biselado del cono de la arandela debe quedar frente al extremo del vástago. Colocar el tubo de nivel constante en el orificio del tanque, de manera que dicho tubo quede frente a la llave del flotador.

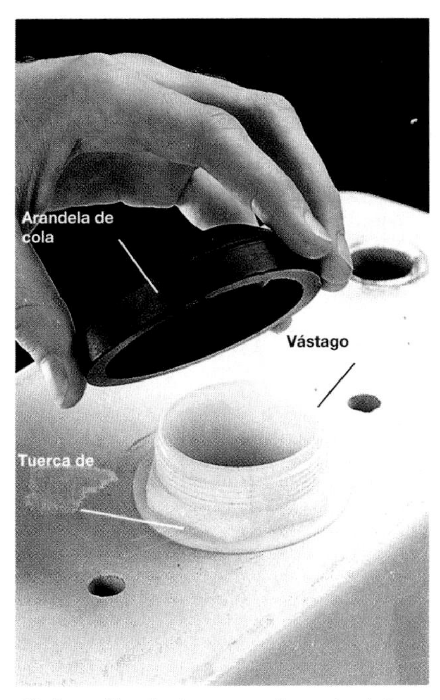

3 Atornillar la tuerca sobre el vástago de la válvula de descarga, y apretarla con una llave de cola o con unos alicates ajustables. Colocar una arandela suave sobre el vástago y reinstalar el tanque del inodoro (páginas 82 y 83).

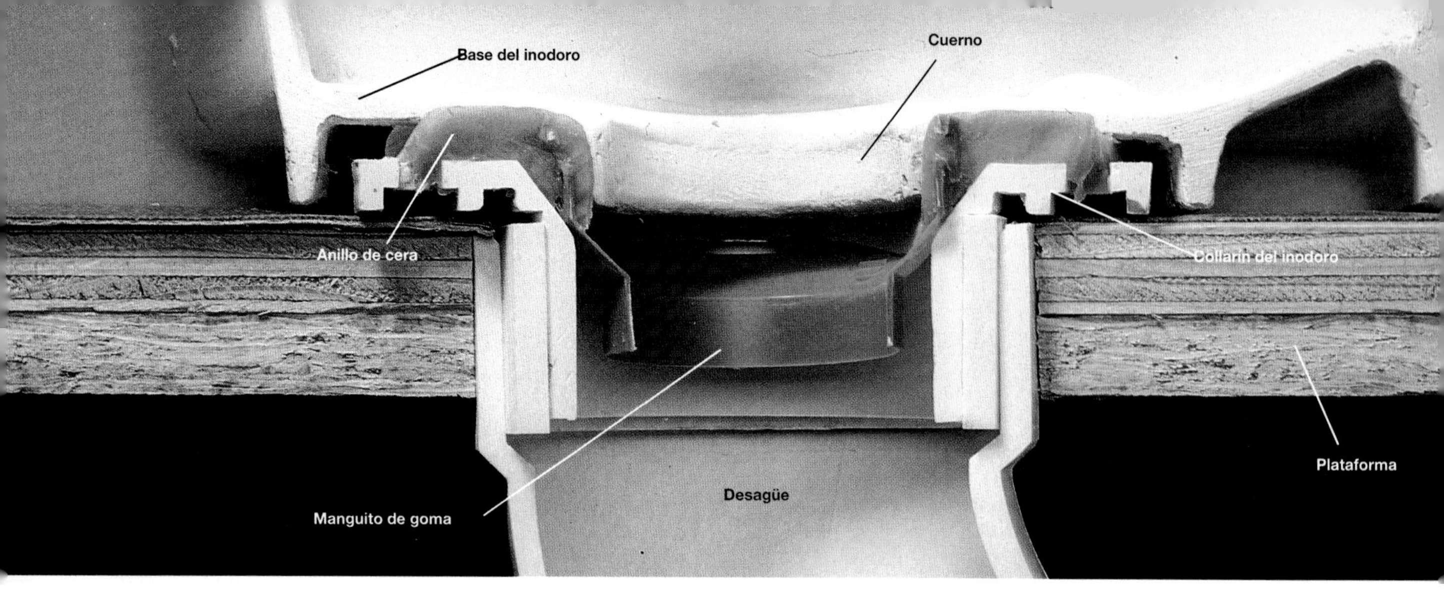

Reparación de fugas en el inodoro

Cuando hay una fuga de agua en el piso alrededor del inodoro, ello se puede deber a distintas causas. Esta fuga se debe reparar tan pronto como sea posible con el objeto de evitar que llegue a dañar la plataforma del piso.

En primer lugar, es necesario asegurarse de que todas las conexiones están apretadas. Si gotea humedad del tanque durante la temporada húmeda, la causa tal vez sea la condensación. Este problema de "exudación" se resuelve aislando el interior del tanque con tableros de espuma. Una grieta en el tanque del inodoro también puede provocar fugas. Si el tanque está agrietado deberá ser cambiado.

El agua alrededor de la base del inodoro puede ser causada porque el anillo de cera está viejo y ya no sella contra el desagüe (ver foto, arriba) o porque la base del inodoro está agrietada. Si las fugas tienen lugar durante la descarga o inmediatamente después, se deberá cambiar el anillo de cera. Si la fuga es constante, la base del inodoro está agrietada y habrá que cambiarla.

Los inodoros nuevos se venden en ocasiones con la válvula de descarga y las llaves del flotador ya instaladas. Si no será necesario comprarlas. Al comprar un inodoro nuevo hay que pensar en la conveniencia de los modelos que ahorran agua. Éstos utilizan menos de la mitad del agua requerida por un inodoro estándar.

Antes de comenzar:

Herramientas: esponja, llave ajustable, espátula, llave de trinquete, desarmador.

Materiales: juego de revestimiento del tanque, limpiador abrasivo, trapo, anillo de cera, mástique de plomero. *En el caso de las instalaciones nuevas*: inodoro nuevo, manija del inodoro, llave de flotador, válvula de descarga, tornillos del tanque y asiento del inodoro.

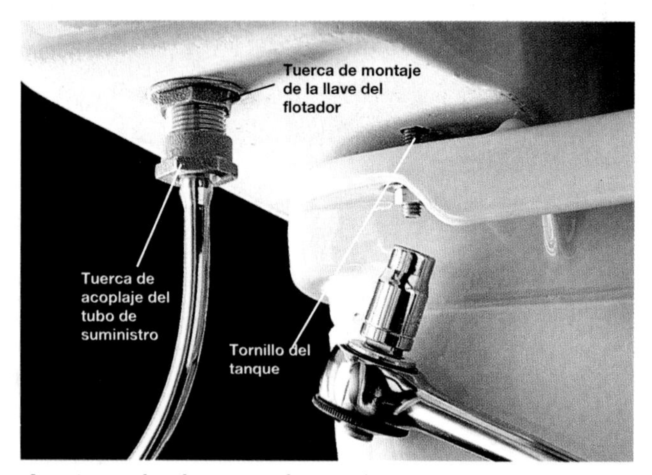

Apretar todas las conexiones. Apretar las tuercas en los tornillos del tanque, usando una llave de trinquete. Apretar la tuerca de montaje de la llave del flotador y la tuerca de acoplaje del tubo de suministro por medio de una llave ajustable. Precaución: el apretar en exceso los tornillos del tanque puede provocar que éste se rompa.

Aislar el tanque del inodoro para evitar la "exudación", utilizando para ello un juego de revestimiento. En primer lugar, hay que interrumpir el flujo del agua, vaciar el tanque y limpiar el interior del mismo con un limpiador abrasivo. Cortar tableros de espuma plástica para colocarlos en el fondo, los lados, el frente, y la parte de atrás del tanque. Pegar los tableros al tanque usando el adhesivo incluido en el juego. Dejar que el adhesivo fragüe según las instrucciones del mismo.

Cómo quitar y cambiar un anillo de cera y un inodoro

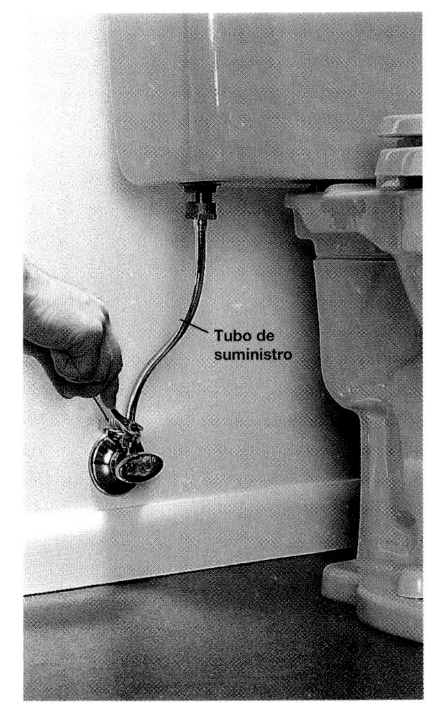

1 Cerrar el paso del agua y vaciar el tanque del inodoro. Utilizar una esponja para retirar el agua que quede en el tanque y en la taza. Desconectar el tubo de suministro utilizando una llave ajustable.

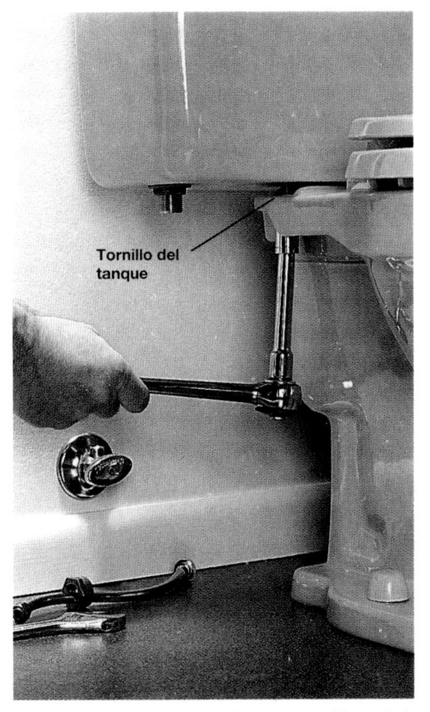

2 Quitar las tuercas de los tornillos del tanque por medio de una llave de trinquete. Retirar cuidadosamente el tanque.

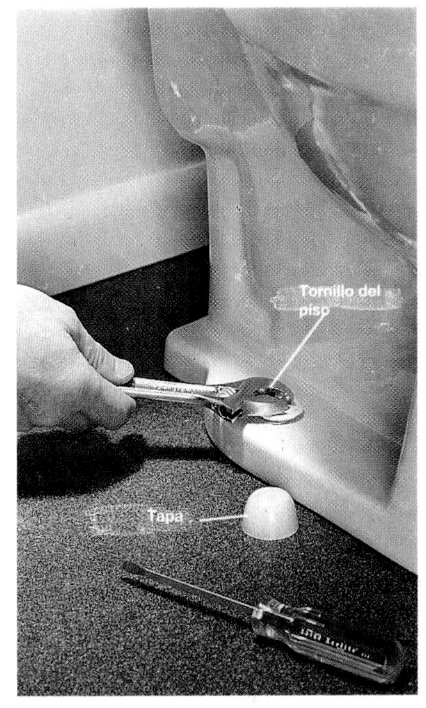

3 Retirar las tapas de los pernos de piso en la base del inodoro. Quitar las tuercas del piso con una llave ajustable.

4 Inclinar el inodoro y mover la taza de un lado a otro hasta que el sello se rompa. Levantar cuidadosamente el inodoro retirándolo de los pernos del piso y colocarlo de costado. Es posible que salga una pequeña cantidad de agua del sifón del inodoro.

5 Eliminar la cera vieja de la chapa metálica del inodoro. Tapar la abertura de desagüe con un trapo húmedo, para impedir que los gases de la alcantarilla salgan hacia la casa.

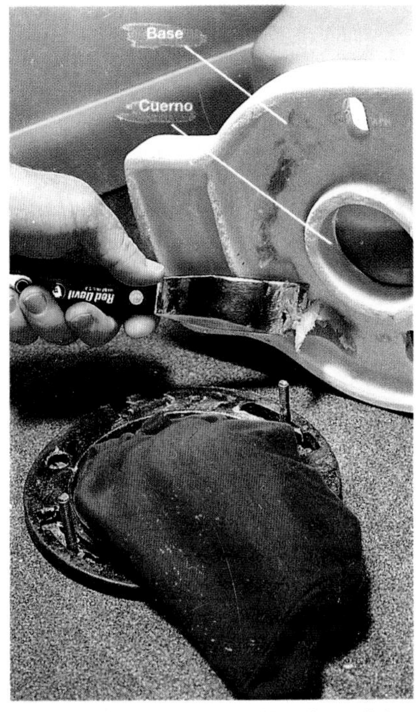

6 Si se va a reutilizar el inodoro viejo, limpiar la cera y el mástique viejos del cuerno y de la base del inodoro.

(continúa en la página siguiente)

Cómo quitar y cambiar un anillo de cera y un inodoro (continuación)

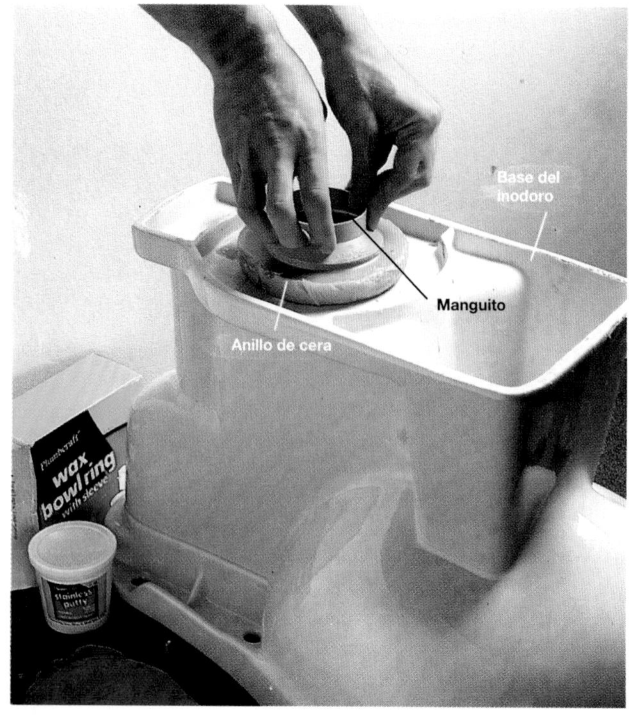

7 Voltear el asiento. Colocar un anillo nuevo de cera sobre el cuerno del desagüe. Si el anillo cuenta con un manguito de goma o de plástico, dicho manguito debe quedar en dirección contraria al inodoro. Aplicar una capa de mástique de plomero al reborde inferior de la base del inodoro

8 Colocar el inodoro sobre el desagüe de manera que los pernos del piso coincidan con los orificios de la base del inodoro. Colocar las arandelas y tuercas en los pernos del piso y apretar con una llave ajustable hasta que asienten bien.

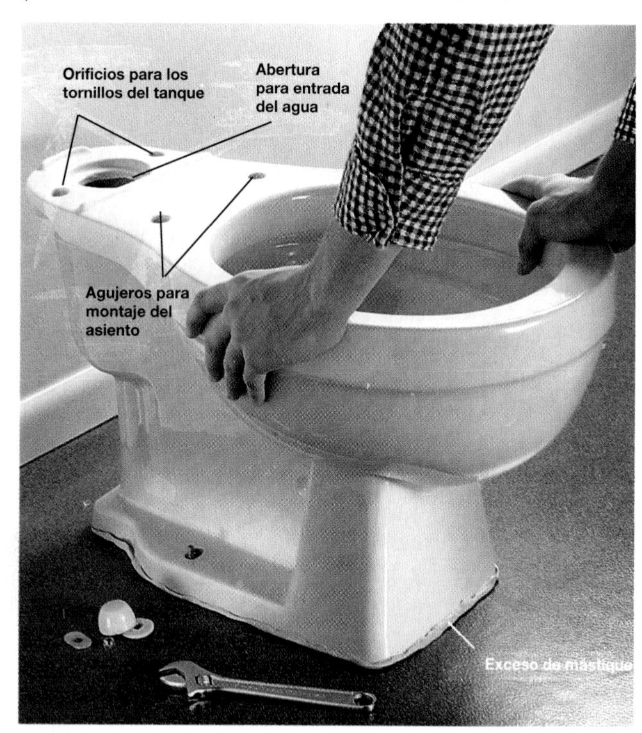

9 Empujar hacia abajo la base del inodoro para comprimir la cera y el mástique. Apretar de nuevo las tuercas del piso hasta que estén asentadas. **Precaución: un exceso de presión puede quebrar la base.** Limpiar el exceso de mástique de plomero. Cubrir las tuercas con sus tapas.

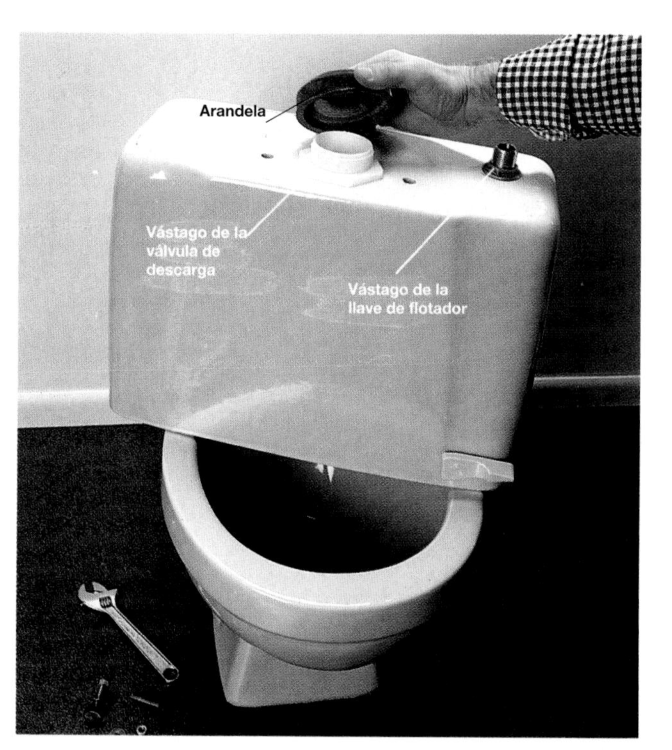

10 Preparar el tanque para su instalación. Si es necesario, instalar una manija (página 74), llave de flotador (página 78) y válvula de descarga (página 79). Voltear cuidadosamente el tanque y colocar una arandela suave sobre el vástago de la válvula de descarga.

11 Voltear el tanque en su posición y colocar en la parte trasera de la base del inodoro, de manera que la arandela quede centrada sobre el orificio de entrada del agua.

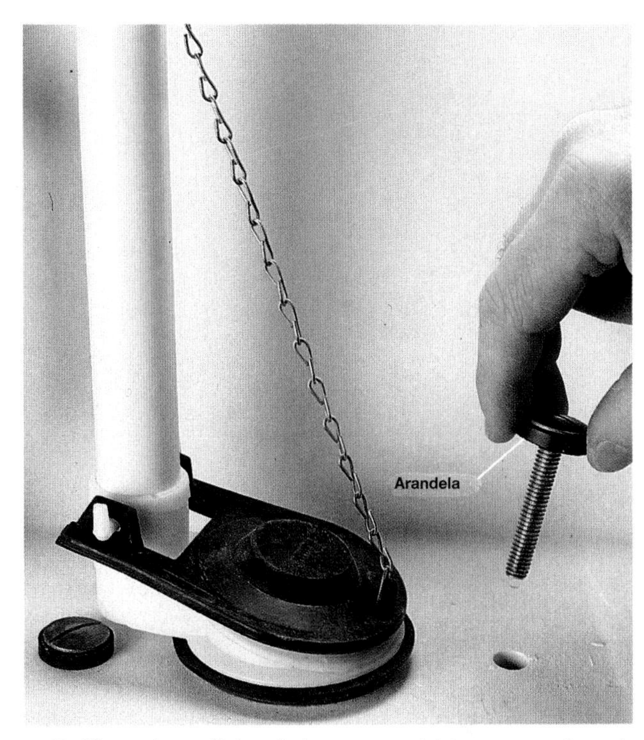

12 Alinear los orificios de los pernos del tanque con los orificios de la base del inodoro. Colocar unas arandelas de goma en los pernos del tanque e instalarlos en los orificios correspondientes. Desde la parte baja del tanque, colocar arandelas y tuercas en los pernos.

13 Apretar las tuercas con una llave de trinquete hasta que el tanque asiente bien. Tener cuidado al apretar las tuercas; la mayoría de los tanques del inodoro se apoyan sobre la arandela y no directamente sobre la base del inodoro.

14 Unir el tubo de suministro de agua al vástago de la llave de flotador usando una llave ajustable (página 78). Reanudar el flujo del agua y probar el funcionamiento del inodoro. Si es necesario, apretar los tornillos del tanque y las conexiones de suministro de agua.

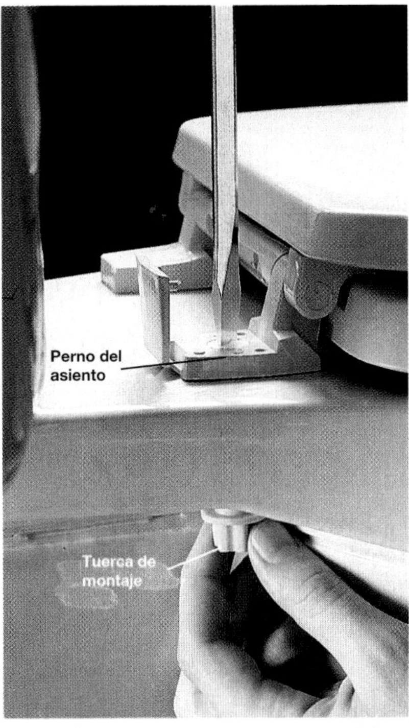

15 Colocar el asiento nuevo del inodoro insertando los pernos del asiento en los orificios del inodoro. Colocar las tuercas de montaje en dichos pernos y apretarlas.

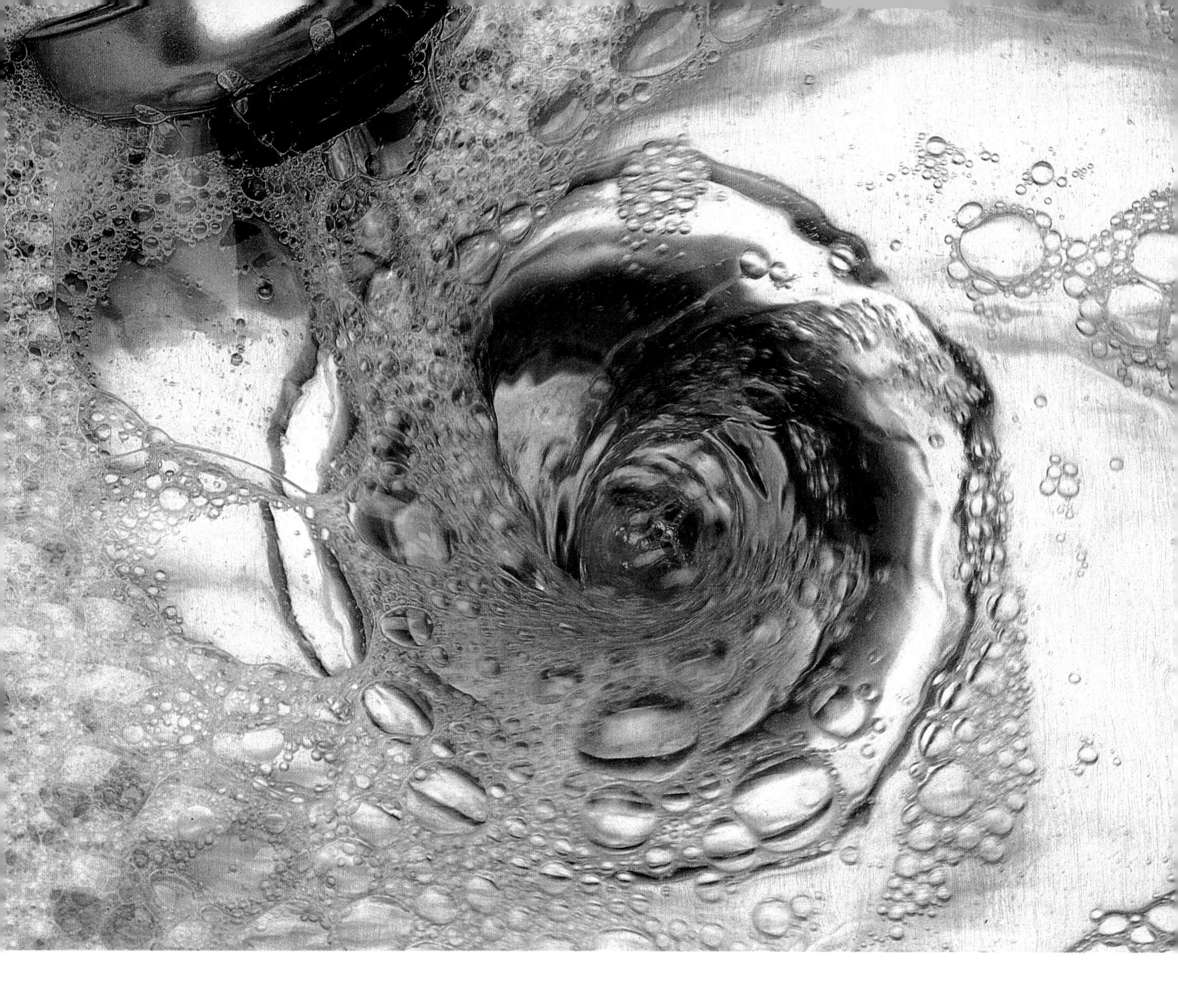

Eliminación de obstrucciones y reparación de desagües

Un desagüe obstruido se repara utilizando un émbolo, una sonda de mano o una boquilla de presión. El émbolo elimina las obstrucciones, obligando a que el aire a presión entre en el tubo de desagüe. Siendo la bomba eficaz y simple en su manejo, deberá ser lo primero a utilizar para eliminar una obstrucción.

La sonda de mano tiene un cable flexible de acero que se mete por el tubo de desagüe para romper o eliminar las obstrucciones. La sonda es fácil de utilizar, pero para obtener los mejores resultados, el que la emplee debe conocer la "sensación" del cable en el tubo de desagüe.

Con frecuencia se requiere un poco de experiencia para conocer las diferencias entre una obstrucción de jabón y una desviación en el tubo de desagüe (páginas 88 y 89).

La boquilla de presión se une a una manguera de jardín y utiliza la presión del agua para limpiar las obstrucciones. Estas boquillas son eficaces cuando se trata de obstrucciones en los desagües del piso (página 95).

Los limpiadores químicos con base de ácido y cáusticos se deben usar únicamente como último recurso. Estos limpiadores se consiguen en las ferreterías y supermercados. Disuelven las obstrucciones, pero también pueden ocasionar daños a los tubos, por lo que hay que manejarlos con cuidado. Siempre es necesario leer cuidadosamente las instrucciones del fabricante.

Un mantenimiento regular ayuda a conservar los desagües en condiciones correctas de trabajo. Es necesario lanzar agua caliente una vez por semana por el desagüe para mantenerlo libre de jabón, grasa y basura. O bien, limpiar el desagüe una vez cada seis meses usando un limpiador de desagües no cáustico (sulfuro de cobre o con base de hidróxido de sodio). El limpiador no cáustico no provoca daños en los tubos.

En ocasiones pueden presentarse fugas en los tubos de desagüe o alrededor de la salida del mismo. La mayoría de las fugas en los tubos de desagüe se reparan fácilmente apretando un poco todas las conexiones de los tubos. Si la fuga está en la abertura de desagüe del fregadero, habrá que arreglar o cambiar el sumidero (página 87).

Limpieza de desagües de lavabos obstruidos

Los lavabos cuentan con un sifón y un tubo de drenaje. Las obstrucciones en el lavabo generalmente son causadas por una formación de jabón y de cabello en el sifón o en el tubo de desagüe. Las obstrucciones se eliminan utilizando un émbolo, desconectando y limpiando el sifón (página 86), o bien, utilizando una sonda de mano (página 88 y 89).

Muchos lavabos detienen el agua por medio de un tapón *retráctil* de acción directa. Si el fregadero no conserva el agua, o si ésta sale demasiado lentamente, se deberá limpiar y ajustar dicho tapón (pág 86).

Antes de comenzar:

Herramientas: émbolo, pinzas ajustables, cepillo pequeño de alambre, desarmador.

Materiales: trapo, cubeta, arandelas de repuesto.

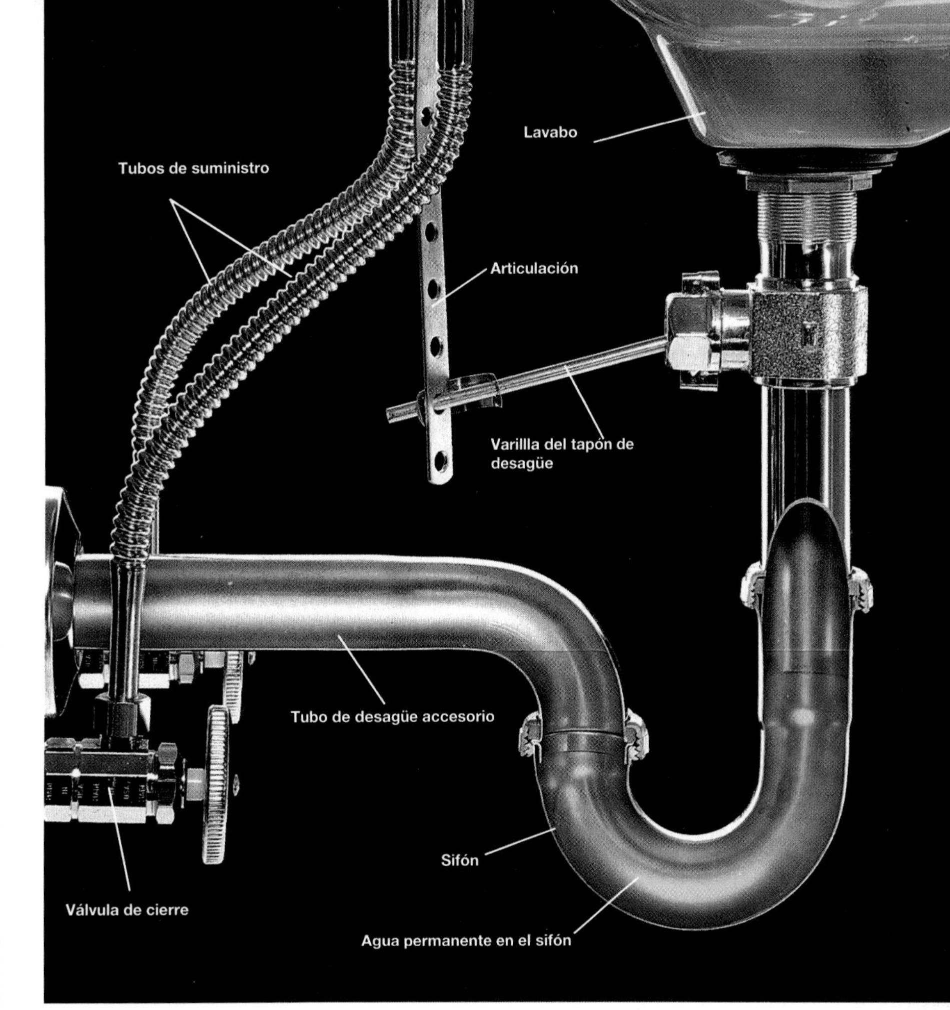

El sifón del desagüe retiene una cantidad de agua que sella el tubo e impide que los gases de alcantarillado entren a la casa. Cada vez que se utiliza el sifón, el agua que contiene es empujada y cambiada por agua fresca. La forma del sifón y del tubo de desagüe es semejante a la de la letra "P", por lo que los sifones de lavabo son conocidos también como sifones P.

Cómo limpiar los desagües del lavabo con un émbolo

1 Quitar el tapón del fregadero. Algunos tapones se retiran simplemente jalándolos hacia afuera, otros se desenroscan en sentido contrario al de las manecillas del reloj. En algunos tipos muy antiguos de tapones resulta necesario quitar la varilla del pivote para liberar el tapón.

2 Colocar un trapo húmedo en el orificio de nivel constante del fregadero. Este trapo impide que el aire interrumpa la succión del émbolo. Colocar la copa de éste sobre el desagüe y depositar una cantidad de agua suficiente para cubrir dicha copa. A continuación, mover rápidamente hacia arriba y hacia abajo el mango de la bomba para eliminar la obstrucción.

Cómo limpiar y ajustar un tapón retráctil de lavabo

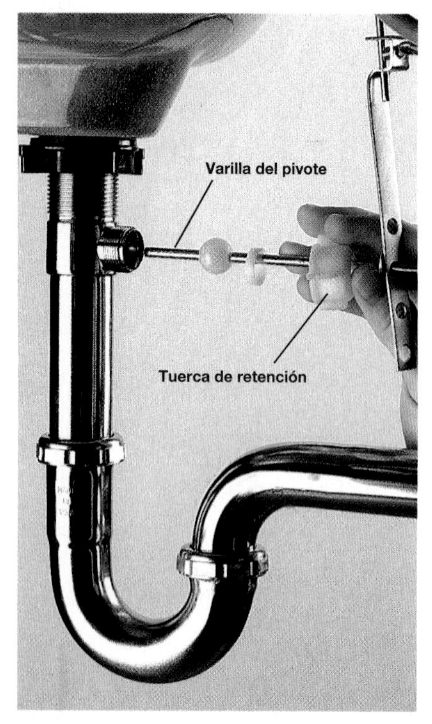

1 Levantar la palanca del tapón hasta que éste quede cerrado. Destornillar la tuerca de retención que mantiene la varilla del pivote en su posición. Sacar dicha varilla del tubo de desagüe para liberar el tapón.

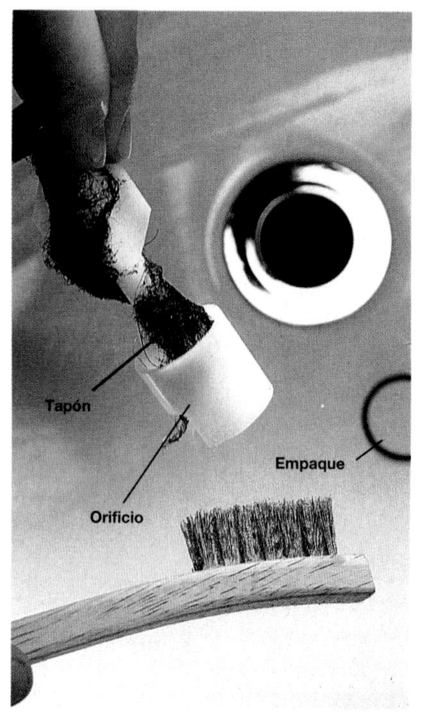

2 Quitar el tapón. Limpiar la suciedad del mismo usando un pequeño cepillo de alambre. Observar la arandela para comprobar si presentan desgaste o daño, y cambiarla si es necesario. Colocar nuevamente el tapón.

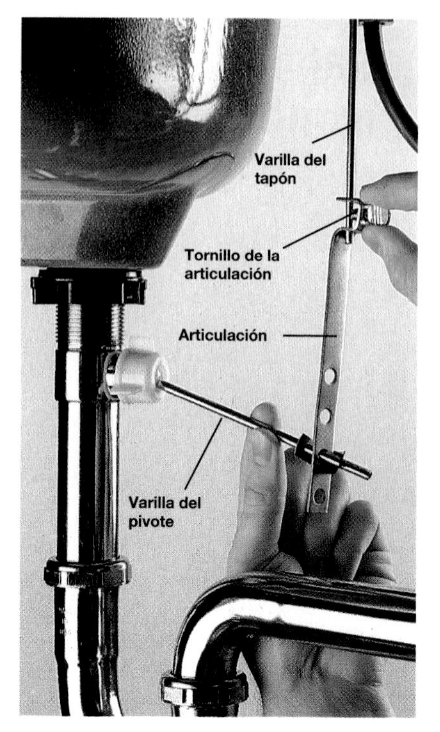

3 Si el lavabo no elimina el agua correctamente, ajustar la articulación. Aflojar los tornillos de la misma. Deslizarla hacia arriba o abajo sobre la varilla del tapón para ajustar su posición. Apretar los tornillos de la articulación.

Cómo desmontar y limpiar el sifón de un desagüe de lavabo

1 Colocar una cubeta para recibir el agua y la suciedad. Aflojar las tuercas del sifón con unos alicates ajustables. Destornillar a mano dichas tuercas y separarlas de sus conexiones. Retirar la curva del sifón.

2 Vaciar la suciedad. Limpiar el sifón con un cepillo pequeño de alambre. Observar las arandelas de las tuercas para descubrir algún desgaste, y reemplazarlas si es necesario. Reinstalar el sifón y apretar las tuercas.

Reparación de fugas en el sumidero del fregadero

Las fugas que se presentan bajo el fregadero pueden ser ocasionadas porque el sumidero no sella herméticamente con la salida del desagüe. Para comprobar si hay fugas, se debe cerrar el tapón del desagüe y llenar con agua el fregadero. Observar desde abajo el montaje del sumidero para saber si presenta fugas.

Es necesario desmontar el sumidero, limpiarlo y cambiar las arandelas y el mástique de plomero, o bien, cambiar el sumidero por otro nuevo el cual se consigue en los centros de productos domésticos.

Antes de comenzar:

Herramientas: alicates ajustables, llave de cola, martillo, espátula.

Materiales: mástique de plomero, refacciones (si son necesarias).

El sumidero del fregadero se conecta con el tubo de desagüe. Las fugas se presentan en el sitio en el que el sumidero se apoya en el reborde de la abertura de desagüe.

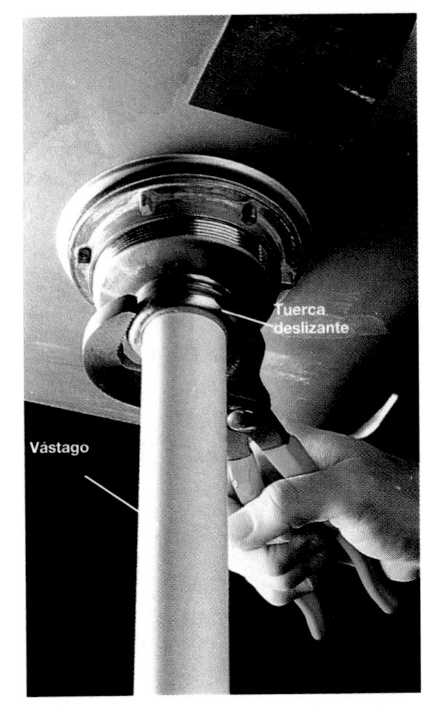

1 Destornillar las tuercas de ambos extremos del vástago, utilizando unos alicates ajustables. Desconectar y retirar el vástago.

2 Quitar la tuerca de seguridad utilizando una llave de cola. Si se resiste, puede desmontarse golpeando en las salientes con un martillo. Destornillar por completo la tuerca y desmontar el sumidero.

3 Quitar el mástique viejo del orificio de drenaje, utilizando la espátula. Si se va a volver a usar el sumidero viejo, quitar el mástique viejo que haya debajo del reborde. Deberán cambiarse las arandelas y juntas viejas.

4 Aplicar una capa de mástique de plomero al reborde de la abertura del drenaje y oprimir el sumidero contra la misma. Instalar la arandela de goma por debajo del fregadero. Colocar el anillo de fricción de metal o de fibra. Reinstalar y apretar la tuerca de seguridad. Reinstalar el vástago.

Cómo limpiar un tubo de desagüe usando una sonda de mano

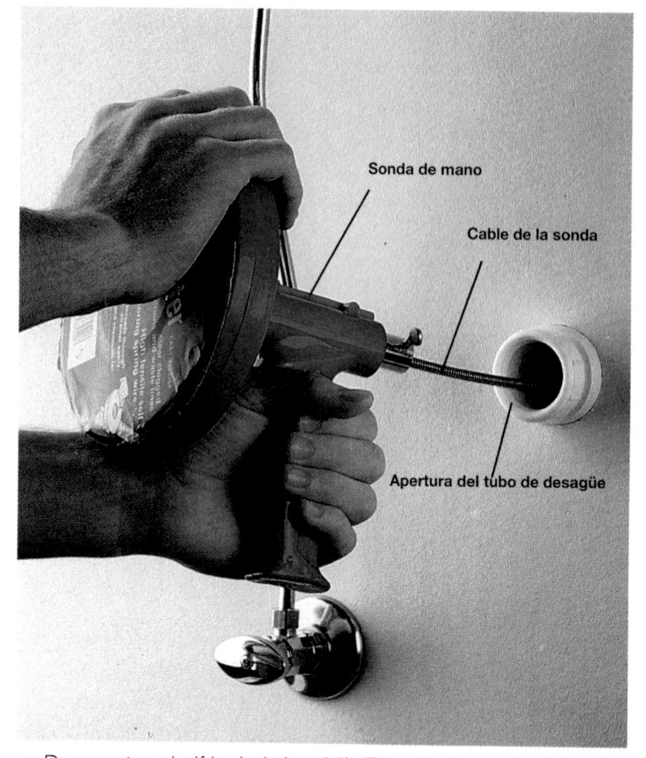

1 Desmontar el sifón (página 86). Empujar la punta del cable de la sonda por el orificio del tubo de desagüe hasta encontrar resistencia. Dicha resistencia indica que la punta del cable ha llegado a una curva en el tubo de desagüe.

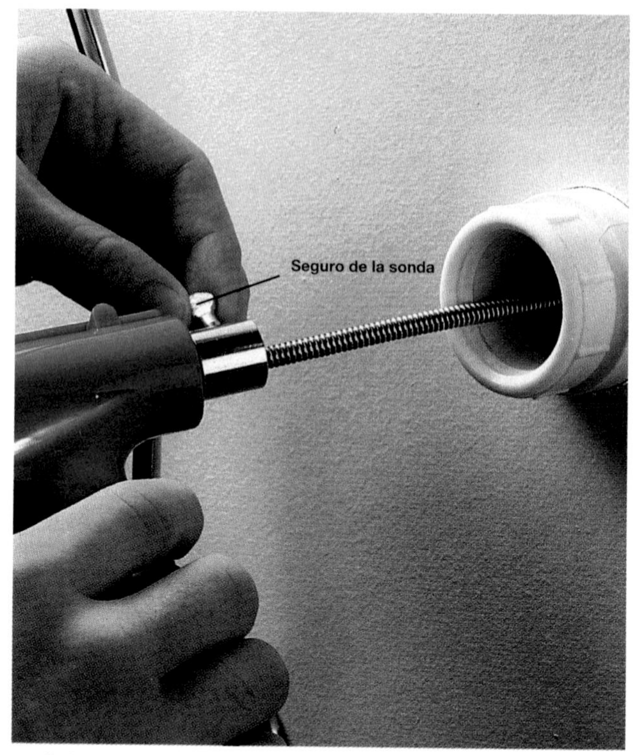

2 Colocar el seguro de la sonda dejando fuera de la abertura por lo menos 6 pulgadas de cable (15 cm) y girar la manivela de la sonda en dirección de las manecillas del reloj para lograr que la punta del cable pase la curva en el tubo de desagüe.

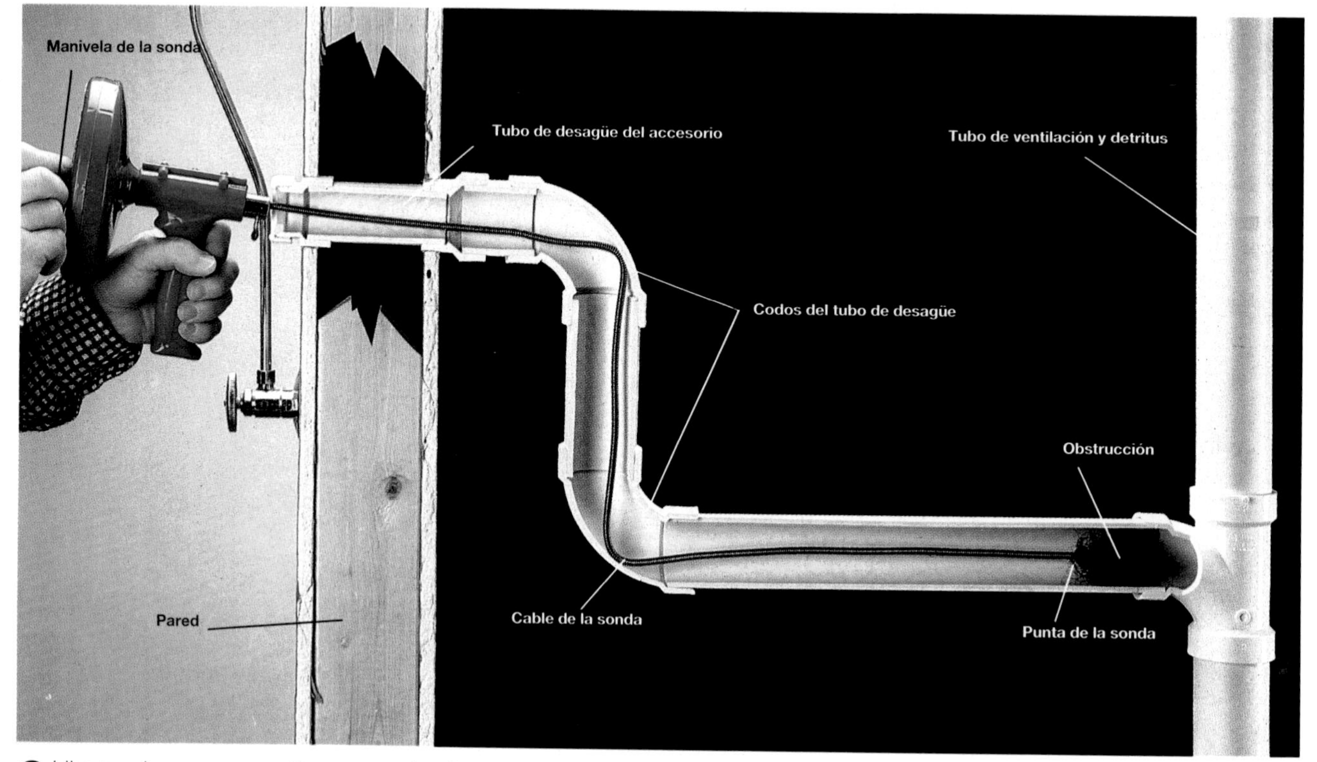

3 Liberar el seguro y continuar empujando por el orificio hasta encontrar una resistencia firme. Colocar el seguro y girar la manivela en dirección de las manecillas del reloj. Una resistencia sólida que impida avanzar al cable indica la presencia de una obstrucción. Algunas de ellas, tales como una esponja o una acumulación de cabellos, pueden ser agarradas y recuperadas (ver paso 4). Una resistencia continua que permite al cable avanzar lentamente, indica una obstrucción de jabón (paso 5).

4 Retirar la obstrucción del tubo, liberando el seguro de la sonda y dando vueltas a la manivela en el sentido de las manecillas del reloj. Si no se logra recuperar nada, reconectar la curva del sifón y utilizar la sonda para limpiar la rama más próxima del tubo de desagüe o la chimenea principal de detritus y ventilación (páginas 96 y 97).

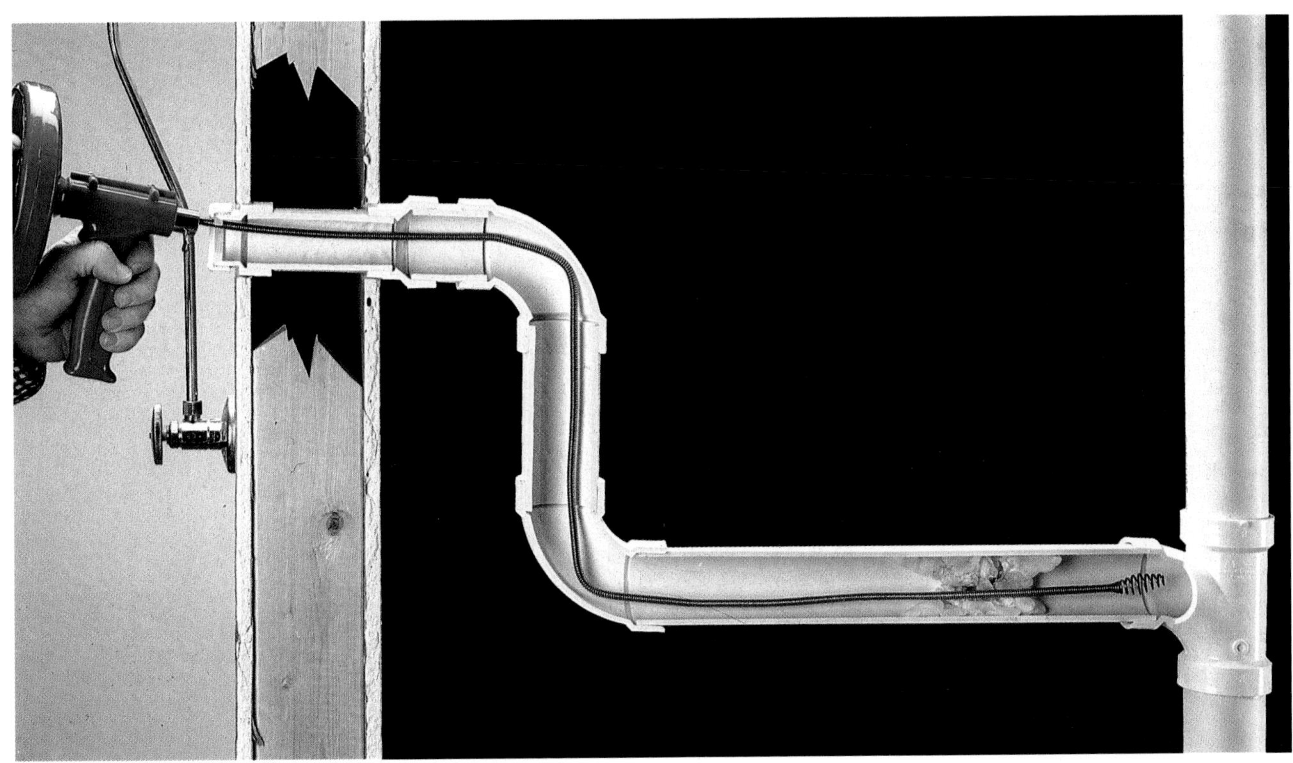

5 Una resistencia continua indica una obstrucción de jabón. Perforar la obstrucción dando vueltas a la manivela de la sonda en el sentido de las manecillas del reloj, mientras se aplica una presión constante sobre el mango de la sonda. Repetir el procedimiento dos o tres veces y recuperar el cable. Reconectar la curva del sifón y lavar el sistema con agua caliente para eliminar los residuos de jabón.

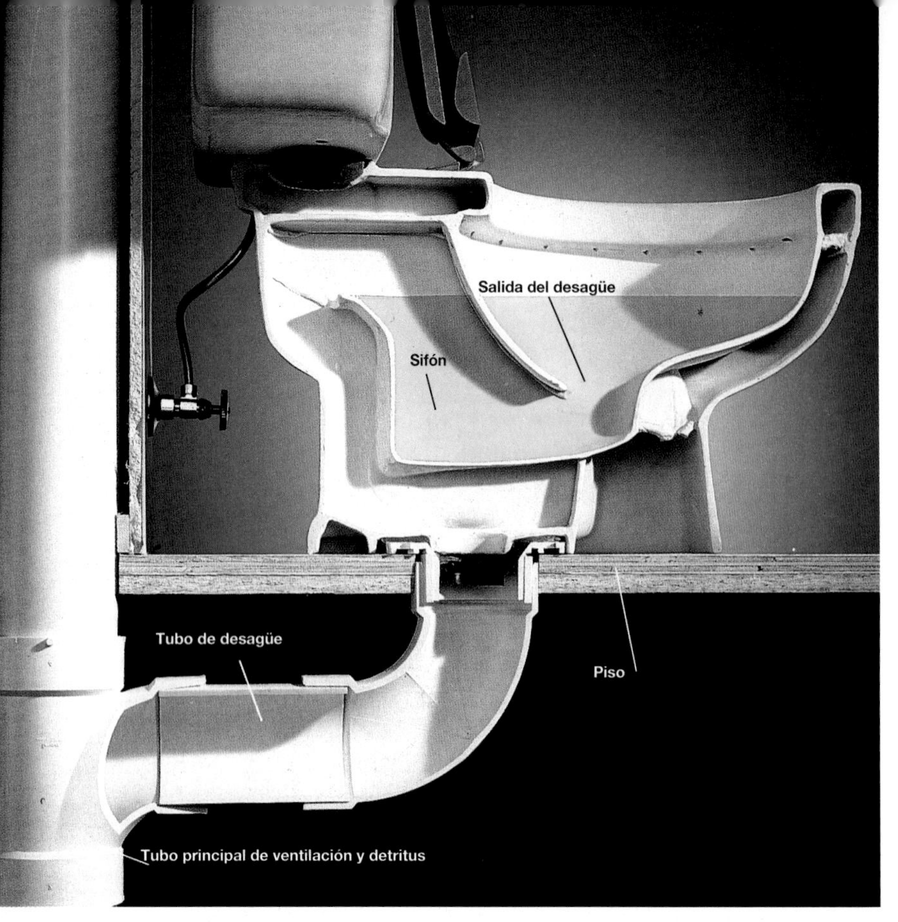

El sistema de drenaje del inodoro tiene una salida al fondo de la taza y un sifón integrado. La salida de drenaje del inodoro está conectada a la línea de drenaje y a una chimenea principal de detritus y ventilación.

Eliminación de obstrucciones en el inodoro

La mayoría de las obstrucciones en los inodoros se deben a que hay un objeto atorado en el sifón. Para eliminarlo hay que utilizar una bomba o una sonda de mano.

Cuando el inodoro elimina el agua lentamente, es posible que se encuentre parcialmente bloqueado. Limpiar el bloqueo con una bomba o con una sonda para inodoros. En ocasiones un inodoro con este problema indica que la chimenea de detritus y ventilación está bloqueada. En estos casos, es necesario limpiar la chimenea como se indica en la página 97.

Antes de comenzar:

Herramientas: émbolo con reborde, sonda para inodoro.

Materiales: cubeta.

Cómo limpiar el inodoro con un émbolo

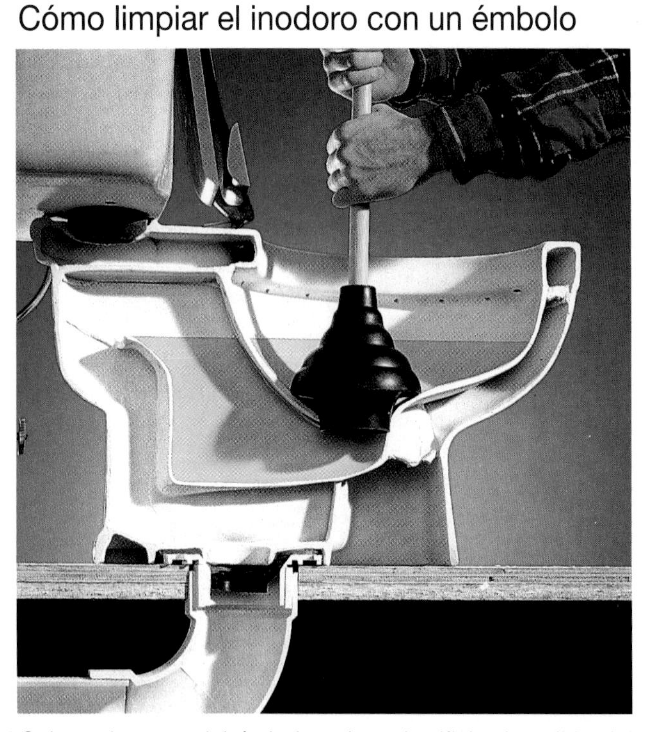

Colocar la copa del émbolo sobre el orificio de salida del drenaje. Empujar rápidamente la bomba hacia arriba y abajo. Vertir lentamente una cubeta de agua en la taza para hacer salir los detritus por el drenaje. Si el inodoro no se vacía, repetir el bombeo con el émbolo, o eliminar la obstrucción con una sonda para inodoros.

Cómo limpiar el inodoro con una sonda

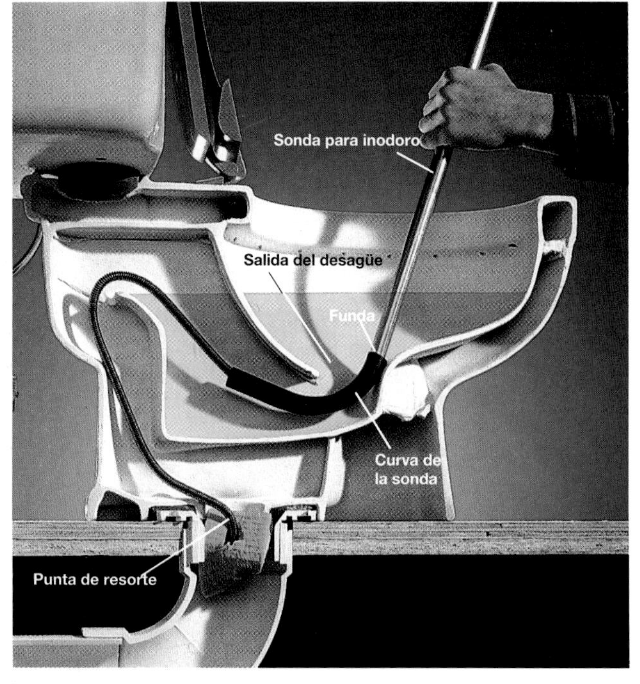

Colocar la curva de la sonda contra el fondo de la salida de desagüe, y empujar el cable de la sonda hacia el sifón. Girar la manija de la sonda en el sentido de las manecillas del reloj, para alcanzar la obstrucción. Continuar girando mientras se tira del cable para sacar la obstrucción fuera del sifón.

Eliminación de obstrucciones en el desagüe de regadera

Las obstrucciones en el drenaje de las regaderas generalmente consisten en una acumulación de cabellos en el tubo de desagüe. Quitar la tapa del sumidero y observar si hay obstrucciones en la entrada del drenaje (abajo). Algunas obstrucciones se eliminan fácilmente con un trozo de alambre rígido.

Las obstrucciones que se resistan pueden ser eliminadas con un émbolo o con una sonda de mano.

Antes de comenzar:

Herramientas: desarmador, lámpara de mano, émbolo, sonda de mano.

Materiales: alambre rígido.

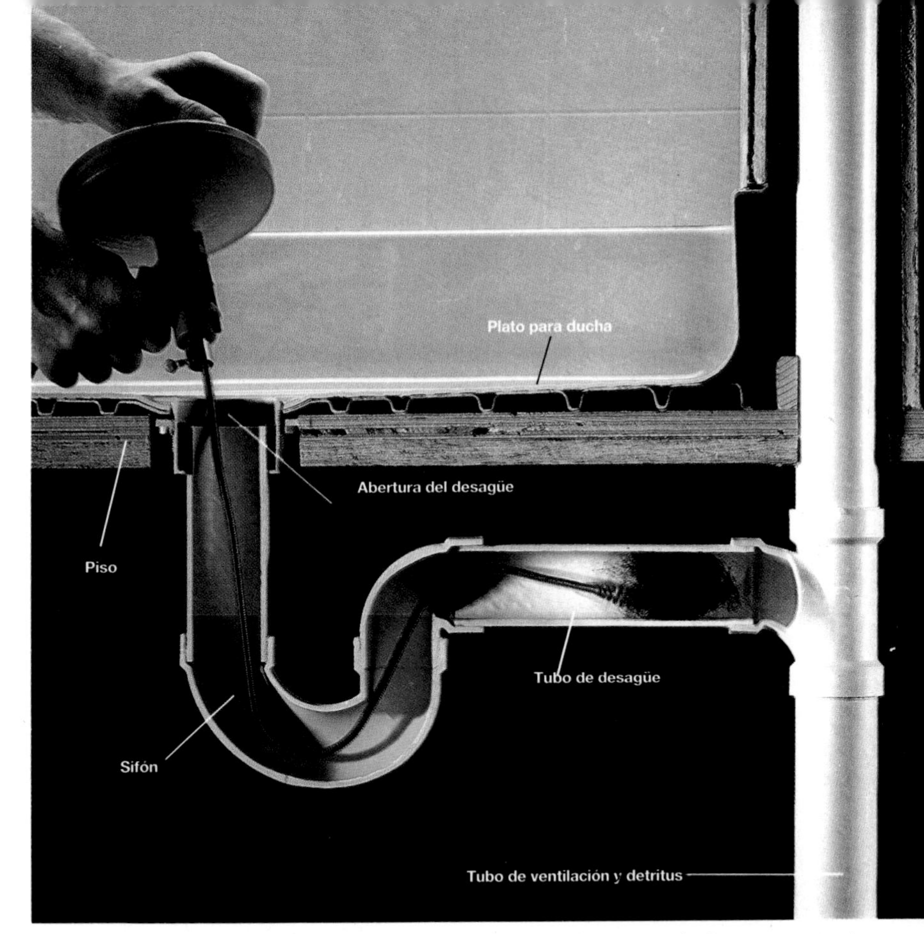

El sistema de drenaje de la regadera cuenta con un plato para ducha, una entrada de drenaje, un sifón y un tubo conectado con el tubo principal de drenaje o con la chimenea de detritus y ventilación.

Cómo limpiar el desagüe de la regadera

Comprobar si hay obstrucciones. Quitar la tapa del sumidero, usando un desarmador. Utilizar una lámpara de mano para observar si hay obstrucciones en la entrada del drenaje. Usar un alambre rígido para limpiar el tubo.

La mayoría de las obstrucciones en el drenaje de la regadera se eliminan utilizando un émbolo. Colocar la copa del émbolo sobre el orificio de drenaje. Depositar una cantidad de agua suficiente para cubrir el reborde de la copa. Empujar rápidamente hacia arriba y abajo el mango del émbolo.

Para limpiar una obstrucción muy resistente en el desagüe de la regadera por medio de una sonda de mano, seguir las instrucciones que aparecen en las páginas 88 y 89.

Reparación de los desagües de la bañera

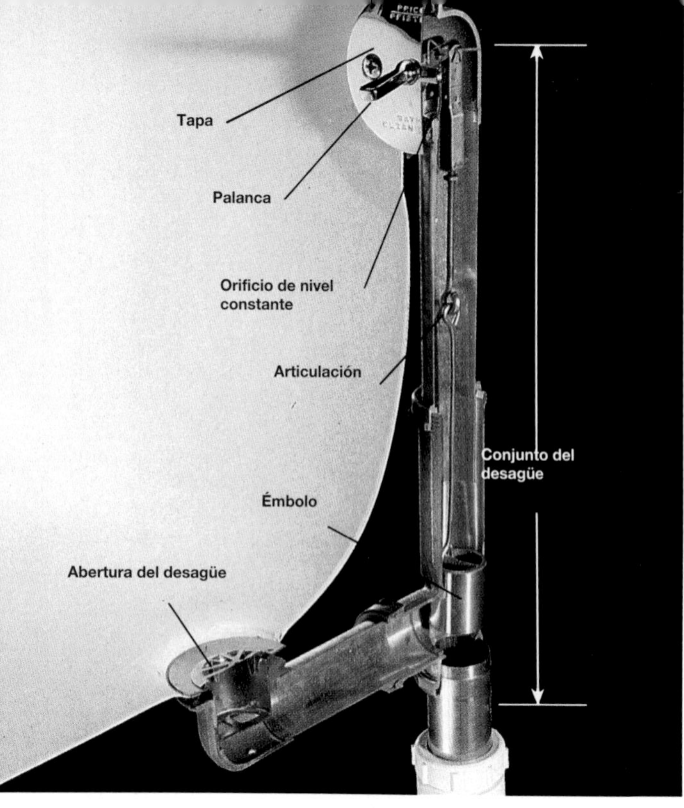

El desagüe de émbolo de bañera cuenta con un tapón (émbolo) hueco de latón que corre hacia arriba y abajo dentro del tubo de nivel constante para sellar el flujo de agua. El émbolo se mueve por medio de una palanca y una articulación que corren a través de dicho tubo.

Cuando el agua sale de la bañera lentamente, o no sale en absoluto, es necesario desmontar e inspeccionar el sistema de desagüe. Tanto el mecanismo de desagüe de émbolo como el de tapón retráctil pueden ser obstruidos por cabellos y otros elementos.

Si el limpiar el conjunto del desagüe no pone fin al problema, será señal de que el tubo de desagüe de la bañera está obstruido, y habrá que limpiarlo con un émbolo o con una sonda de mano. Colocar siempre un trapo húmedo en la abertura de nivel constante antes de bombear el desagüe de la bañera. Ello impide que el aire rompa la succión del émbolo. Al utilizar una sonda, siempre se debe introducir el cable hacia abajo por el orificio de nivel constante del desagüe.

Si la bañera no conserva el agua teniendo cerrado el desagüe o si continúa vaciándose lentamente aún después de haber limpiado el sistema, éste requerirá un ajuste. Para ello es necesario desmontar y seguir las instrucciones que aparecen en la página siguiente.

Antes de comenzar:

Herramientas: émbolo, desarmador, cepillo pequeño de alambre, alicates ajustables, sonda de mano.

Materiales: vinagre, grasa a prueba del calor, trapo.

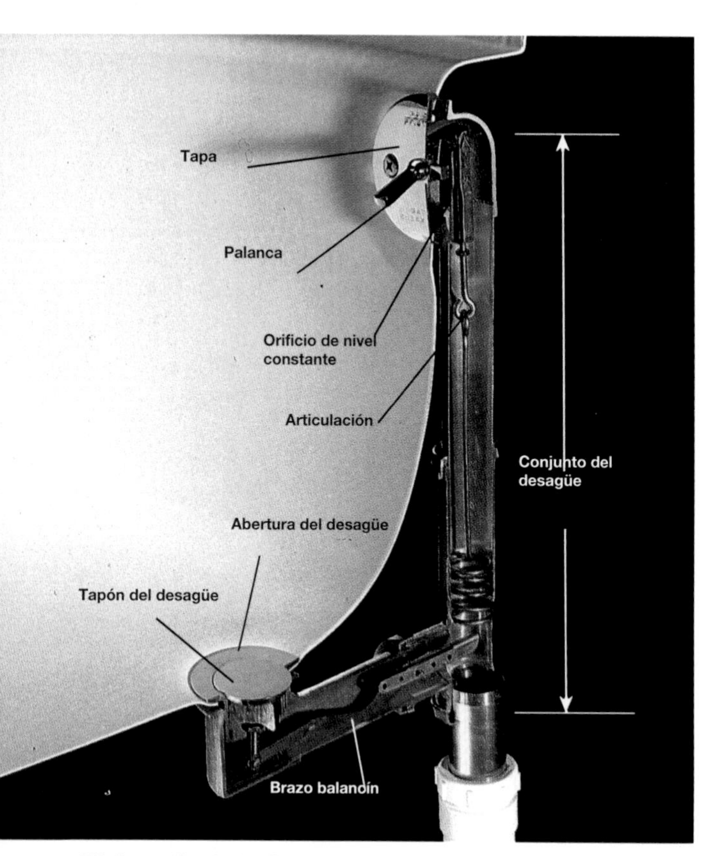

El desagüe de bañera de tapón retráctil cuenta con una palanca de balancín que abre o cierra el tapón metálico del desagüe. El balancín se mueve por medio de una palanca y articulación que corren a través del tubo de nivel constante.

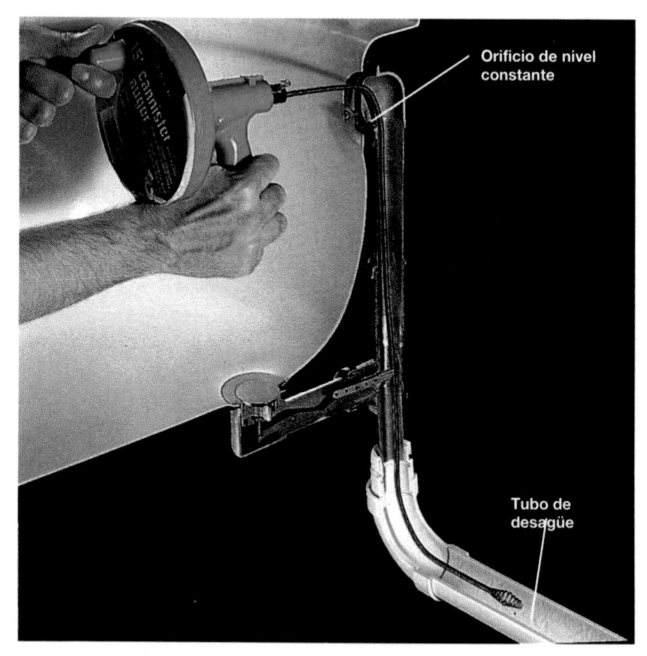

Limpiar el desagüe de la bañera metiendo el cable de la sonda por el orificio de nivel constante. En primer lugar, retirar la tapa y sacar con cuidado la articulación del drenaje (ver página opuesta). Meter en el cable de la sonda por el orificio hasta sentir una resistencia (páginas 88 y 89). Después de usar la sonda reinstalar la articulación del drenaje. Abrir éste y hacer circular agua caliente por el drenaje, para que dicha agua retire cualquier suciedad.

Cómo limpiar y ajustar un drenaje de bañera de émbolo.

1 Quitar los tornillos de la tapa. Retirar con cuidado la tapa, la articulación, y el émbolo por el orificio de nivel constante.

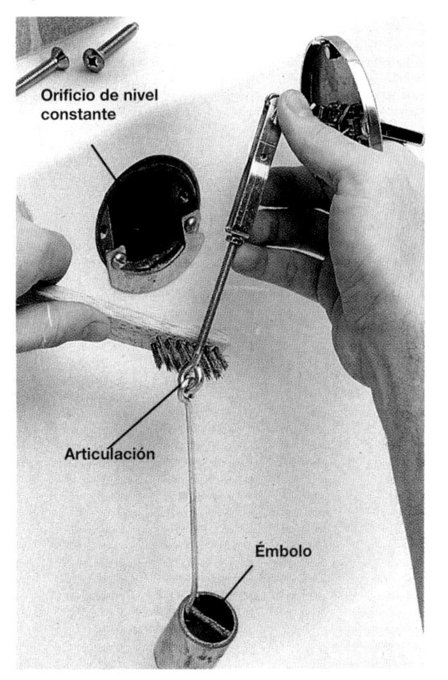

2 Limpiar la articulación y el émbolo con un cepillo de alambre empapado en vinagre. Lubricar el conjunto con grasa a prueba de calor.

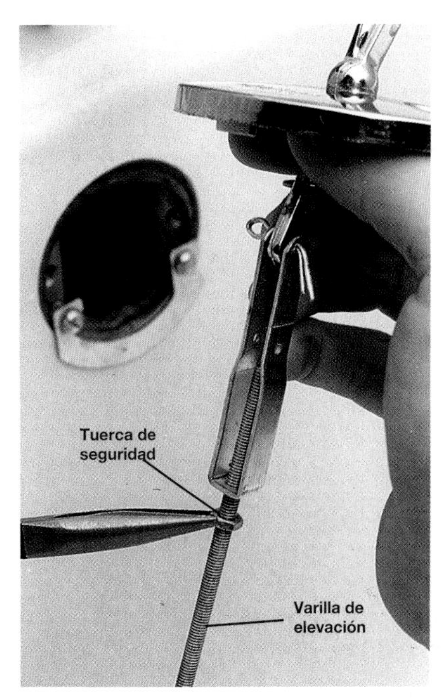

3 Ajustar el flujo del desagüe y eliminar las fugas ajustando la articulación. Destornillar la tuerca de seguridad en la varilla roscada de elevación, utilizando unos alicates con punta de aguja. Atornillar hacia abajo aproximadamente 1/8" (3 mm). Apretar la tuerca de seguridad y reinstalar el conjunto.

Cómo limpiar y ajustar un drenaje de bañera de tapón retráctil

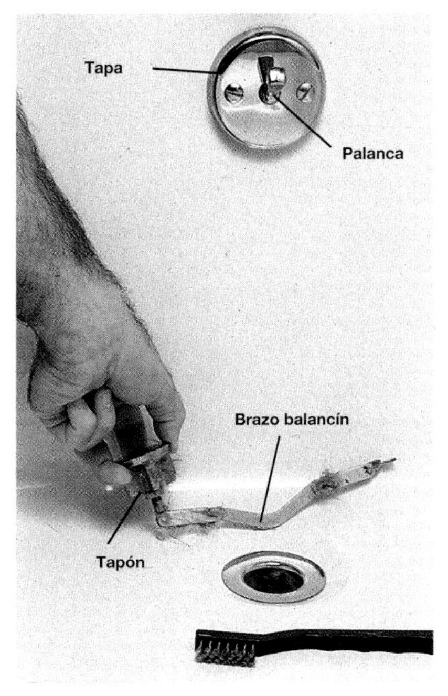

1 Colocar la palanca en la posición de abierto. Retirar con cuidado la tapa y la palanca de balancín del orificio de drenaje. Eliminar los cabellos o suciedad de la palanca usando un cepillo de alambre.

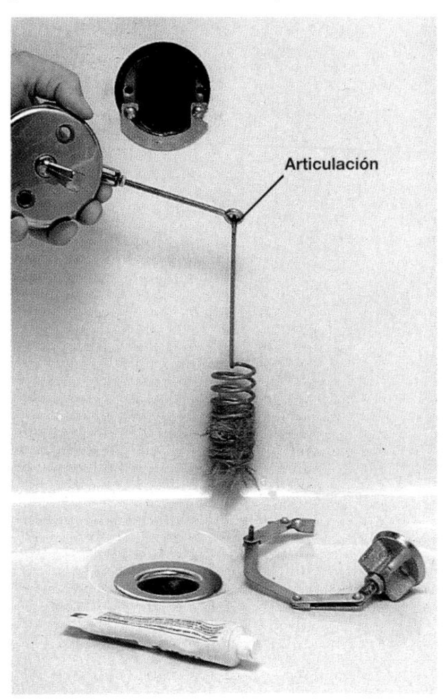

2 Quitar los tornillos de la tapa. Retirar ésta, la palanca y la articulación del tubo constante. Eliminar restos de cabello y suciedad. Quitar la corrosión con un cepillo de alambre empapado de vinagre. Lubricar la articulación con grasa a prueba de calor.

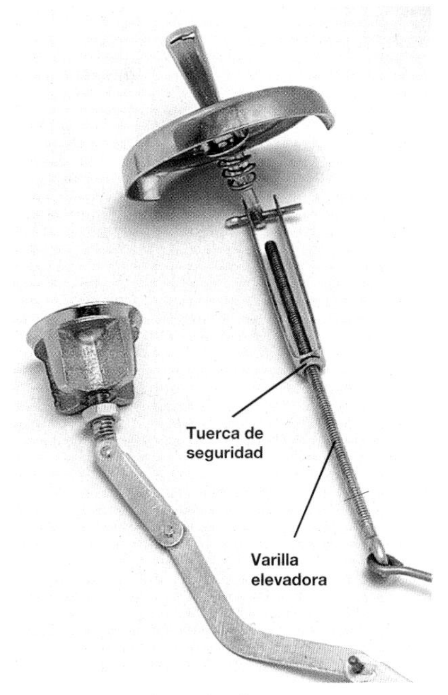

3 Ajustar el flujo de desagüe y reparar las fugas ajustando la articulación. Aflojar la tuerca de seguridad de la varilla roscada de elevación y atornillar esta última aproximadamente 1/8" (3 mm). Apretar la tuerca de seguridad y reinstalar el conjunto.

Un colector es un recipiente de plomo o de hierro colado. Generalmente hay más de un tubo de drenaje conectado a dicho colector. Los colectores no cuentan con ventilación, su uso ha dejado de estar aprobado en las nuevas instalaciones de plomería.

Eliminación de obstrucciones en colectores

En las casas viejas, las obstrucciones en lavabos o bañeras pueden ser ocasionados por el bloqueo de los tubos de drenaje conectados al colector. Es necesario retirar la tapa del colector y utilizar una sonda de mano para limpiar cada uno de los tubos de desagüe.

Los colectores generalmente están ubicados en el piso cerca de la bañera. Se les identifica por una tapa plana atornillada o por un tapón al ras del piso. En algunos casos, esta pieza se encuentra bajo el piso. Este tipo de colector debe estar colocado en forma invertida de manera que la tapa resulte accesible desde la parte de abajo.

Antes de comenzar:

Herramientas: llave ajustable, sonda de mano.

Materiales: trapos o toallas, aceite penetrante, cinta Teflón [MR].

Cómo eliminar obstrucciones en colectores

1 Colocar trapos o toallas alrededor del colector para absorber el agua que pueda salir por los tubos.

2 Quitar la tapa del colector utilizando una llave ajustable. Es necesario trabajar con cuidado, porque los colectores antiguos pueden estar hechos de plomo, el cual se vuelve quebradizo con el tiempo. Si la tapa no se destornilla fácilmente, aplicar aceite penetrante para lubricar las roscas.

3 Utilizar una sonda de mano (páginas 88 y 89) para limpiar cada uno de los tubos de drenaje. Envolver las roscas de la tapa con cinta Teflón[MR] y reinstalar aquélla. Hacer circular agua caliente durante cinco minutos por todos los tubos del desagüe. **Los drenajes de piso obstruidos** se limpian utilizando una sonda de mano.

Eliminación de obstrucciones en desagües de piso

Cuando el agua se desborda a través de la tapa del drenaje, seguramente hay una obstrucción, bien sea en el tubo de drenaje del piso, en el sifón de drenaje, o en el tubo de alcantarillado. Las obstrucciones en el tubo de drenaje o en el sifón pueden ser eliminadas con una sonda de mano o con una boquilla de presión. Para limpiar el tubo de alcantarillado véase la página 96.

La boquilla de presión especialmente útil en la limpieza de obstrucciones en los tubos de drenaje de piso. Este aditamento se une a una manguera de jardín y se mete directamente por el tubo de drenaje del piso. La boquilla libera un chorro poderoso que desplaza la obstrucción.

Antes de comenzar:

Herramientas: llave ajustable, desarmador, sonda de mano, boquilla de presión.

Materiales: manguera de jardín.

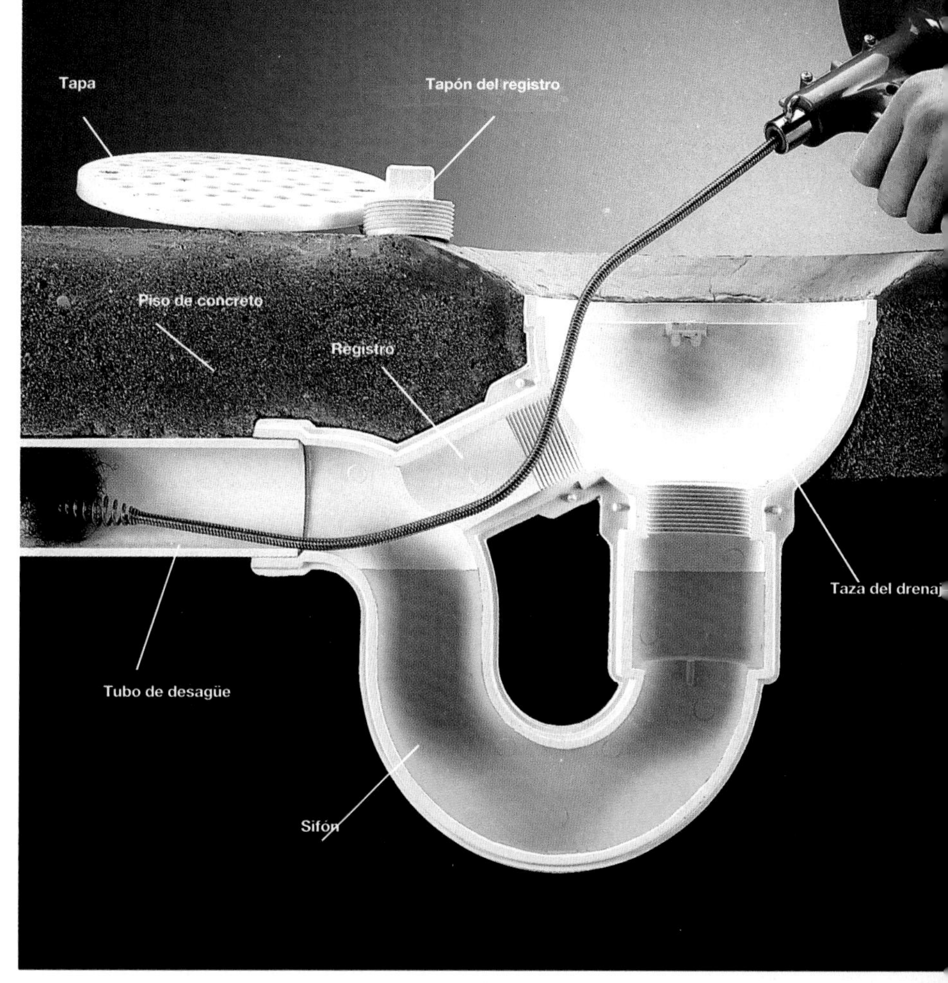

Quitar la tapa del drenaje y utilizar una llave para destornillar la tapa del registro de la taza del drenaje. Meter y empujar el cable de la sonda por el registro introduciéndola en el tubo de drenaje.

Cómo utilizar una boquilla de presión para limpiar un drenaje de piso

1 Acoplar la boquilla a la manguera de jardín y conectar ésta a un grifo para manguera o a una llave con punta roscada.

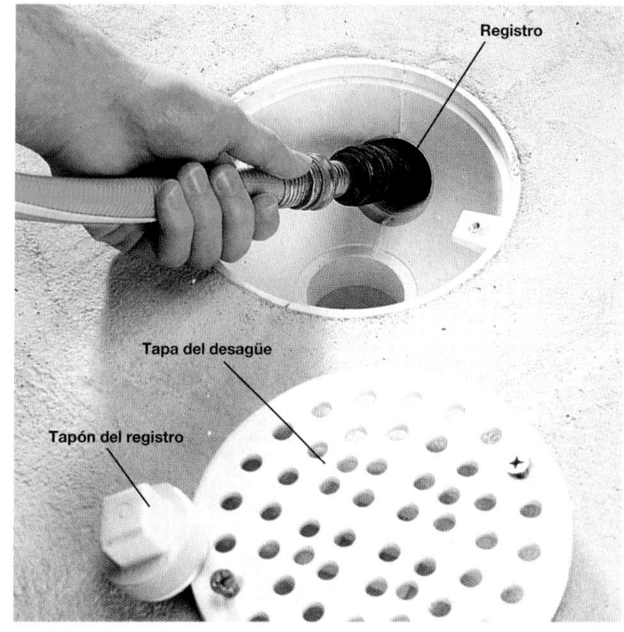

2 Quitar la tapa de drenaje y el tapón del registro. Meter completamente la boquilla en el registro y dejar correr el agua. Hacer que el agua fluya durante varios minutos para que la boquilla trabaje correctamente.

Eliminación de obstrucciones en los tubos principal y secundarios de drenaje

Si mediante el uso de una bomba o una sonda de mano no se elimina una obstrucción en el tubo de drenaje de alguna instalación, esto quiere decir que el bloqueo puede encontrarse en un tubo secundario de drenaje, en el tubo principal de drenaje y ventilación, o en el tubo de alcantarillado (véase la fotografía de la página 7).

El primer paso es utilizar una sonda para limpiar la línea secundaria de drenaje que esté más cercana del aparato o instalación que presente la falla.

Los tubos secundarios de drenaje pueden ser limpiados a través de los registros ubicados en un extremo de los mismos. Debido a que el agua del drenaje puede retornar a los tubos, los registros deberán abrirse con precaución. Colocar una cubeta y trapos debajo del orificio para recoger el agua de desperdicio. El lector no deberá colocarse nunca directamente debajo de un registro mientras destornilla la tapa.

Si el usar una sonda en la línea secundaria no resuelve el problema, la obstrucción puede estar localizada en una chimenea principal de detritus y ventilación. Para limpiar la chimenea se introduce sonda por la abertura del techo. Hay que asegurarse de que el cable de la sonda tiene la longitud suficiente para recorrer toda la chimenea. Si no es así, puede ser necesario rentar o conseguir otra sonda.

Si no existe una obstrucción en la chimenea principal, el problema puede localizarse en el tubo de alcantarillado. Localizar el primer registro, el cual generalmente tiene una forma de "Y" y se encuentra en el fondo de la chimenea principal de detritus y ventilación. Quitar el tapón e introducir el cable de la sonda por el orificio.

Los tubos de alcantarillado en algunas casas antiguas cuentan con un sifón doméstico, el cual tiene forma de "U" y está situado en el punto en que el tubo de la alcantarilla sale de la casa. La mayoría de estos accesorios se encuentran bajo el piso, pero pueden identificarse por sus dos orificios. Para limpiar este sifón, utilizar una sonda de mano.

Si la sonda tropieza con una resistencia sólida en el tubo del alcantarillado, recoger el cable e inspeccionar su punta. Si hay raíces delgadas como cabellos en la punta de la sonda, ello indica que la tubería está obstruida con raíces de árbol. Si la punta de la sonda presenta suciedad, esto indica que el tubo se ha roto y la línea está atascada.

Utilizar una sonda motorizada para limpiar los tubos del alcantarillado que se encuentren obstruidos con raíces de árbol. Las sondas (página 13) se consiguen en los centros de alquiler de herramienta. Sin embargo, esta es una herramienta grande y pesada. Antes de alquilarla es necesario tener presente el costo del alquiler y el nivel de habilidad propia, y compararlas con el precio de un servicio profesional de limpieza de tuberías. Si se renta la sonda, se deberá solicitar instrucciones completas acerca de la forma de operación del equipo.

Consultar siempre a un servicio de limpieza profesional de alcantarilla si se sospecha que el tubo se ha roto.

Antes de comenzar:

Herramientas: llave ajustable o llave para tubos, sonda de mano, cortafrío, martillo de bola.

Materiales: cubeta, trapos, aceite penetrante, tapón de registro (si es necesario), pasta de grafito para uniones de tubos.

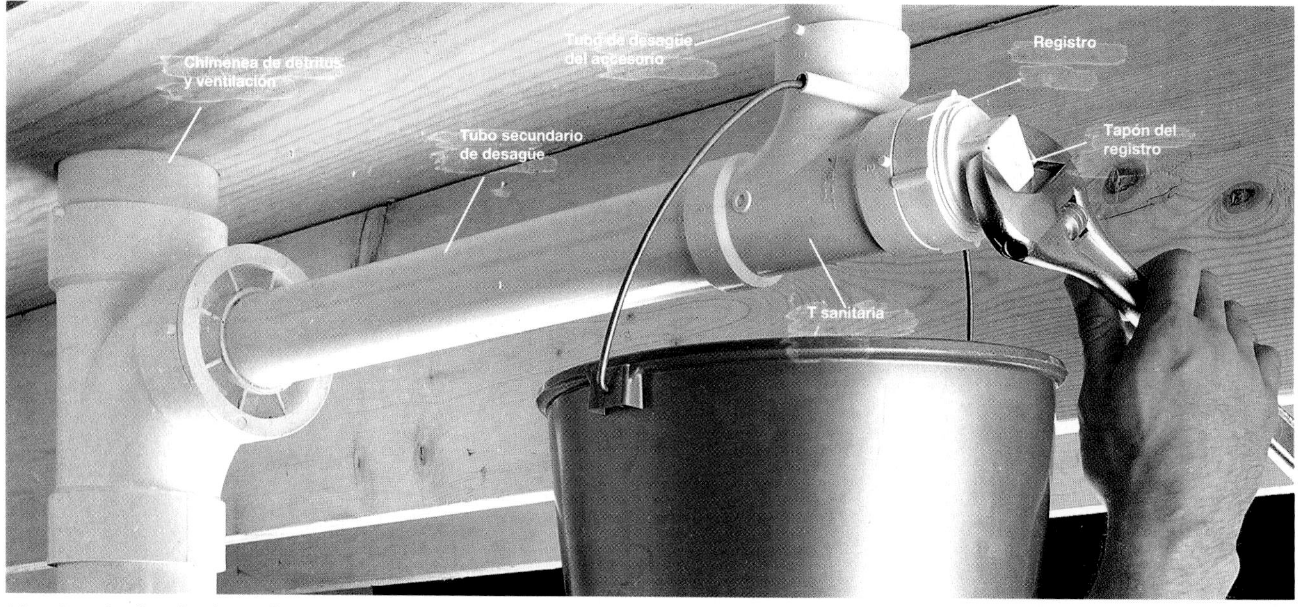

Limpiar el tubo de desagüe secundario, localizando el registro que se encuentra al final del tubo. Colocar una cubeta bajo su abertura, para recoger el agua de desperdicio y destornillar lentamente el tapón usando una llave ajustable. Limpiar las obstrucciones en el tubo secundario de drenaje usando una sonda de mano (páginas 88 a 89).

Limpiar la chimenea principal de detritus y ventilación introduciendo el cable de una sonda de mano a través de la abertura de ventilación del techo. Tener el máximo cuidado cuando se trabaje en una escalera o en el techo.

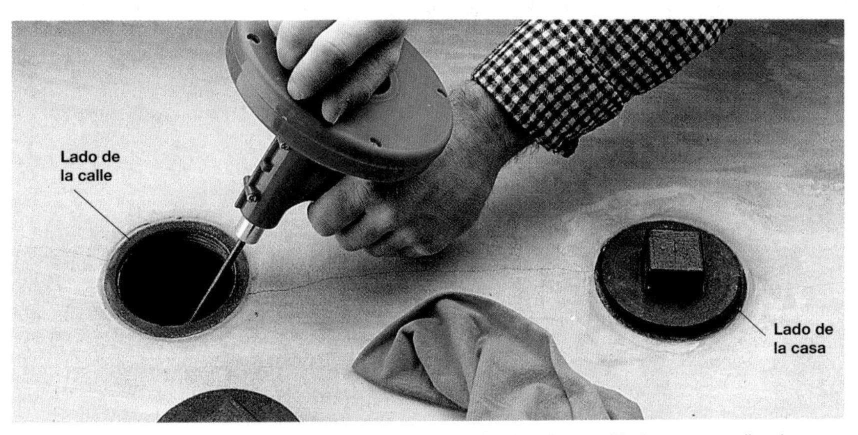

Limpiar el sifón doméstico situado en la tubería de alcantarillado por medio de una sonda de mano. Retirar únicamente el tapón que se encuentra en el "lado de la calle". Si sale agua al quitar el tapón, la obstrucción se encuentra en el tubo de alcantarillado más allá del sifón. Si no sale agua, introducir la sonda en el sifón. Si éste no presenta ninguna obstrucción reinstalar el tapón del lado de la calle y retirar el del lado de la casa. Utilizar la sonda para eliminar las obstrucciones que se encuentren entre el sifón doméstico y la chimenea principal.

Cómo quitar y cambiar el tapón del registro del desagüe principal

1 Retirar el tapón del registro, utilizando una llave grande. Si el tapón no da vuelta aplicar aceite penetrante alrededor del mismo, esperar 10 minutos y reintentar. Colocar trapos y una cubeta bajo el registro para que reciba el agua que pueda salir del tubo.

2 Si el tapón está apretado, colocar la punta del cortafríos en el reborde del tapón. Golpear el cortafríos con un martillo de bola, para lograr que el tapón se mueva en dirección contraria a la de las manecillas del reloj. Si no gira, romperlo con el cortafríos y el martillo y eliminar las piezas rotas.

3 Cambiar el tapón viejo por un tapón nuevo de plástico. Aplicar pasta de grafito para juntas de tubos sobre las roscas del tapón nuevo y atornillarlo en el registro.

Alternativa: Cambiar el tapón viejo por un tapón expansible de goma. Una llave de mariposa aprieta el núcleo de goma que se encuentra entre las dos placas de metal. La goma se expande levemente, para lograr un sello a prueba de fugas.

Plomería de bañera y regadera

Las llaves de bañera y regadera tienen el mismo diseño básico que las llaves de lavabo, y la técnica para reparar sus fugas es la misma que se describe en la sección de reparación de llaves (páginas 49 a 59). Para identificar el mecanismo de la llave puede ser necesario desmontar la manija y desarmar la llave.

Cuando la bañera y la regadera se combinan en una sola unidad, la cabeza de la regadera y la espita de la bañera comparten los mismos tubos y manijas de suministro de agua caliente y fría. Existen juegos de tres, dos o una sola manija (ver fotografía).

Reparación de bañera y regadera

Los conjuntos de bañera y regadera de tres manijas (páginas 100 y 101) poseen válvulas cuyos mecanismos pueden ser de compresión o de cartucho.

El número de manijas indica cuál es el mecanismo de la llave y los tipos de reparación que pueden ser necesarios.

Las llaves de combinación usan una válvula o compuerta desviadora para dirigir el flujo de agua a la espita de la bañera o a la cabeza de la regadera. En los tipos de llave con tres manijas, la de enmedio controla la válvula desviadora. Si la dirección del agua no cambia fácilmente o si el agua sale por la espita mientras sale también por la regadera, es probable que la válvula requiera limpieza y reparación. (Páginas 100 a 101.)

Los conjuntos de dos manijas o de una sola manija utilizan una compuerta desviadora operada por una palanca o botón que se encuentra en la espita de la bañera. Aun cuando la válvula o compuerta raramente requieren reparación, puede ocurrir que la palanca se rompa, se suelte, o no se mantenga en la posición UP (arriba). Para reparar una compuerta desviadora situada en la espita de la bañera, se deberá reemplazar la espita completa (página 103).

Las llaves de bañera y regadera y las válvulas desviadoras pueden encontrarse empotradas en el muro. Para desmontarlas puede ser necesario contar con una llave de trinquete y cubos largos (página 101, 103).

Si la aspersión de la regadera es desigual, es necesario limpiar los orificios de la cabeza. Si ésta no se mantiene en su posición correcta, habrá que desmontarla y cambiar la junta tórica (página 106).

Para agregar una regadera a una bañera ya existente, instalar un adaptador flexible para regadera (página 107). Algunos fabricantes producen un juego de conversión completo que permiten instalar una regadera en menos de una hora.

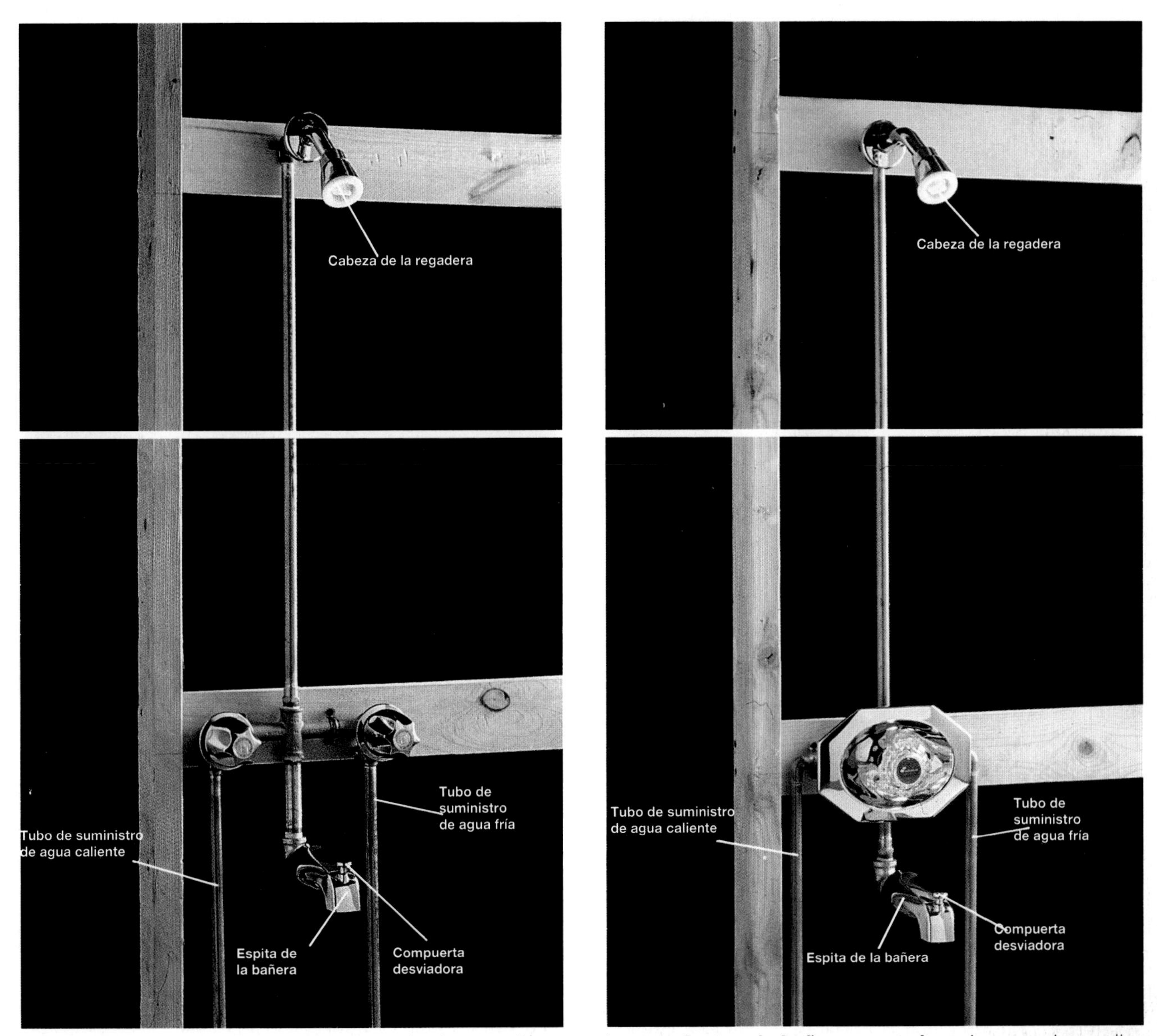

Los conjuntos de bañera y regadera de dos manijas (páginas 102 y 103) cuentan con válvulas cuyo mecanismo es de compresión o de cartucho.

Los conjuntos de bañera y regadera de una sola manija (páginas 104 y 105) cuentan con válvulas cuyo mecanismo puede ser de cartucho, de bola o de disco.

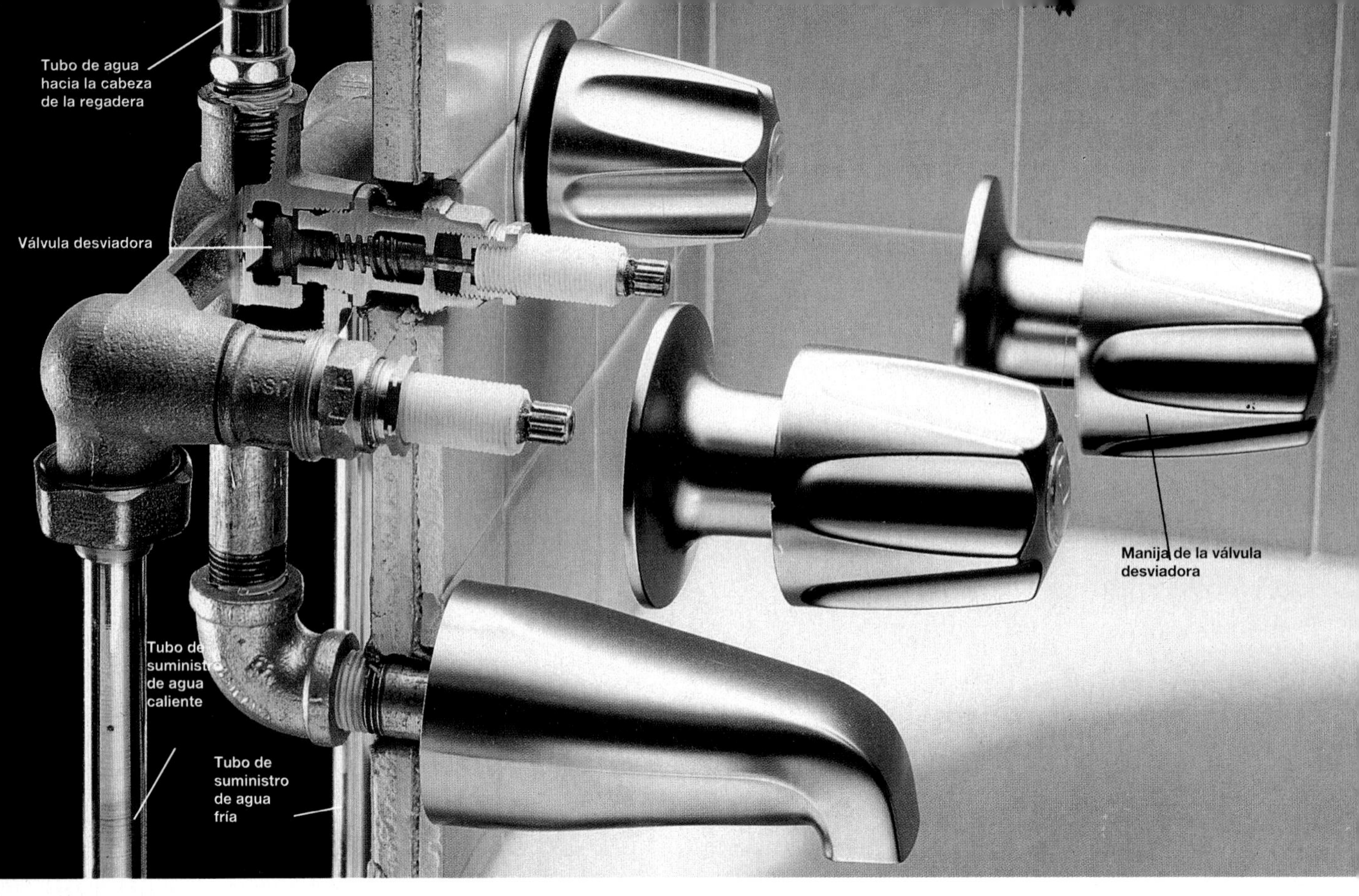

Reparación de un conjunto de bañera y regadera con tres manijas

Las llaves con este mecanismo cuentan con dos manijas para controlar el flujo de agua caliente y la fría, y una tercera que controla la válvula desviadora y dirige el agua ya sea a la bañera o a la cabeza de la regadera. Las llaves separadas del agua caliente y fría indican que el mecanismo de la llave es de cartucho o de compresión. La reparación de las llaves de cartucho se expone en las páginas 52 y 53, y la de las llaves de compresión, en las páginas 54 a 57.

Si la válvula desviadora se atora, si el flujo de agua es lento, o si el agua sigue saliendo por la espita de la bañera aun cuando el flujo se envía a la cabeza de la regadera, será necesario reparar o cambiar dicha válvula. La mayoría de éstas son semejantes a las válvulas de las llaves de compresión o de cartucho. Las válvulas desviadoras de compresión pueden ser reparadas, pero las de cartucho deben ser reemplazadas.

Recuerde cerrar el paso del agua antes de comenzar el trabajo (página 6)

Antes de comenzar:

Herramientas: desarmador, llave ajustable o alicates ajustables, llave de trinquete y cubos largos, cepillo de alambre.

Materiales: repuesto del cartucho de la válvula de desviación o juego universal de arandelas, grasa a prueba de calor, vinagre.

Cómo reparar una válvula desviadora de compresión

1 Desmontar la manija de la válvula de desviación usando un desarmador. Destornillar o jalar hacia afuera el escudete.

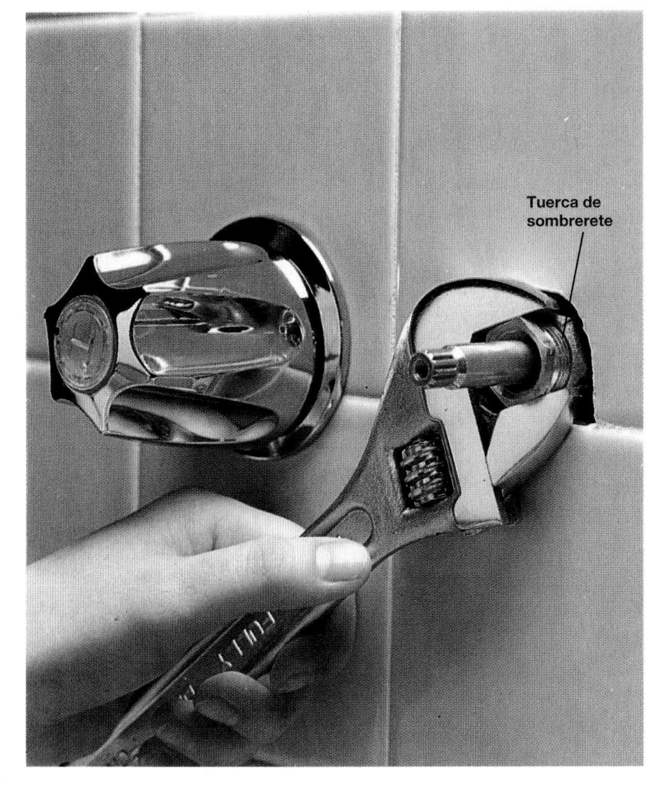

2 Quitar la tuerca de sombrerete con una llave o alicates ajustable.

3 Destornillar el conjunto de la espiga utilizando una llave de trinquete y un cubo largo. Si es necesario, eliminar el mortero que rodea la tuerca de sombrerete (página 103 paso 2).

4 Quitar el tornillo de latón de la espiga. Reemplazar la arandela de la misma con un duplicado exacto. Cambiar el tornillo de la espiga si está desgastado.

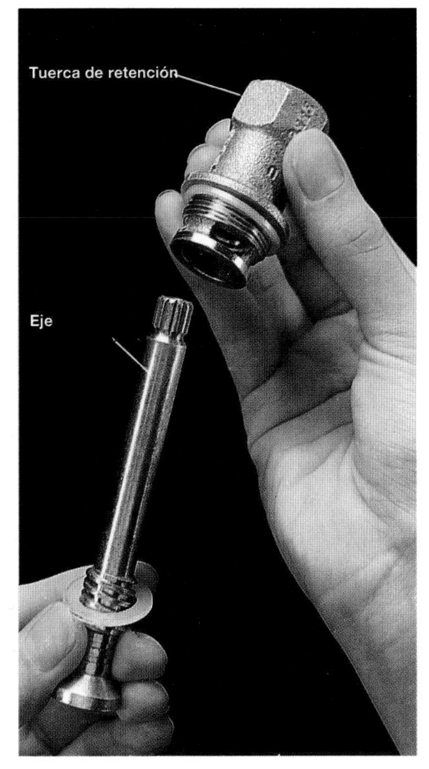

5 Destornillar la tuerca de retención del eje roscado.

6 Limpiar el sedimento y la formación de cal de la tuerca, usando un cepillo de alambre empapado en vinagre. Lubricar todas las partes con grasa a prueba de calor y reensamblar la válvula.

Reparación de un conjunto de bañera y regadera con dos manijas

Los conjuntos de dos manijas de bañera y regadera emplean el mecanismo de cartucho o de compresión. La reparación de las primeras se expone en las páginas 52 y 53, y de las de compresión en las páginas 54 a 57. Debido a que las válvulas de dos manijas para bañera y regadera pueden estar empotradas en el muro, será necesario contar con una llave de trinquete y un cubo largo para desmontar la espiga de la válvula.

Los conjuntos de dos manijas para bañera y regadera emplean una compuerta desviadora. Ésta se compone de un mecanismo simple localizado en la espita de la bañera. Una compuerta desviadora dirige el suministro de agua hacia la espita de la bañera o bien, hacia la cabeza de la regadera. Las compuertas no requieren ser reparadas con frecuencia. En ocasiones, la palanca puede romperse, soltarse, o no permanecer en la posición UP (arriba).

Si la compuerta deja de funcionar correctamente, es necesario cambiar la espita de la bañera. Ésta es barata y fácil de cambiar.

Recuerde cerrar el paso del agua (página 6) antes de iniciar el trabajo

Antes de comenzar:

Herramientas: desarmador, llave allen, llave para tubos, pinzas ajustables, cortafríos pequeño, martillo de bola y llave de trinquete con cubo largo.

Materiales: trapos o tela adhesiva, pasta de grafito para juntas de tubos, las refacciones de la llave que sean necesarias.

Sugerencias para cambiar la espita de la bañera

Revisar la parte inferior de la espita, observando si tiene una ranura de acceso. La ranura indicará que la boquilla se mantiene en su lugar por medio de un tornillo allen. Quitar el tornillo usando una llave allen. Deslizar la espita, hacia afuera.

Destornillar la espita de la llave. Utilizar una llave para tubo, o meter un desarmador grande o el mango de un martillo en la espita y girar en el sentido de las manecillas del reloj.

Extender pasta de grafito para juntas de tubos sobre las roscas del tubo de la espita antes de volverla a instalar.

Cómo desmontar una válvula de llave empotrada en el muro

1 Quitar la manija y destornillar el escudete con unos alicates ajustables. Cubrir las mordazas de éstos con cinta adhesiva para evitar que causen daños en la superficie cromada del escudete.

2 Retirar el mortero que rodea la tuerca de la tapa, utilizando un martillo de bola y un cortafríos pequeño.

3 Destornillar la tuerca de la tapa utilizando una llave de trinquete y un cubo largo. Retirar la tuerca de sombrerete y la espiga del cuerpo de la llave.

Reparación de un conjunto de bañera y regadera de una sola manija

Un conjunto de bañera y regadera de una sola manija cuenta con una válvula que controla tanto el flujo del agua como su temperatura. Las llaves de una sola manija pueden ser de bola, de cartucho, o de disco.

Si un conjunto de una sola manija presenta fugas o no funciona correctamente es necesario desarmar la llave, limpiar la válvula y cambiar las partes desgastadas. Las técnicas de reparación para las llaves de bola aparecen en las páginas 50 y 51, y de las de disco, en las páginas 58 y 59. En la página opuesta se muestra cómo reparar una llave de cartucho de una sola manija.

La dirección del flujo de agua se controla mediante una compuerta desviadora que rara vez requiere reparación. Ocasionalmente la palanca se rompe, se suelta o no permanece en la posición UP (arriba). Si la compuerta desviadora deja de funcionar correctamente, cambiar la espita de la bañera (página 103).

Antes de comenzar:

Herramientas: desarmador, llave ajustable, pinzas ajustables.

Materiales: las partes de recambio que se requieren.

Reparación de llave de cartucho en un conjunto de una manija para bañera y regadera

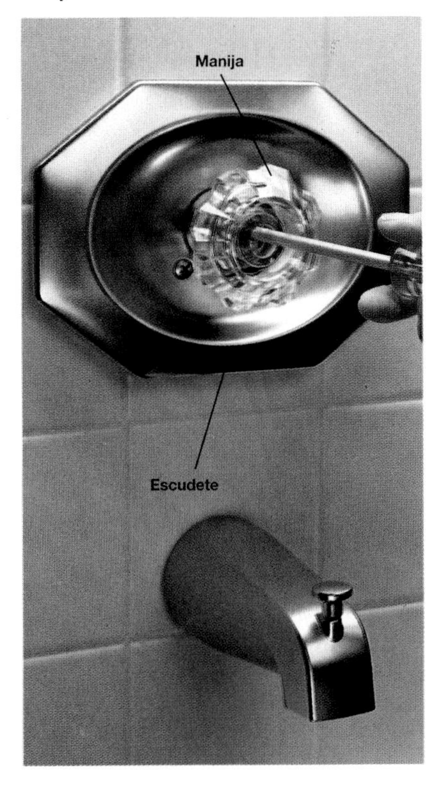

1 Usar un desarmador para desmontar la manija y el escudete.

2 Cerrar el suministro de agua por medio de la válvula de cierre o la válvula principal (página 6).

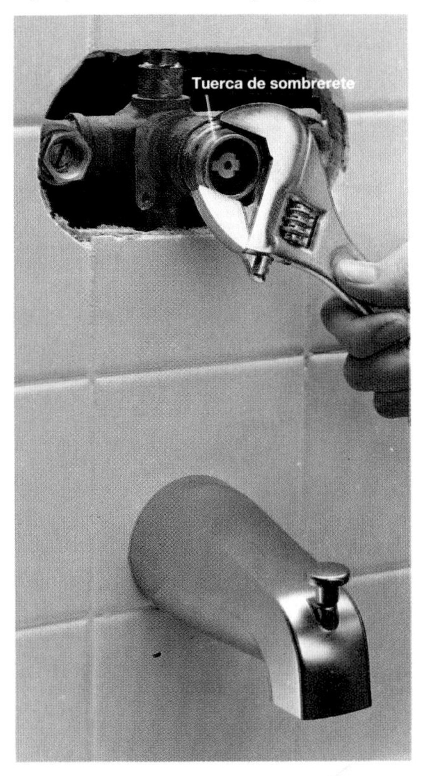

3 Destornillar y desmontar el anillo de retención y la tuerca de sombrerete, usando una llave ajustable.

4 Desmontar el conjunto del cartucho agarrando la punta de la válvula con unas pinzas ajustables, y tirando suavemente.

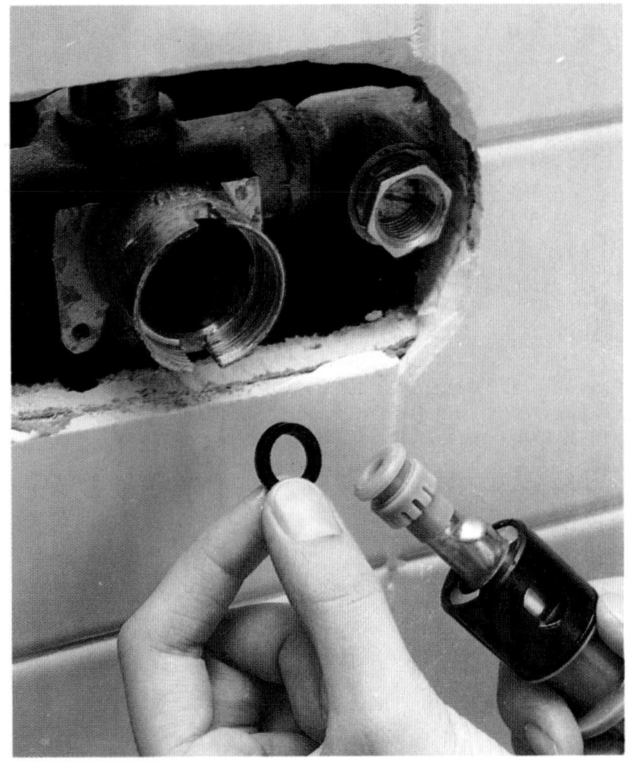

5 Lavar el cuerpo de la válvula con agua limpia, para eliminar los sedimentos. Cambiar las juntas tóricas desgastadas. Colocar de nuevo el cartucho y probar la válvula. Si la llave no funciona correctamente, cambiar el cartucho.

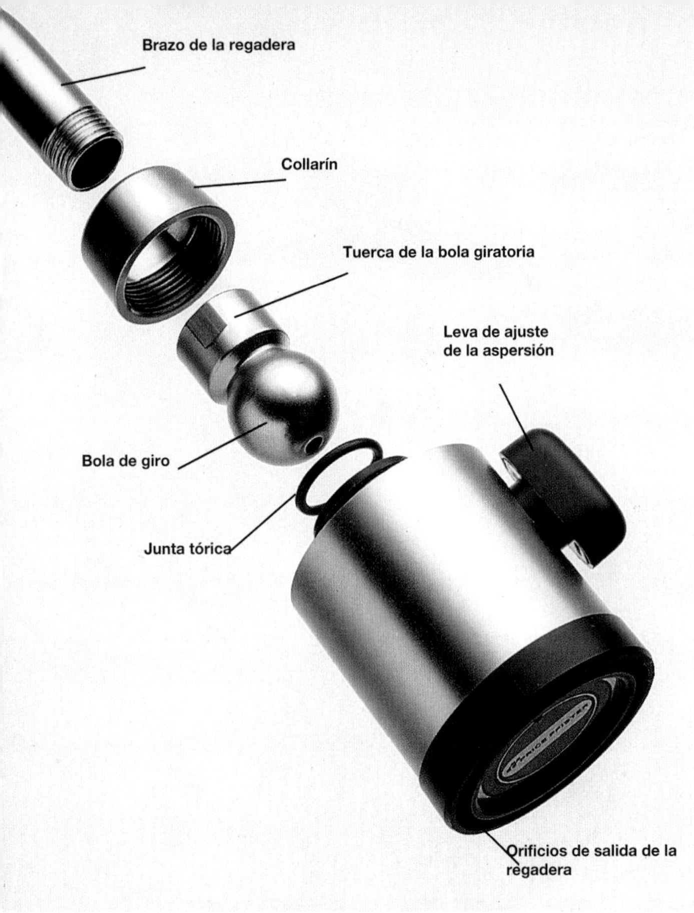

La cabeza de regadera típica puede ser desarmada fácilmente para su reparación o limpieza. Algunas de ellas incluyen una palanca de leva para ajustar la fuerza de aspersión.

Reparación y cambio de la cabeza de una regadera

Si la aspersión es irregular, limpiar los orificios de la cabeza, ya que pueden estar obstruidos por depósitos minerales.

La cabeza de regadera puede moverse en distintas direcciones. Si no se mantiene en posición o presenta fugas, es necesario reemplazar la junta tórica que sirve de sello contra la bola de giro.

Es posible instalar una regadera en una bañera colocada previamente usando un conjunto adaptador flexible. Dichos conjuntos se consiguen en las ferreterías y en los comercios de productos para el hogar.

Antes de comenzar:

Herramientas: llave o alicates ajustables, llave para tubos, taladro, broca para cristal y mosaico (si es necesaria), mazo, desarmador.

Materiales: cinta adhesiva, alambre delgado (clip para papeles), grasa a prueba de calor, trapo, juntas tóricas nuevas (si se requieren), anclas para mampostería, conjunto flexible para regadera (si es necesario).

Cómo limpiar y reparar una cabeza de regadera

1 Destornillar la tuerca de la bola de giro, usando una llave o alicates ajustables. Colocar cinta adhesiva en las mordazas de la herramienta para evitar daños al acabado. Destornillar la tuerca de collarín de la cabeza.

2 Limpiar los orificios interiores y exteriores de la cabeza usando un alambre delgado. Lavar la pieza con agua limpia.

3 Cambiar la junta tórica si es necesario. Lubricar esta última con grasa a prueba de calor antes de instalarla.

Cómo instalar un adaptador flexible a la regadera

1 Desmontar la espita vieja de la bañera (página 103). Instalar la espita nueva incluida en el conjunto usando una llave para tubos. La espita nueva tiene una salida para adaptar la manguera. Envolver la espita con un trapo para evitar daños al latón cromado.

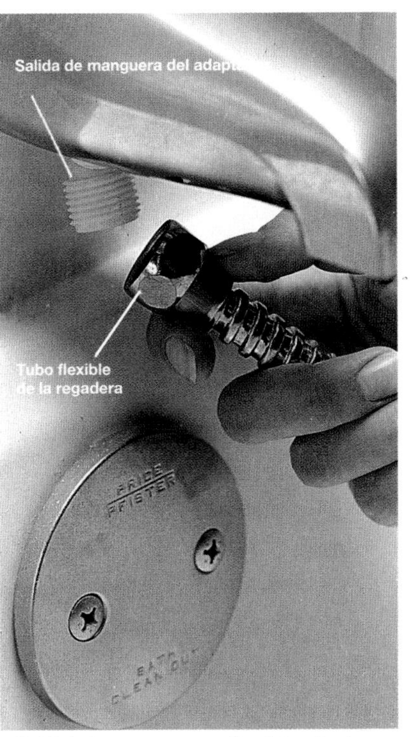

2 Unir la manguera flexible de la regadera a la salida del adaptador. Apretar con unos alicates ajustables o con una llave ajustable.

3 Determinar la ubicación del colgador. Utilizar la manguera como guía y asegurarse de que la cabeza podrá ser colocada y retirada fácilmente de su colgador.

4 Marcar los sitios para las perforaciones. Utilizar una broca para mosaico y cristal para hacer los agujeros en la loseta de cerámica en la que se insertarán los anclajes para mampostería.

5 Introducir los anclajes en los agujeros golpeándolos con un mazo de madera o de goma.

6 Sujetar el colgador de la manguera en la pared y colocar la cabeza de la regadera en el mismo.

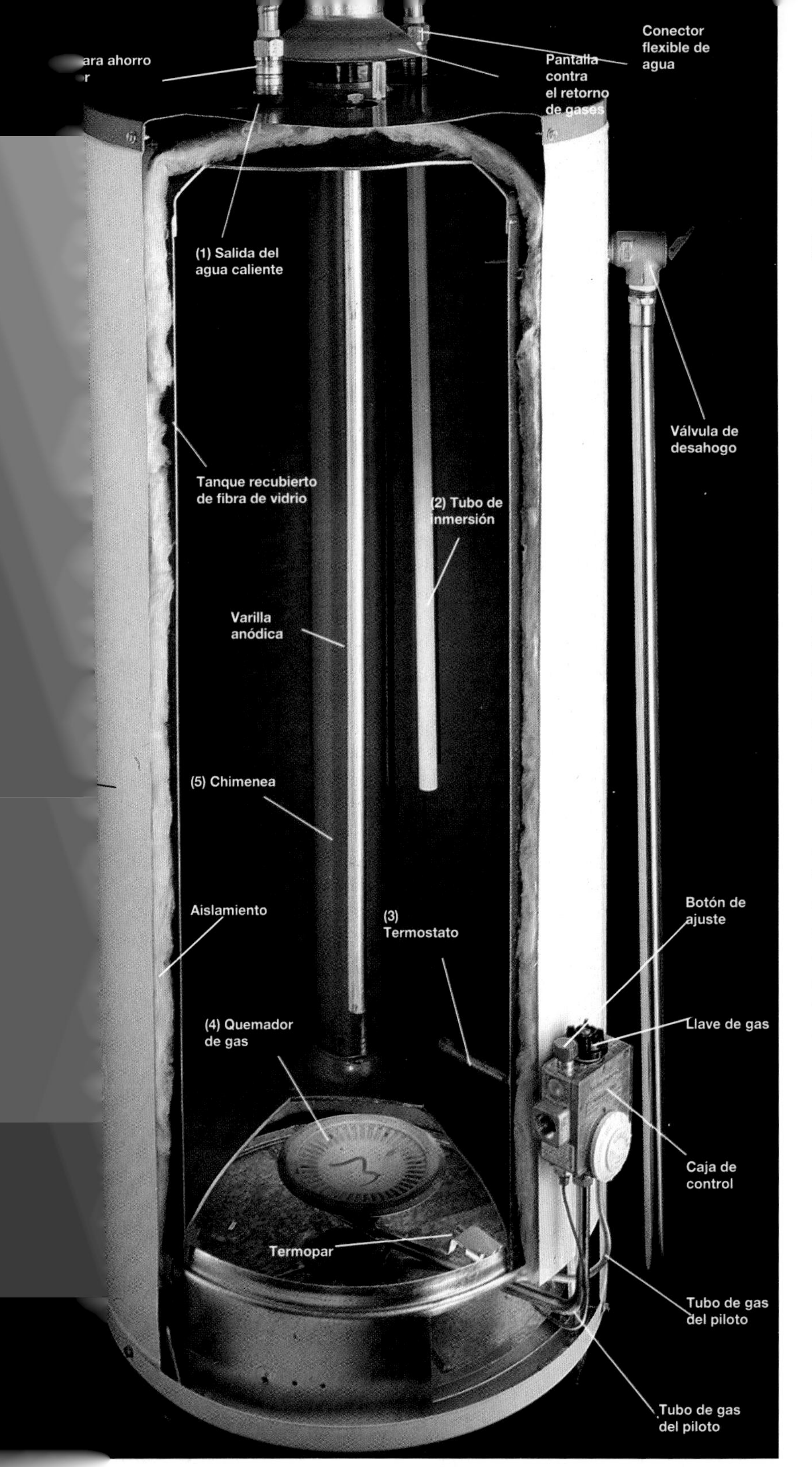

ınciona un calentador de agua por gas: El agua caliente sale del tanque bo de agua caliente (1), mientras que el agua fría entra al calentador por de inmersión (2). A medida que baja la temperatura, el termostato (3) válvula de gas, y el quemador de gas (4) se enciende por medio del pilogases de la combustión escapan por la chimenea (5). Cuando el agua la temperatura que se ha determinado, el termostato cierra la válvula de calentador se apaga. El termopar protege contra las fugas de gas, ceutomáticamente la entrada cuando el piloto se apaga. La varilla anódica el recubrimiento del tanque contra el óxido, atrayendo los elementos os del agua. La válvula de desahogo protege contra rupturas ocasioor la formación de vapor en el tanque.

Reparación de un calentador de agua

Los calentadores estándar están diseñados de manera que las reparaciones resulten fáciles. Todos los calentadores de agua cuentan con tableros de acceso para reemplazar fácilmente las partes desgastadas. Al comprar refacciones para el calentador, es necesario asegurarse de que éstas coincidan con las especificaciones del mismo. La mayoría de los calentadores de agua cuentan con una placa (página 114) en la que aparece la información necesaria, incluyendo el régimen de presión del tanque, y el voltaje y wattaje requeridos por los calentadores eléctricos.

Muchos de los problemas en los calentadores de agua pueden evitarse si cada año se efectúan labores de mantenimiento al mismo. Vaciar el calentador y revisar la válvula de desahogo una vez por año. Colocar el termostato en un nivel más bajo de temperatura, para evitar que el calor dañe al tanque. (Nótese que la temperatura del agua puede afectar el buen funcionamiento de las máquinas lavaplatos automáticas. Seguir las instrucciones del fabricante del aparato en relación con la temperatura del agua). Los calentadores de agua duran 10 años en promedio, pero con un servicio regular de mantenimiento pueden durar 20 años o más.

No es conveniente instalar una protección aislante alrededor del calentador de agua. Este aislamiento puede bloquear el suministro de aire o impedir que el calentador se ventile adecuadamente. Muchos fabricantes de calentadores prohíben el uso de tales protecciones. Para ahorrar energía, aíslan los tubos de agua caliente, usando los materiales que se describen en la página 122.

La válvula de desahogo es un dispositivo importante de seguridad, que debe ser revisado por lo menos una vez al año, y si es necesario, deberá cambiarse. Al reemplazarlo, se debe cerrar el paso del agua y eliminar varios galones de agua del tanque.

Problemas	Reparaciones
No sale agua caliente o la temperatura es insuficiente.	1. **Calentador de gas:** Asegurarse que el flujo de gas está conectado y encender el piloto de nuevo (página 119). **Calentador eléctrico:** Asegurarse de que el calentador está conectado y reajustar el termostato (página 121). 2. Vaciar el calentador para eliminar sedimentos en el tanque (foto inferior). 3. Aislar los tubos de agua caliente para evitar la pérdida de calor (página 122). 4. **Calentador de gas:** Limpiar el quemador y reajustar el termostato (páginas 110 y 111). **Calentador eléctrico:** Cambiar el elemento calefactor o el termostato (páginas 112 y 113). 5. Elevar la temperatura del termostato.
La válvula de desahogo presenta fugas.	1. Bajar la temperatura del termostato (ver foto más abajo). 2. Instalar una válvula de desahogo nueva (páginas 116 y 117, pasos 10 y 11).
El piloto no se mantiene encendido.	Limpiar el quemador de gas y cambiar el termopar (páginas 110 y 111).
El calentador presenta fugas alrededor de la base del tanque.	Cambiar inmediatamente el calentador de agua (páginas 114 a 121).

Consejos para el mantenimiento del calentador

Vaciar el calentador por lo menos una vez al año, sacando algunos galones de agua del tanque. Ello elimina los sedimentos que ocasionan corrosión y disminuyen la eficacia del calentador.

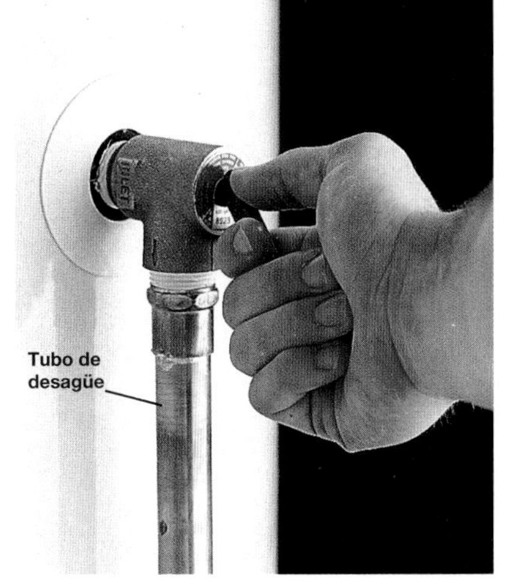

Probar la válvula de desahogo una vez al año. Levantar la palanca y dejarla retroceder. La válvula debe permitir el paso de un chorro de agua al tubo de desagüe. Si no lo hace, será necesario instalar una válvula nueva (págs. 116 y 117, pasos 10 y 11).

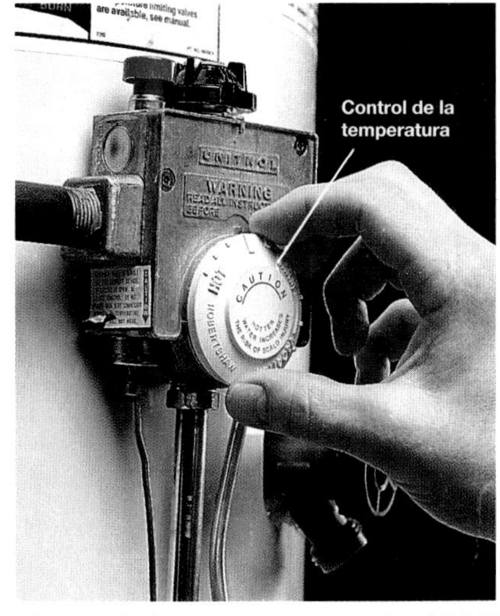

Reducir la temperatura de 120°F (50°C). La reducción de temperatura disminuye el daño al tanque ocasionado por sobrecalentamiento, a la vez que reduce el gasto de energía.

Reparación de un calentador de gas

Si el aparato no calienta el agua, desmontar los tableros de acceso exterior e interior, y asegurarse de que el piloto está encendido. Para encender el piloto, vea los pasos 20 a 25 de la página 119. Durante la operación, los tableros deberán estar en su sitio. Si se opera el calentador sin los tableros, ello puede provocar que las corrientes de aire apaguen el piloto.

Si el piloto no enciende, tal vez se deba a que el termopar está desgastado. El termopar es un dispositivo de seguridad que tiene por objeto cortar automáticamente el flujo de gas si se apaga el piloto. El termopar está formado por un delgado alambre de cobre que va de la caja de control al quemador de gas. Los termopares nuevos son baratos y su instalación es fácil.

Si el quemador no se enciende aun cuando el piloto está encendido o si el gas arde con una llama amarillenta y que produce humo, se deberá limpiar el quemador y el tubo de gas del piloto. Limpiando anualmente el quemador y el piloto se mejora el aprovechamiento de energía y se prolonga la vida del calentador.

El calentador de gas debe estar bien ventilado. Si se perciben humos o emanaciones procedentes del calentador, se debe interrumpir el paso del agua que va al calentador para revisar que la chimenea no está obstruida por el hollín. Si está dada, deberá ser reemplazada.

Recuerde cerrar el suministro del gas antes de comenzar el trabajo

Antes de comenzar:

Herramientas: llave ajustable, aspiradora, alicates con punta de aguja.

Materiales: alambre delgado, termopar de repuesto.

Cómo limpiar el quemador y remplazar el termopar

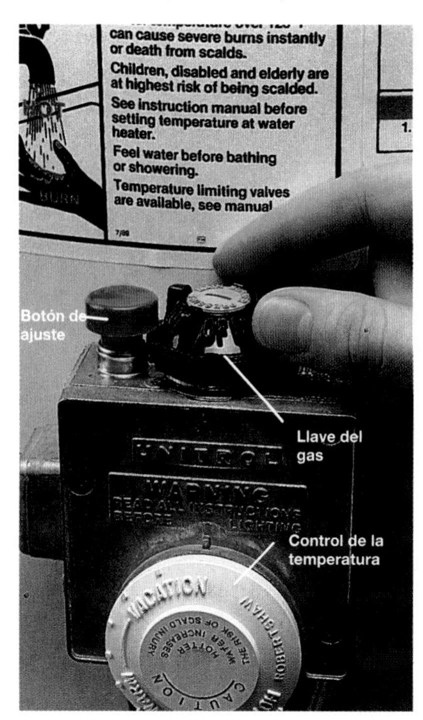

1 Cerrar el paso de gas, girando la llave que se encuentra en la parte superior de la caja de control. Esperar 10 minutos para que se disipe el gas.

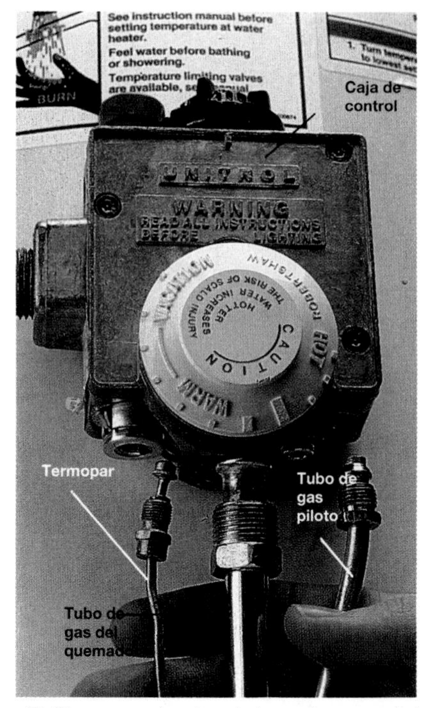

2 Desconectar los tubos de gas del piloto y del quemador, así como el termopar, desde la parte inferior de la caja de control, utilizando una llave ajustable.

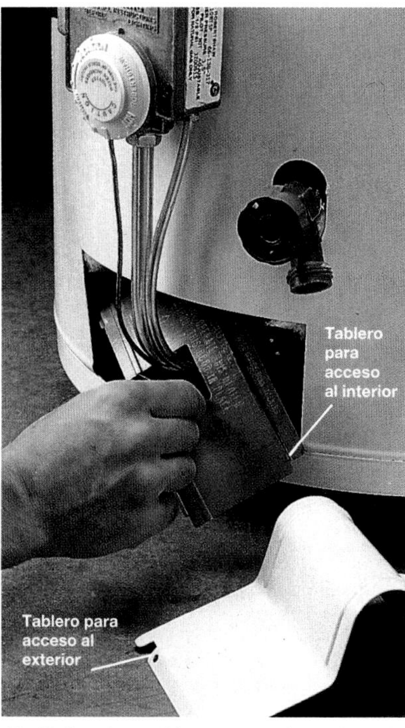

3 Quitar los tableros exterior e interior que cubren la cámara del quemador.

4 Tirar suavemente de los tubos de gas del piloto y del quemador y del alambre del termopar, para liberarlos de la caja de control. Inclinar ligeramente el quemador y retirarlo de la cámara.

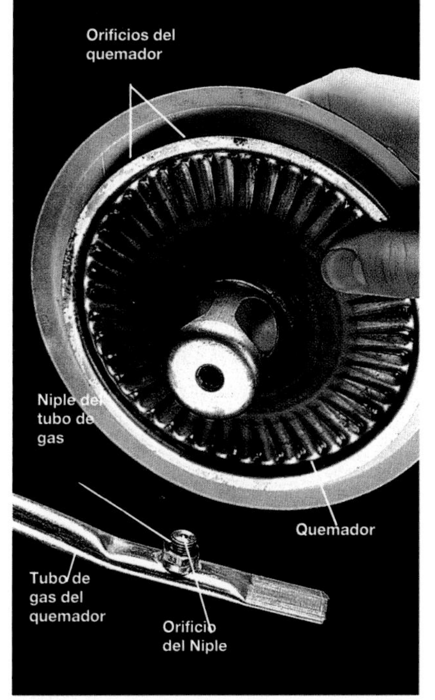

5 Destornillar el quemador del niple que lo une al tubo. Limpiar el pequeño orificio del niple con un trozo de alambre delgado. Limpiar con la aspiradora los orificios del quemador y la cámara del mismo.

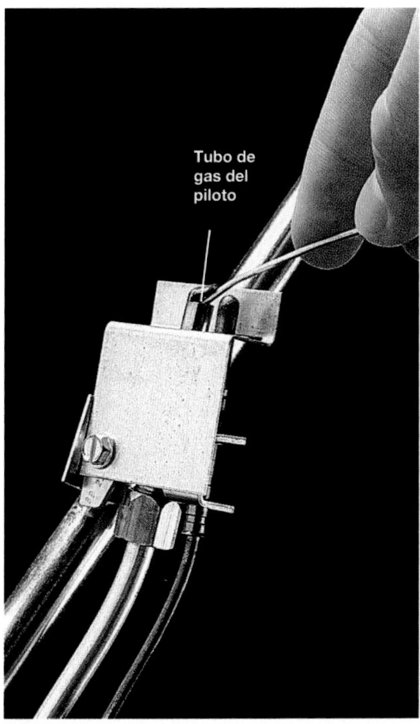

6 Limpiar el tubo de gas del piloto con un trozo de alambre. Retirar con la aspiradora las partículas que hayan quedado sueltas. Atornillar el niple en el quemador.

7 Sacar el termopar del soporte. Instalar la pieza nueva empujando su punta a través del soporte hasta que llegue a su sitio.

8 Introducir el quemador en la cámara. La lengüeta plana al final del quemador debe entrar en la abertura ranurada de la ménsula situada al fondo de la cámara.

9 Conectar nuevamente los tubos de gas y el termopar a la caja de control. Reanudar el flujo de gas y observar si hay fugas (página 118, paso 19). Encender el piloto (página 119, pasos 20 a 23).

10 Observar que la llama del piloto envuelve el extremo del termopar. Si es necesario, ajustar el termopar con unos alicates con punta de aguja hasta que dicho extremo esté envuelto por la llama. Colocar de nuevo los tableros interior y exterior.

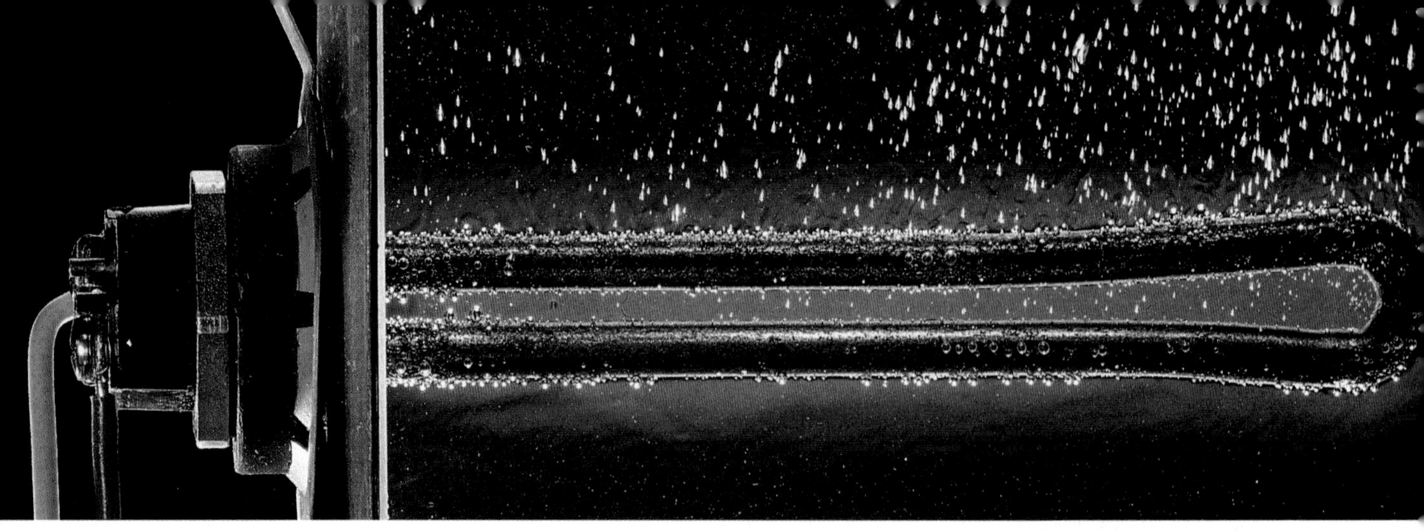

El calentador eléctrico de agua tiene uno o dos elementos térmicos montados en su pared lateral. Cada elemento va conectado a su propio termostato. Al comprar un elemento calefactor o un termostato de repuesto es necesario asegurarse de que son del mismo voltaje y wattaje que la pieza que va a ser reemplazada. Esta información aparece en la placa (ver la página 114).

Reparación de un calentador eléctrico

El problema más común en un calentador eléctrico lo constituye un elemento térmico quemado. Muchos calentadores eléctricos cuentan con dos elementos de ese tipo. Para determinar cuál de los dos es el quemado, se deja salir el agua caliente y se revisa la temperatura de la misma. Si el calentador produce agua tibia, pero no caliente, se debe cambiar el elemento superior. Si produce una pequeña cantidad de agua muy caliente, seguida por agua fría, deberá cambiarse el elemento inferior.

Si el cambiar el elemento térmico no resuelve el problema, será necesario cambiar el termostato. Estas partes se localizan bajo los tableros de acceso a un lado del calentador.

Recuerde interrumpir la corriente eléctrica y revisar si hay corriente en los alambres antes de tocarlos.

Antes de comenzar:

Herramientas: desarmador, guantes, probador de circuitos, alicates ajustables.

Materiales: cinta adhesiva, elemento térmico o termostato y arandela de repuesto, pasta de grafito para juntas de tubos.

Cómo cambiar un termostato eléctrico

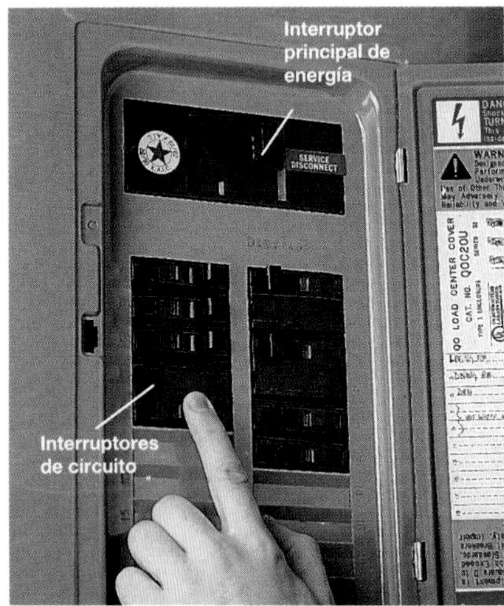

1 Cortar el paso de la corriente eléctrica en el tablero principal. Quitar el tablero lateral de acceso del calentador y **revisar si hay corriente (página 120, paso 4).**

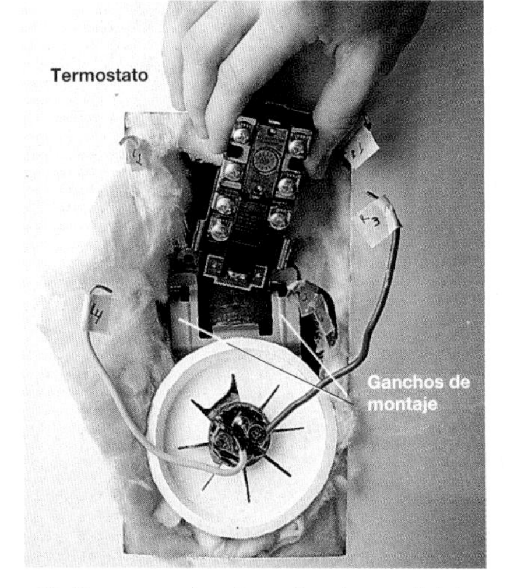

2 Desconectar los alambres del termostato, e identificar las conexiones con una etiqueta de tela adhesiva. Retirar el termostato de los ganchos de sujeción. Colocar el termostato nuevo en su lugar y conectar nuevamente los alambres.

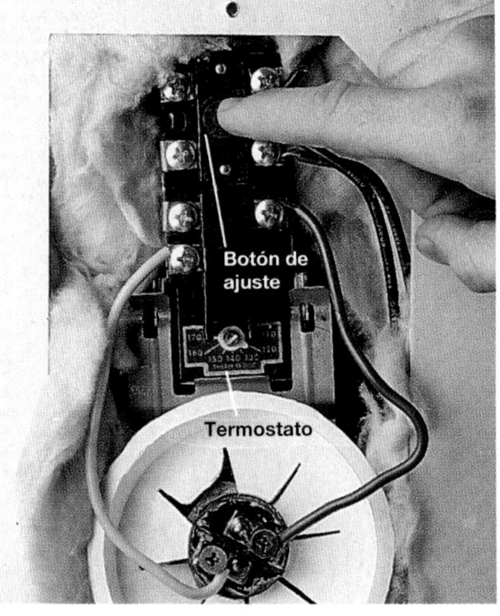

3 Oprimir el botón de ajuste del termostato, y registrar la temperatura deseada. Colocar de nuevo el aislamiento y el tablero de acceso. Conectar la corriente.

Cómo cambiar un elemento térmico

1 Quitar el tablero de acceso de la pared lateral del calentador. Interrumpir el paso de la energía eléctrica (página 120, paso 1) y del agua hacia el calentador. Vaciar el tanque. (Página 115, paso 3.)

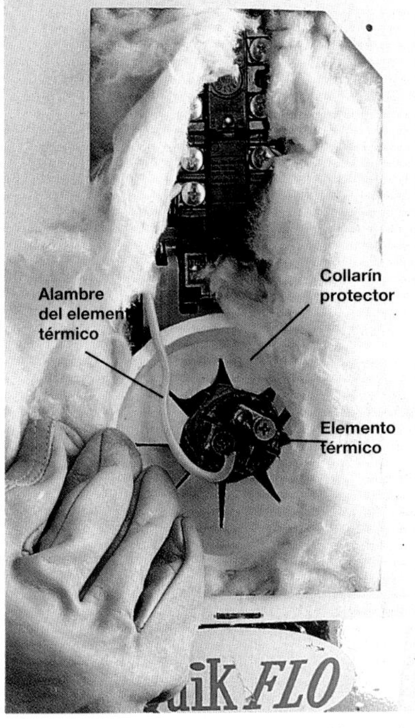

2 Retirar el aislamiento utilizando guantes de protección. **Precaución: revisar si hay corriente (página 120, paso 4).** Desconectar los alambres del elemento térmico. Quitar el collarín de protección.

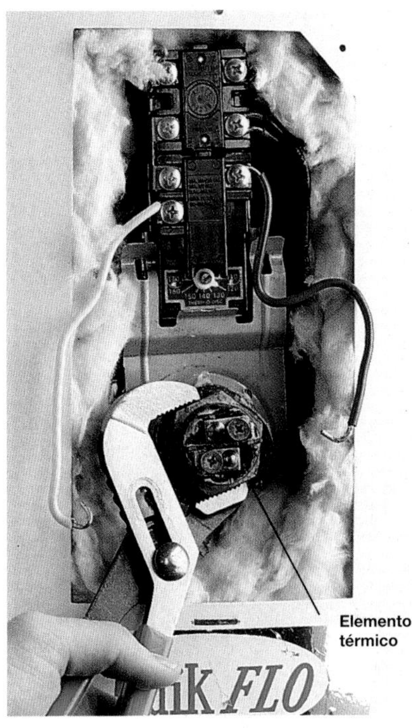

3 Destornillar el elemento térmico con unos alicates ajustables. Quitar la arandela vieja de la abertura del calentador. Cubrir los dos lados de la arandela nueva con pasta de grafito para juntas de tubos.

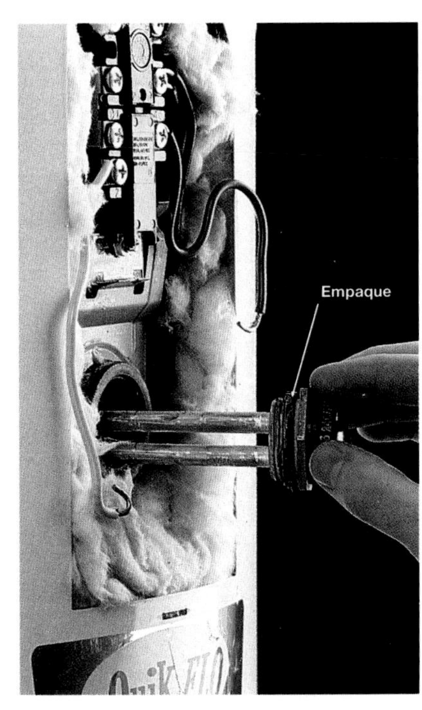

4 Deslizar la arandela nueva sobre el elemento térmico y atornillarlo al tanque. Apretar con unos alicates ajustables.

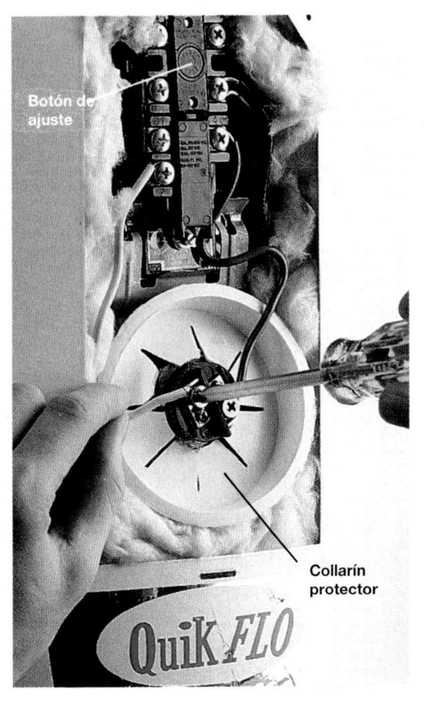

5 Colocar nuevamente el collarín de protección y reconectar los alambres. Abrir todos los grifos de agua caliente de la casa, y abrir la válvula de cierre del calentador. Cuando el agua circule libremente, cerrar las llaves.

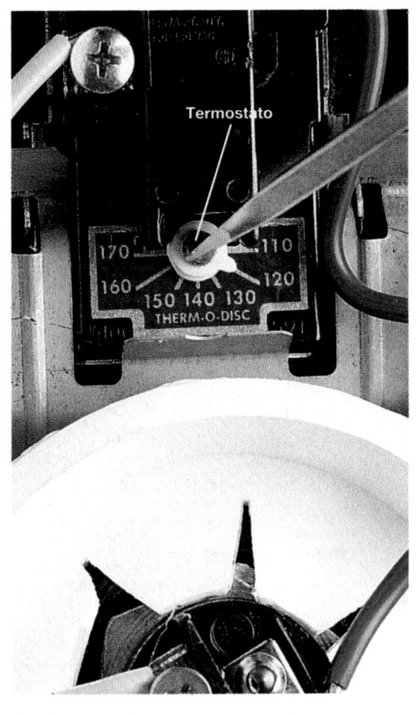

6 Ajustar el termostato a la temperatura deseada utilizando un desarmador. Oprimir los botones de ajuste del termostato. Colocar el aislamiento sobre el mismo y reinstalar los tableros de acceso. Reanudar el paso de la energía eléctrica.

Cambio de un calentador de agua

Un calentador de agua que presente fugas deberá ser cambiado inmediatamente para evitar daños mayores. Las fugas se producen porque el tanque interior se ha oxidado.

Al cambiar un calentador eléctrico de agua, es necesario asegurarse de que el nuevo sea del mismo voltaje que el calentador viejo. Al reemplazar un calentador de gas se deberá conservar una separación mínima de 6 pulgadas (15 cm) alrededor del calentador, para que éste cuente con la ventilación necesaria. Los calentadores de agua se venden con capacidades que van de 30 a 65 galones (113 a 245 litros). Un calentador con capacidad de 40 galones (150 litros) es suficiente para una familia de cuatro personas.

Los calentadores de aprovechamiento máximo de la energía cuentan con un aislamiento de espuma de poliuretano, y generalmente ofrecen una amplia garantía. Estos modelos son costosos, pero a largo plazo, su mantenimiento y operación resultan más baratos que los otros modelos. Algunos calentadores de alta calidad cuentan con dos varillas anódicas como protección extra contra la corrosión.

La válvula de desahogo debe comprarse habitualmente por separado. Es necesario asegurarse de que la presión de trabajo de la válvula coincide con la presión de trabajo del tanque (ver fotografía a la izquierda).

Presión de trabajo

Tipo de combustible

Capacidad del tanque

Espacio libre para la instalación

Valor R del aislamiento

La placa adherida a uno de los costados del calentador indica la capacidad del tanque, el valor R de aislamiento y la presión de trabajo (libras por pulgada cuadrada). Los calentadores más eficientes tienen un valor R de aislamiento de 7 o mayor. La placa de un calentador eléctrico señala también el voltaje y la capacidad en watts de los elementos térmicos y los termostatos. Los calentadores de agua presentan también una etiqueta amarilla con detalles acerca de la energía (ver foto superior) en la que aparecen los costos típicos de consumo anual de energía. Estos cálculos están basados en promedios obtenidos en los Estados Unidos. El costo de la energía varía según las áreas.

Antes de comenzar:

Herramientas: llaves para tubo, sierra para metales o cortador de tubos, desarmador, martillo carretilla, nivel, cepillo de alambre, soplete de propano, llave ajustable, probador de circuitos (en el caso de un calentador eléctrico).

Materiales: cubeta, cuñas de madera, tornillos #4 de 3/8" (0.95 cm) para metal, válvula de desahogo, adaptadores roscados para tubo macho, soldadura, dos niples para ahorro de calor, cinta Teflón[MR], tubo de cobre de 3/4" (1.90), conectores flexibles, pasta de grafito para juntas de tubos, esponja, cinta adhesiva.

Cómo cambiar un calentador de gas

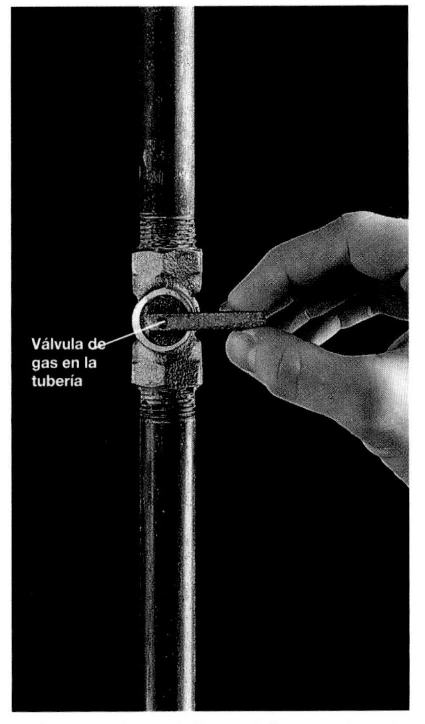

1 Cerrar el suministro del gas girando la llave del tubo, de forma que quede perpendicular al mismo. Esperar 10 minutos para que se disipe el gas. Cortar el paso del agua por medio de las válvulas de cierre. (Foto más abajo.)

2 Desconectar el tubo de gas en el accesorio más próximo a la válvula de cierre, usando un par de llaves para tubo. Desmontar y guardar los tubos y accesorios de la instalación de gas.

3 Vaciar el agua del depósito del calentador, abriendo la llave situada a un lado del tanque. Recoger el agua en cubetas, o bien colocar una manguera y vaciarla en el desagüe del piso.

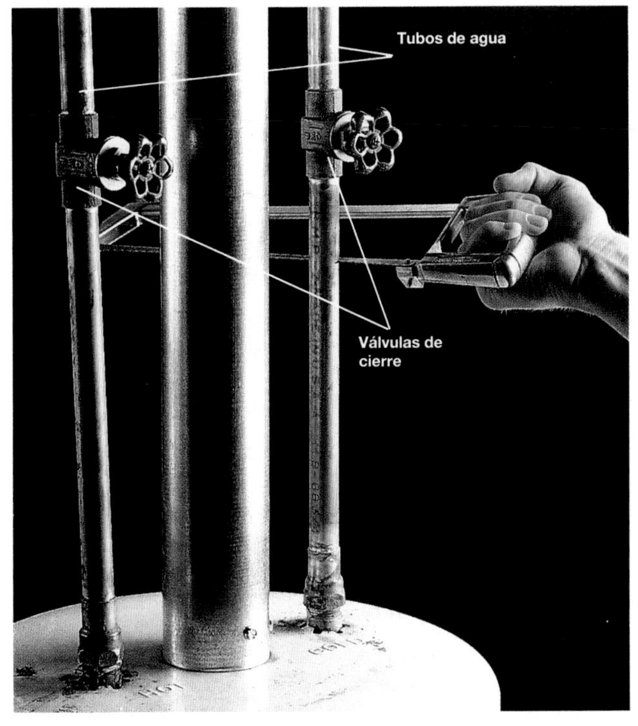

4 Desconectar los tubos de agua caliente y fría situados en la parte superior del calentador si dichos tubos son de cobre soldado, usar una sierra para metales o un cortador de tubos para seccionarlos justamente por debajo de las válvulas de cierre. Los cortes deben ser rectos.

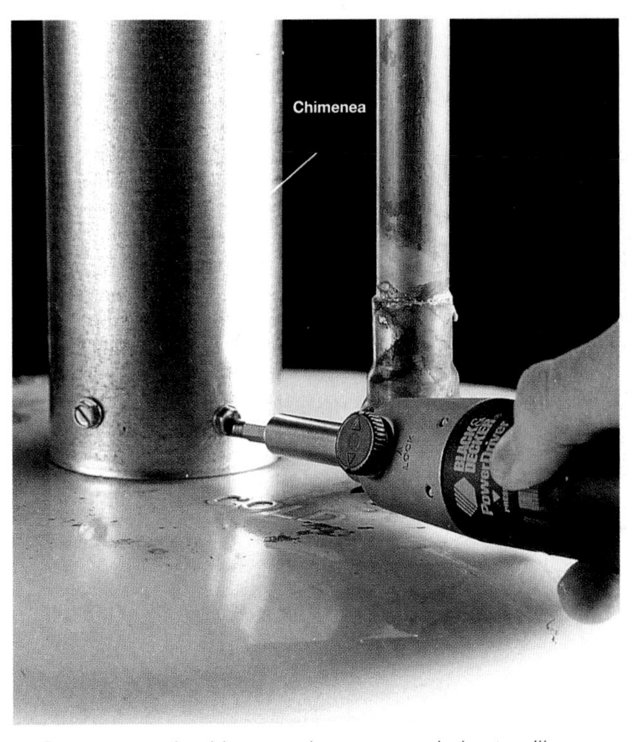

5 Desconectar la chimenea desenroscando los tornillos para metal. Retirar el calentador viejo usando una carretilla.

(continúa en la página siguiente)

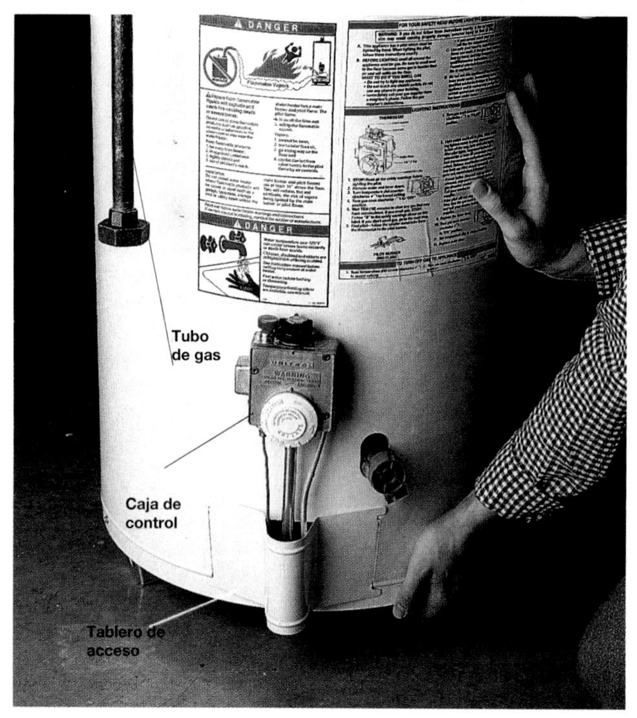

6 Colocar el calentador nuevo de manera que la caja de control quede cerca del tubo de gas, y que el tablero de acceso a la cámara del quemador no quede obstruido.

7 Nivelar el calentador, poniendo cuñas de madera bajo las patas.

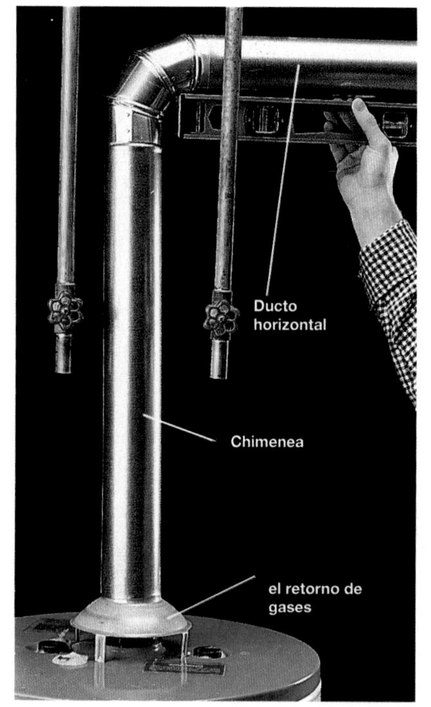

8 Colocar la pantalla contra el retorno de gases de manera que sus terminales coincidan con los orificios del calentador de agua, y deslizar la chimenea sobre la tapa del mismo. El ducto horizontal debe inclinarse 1/4" por pie (0.63 cm por cada .305 m) para evitar que los humos penetren en la casa.

9 Unir la pantalla a la chimenea usando tornillos para metal #4, de 3/8" (0.95 cm) atornillados cada 4" (10.16 cm).

10 Envolver la rosca de la nueva válvula de desahogo con cinta Teflón^MR, y atornillarla en el orificio del tanque usando una llave para tubos.

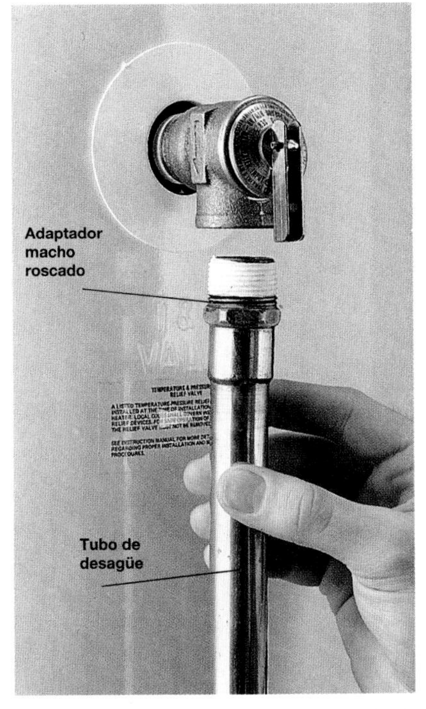

11 Acoplar un tubo de cobre o CPVC a la válvula de desahogo, usando un adaptador macho roscado (página 17). El tubo debe llegar a 3" (7.62 cm) del piso.

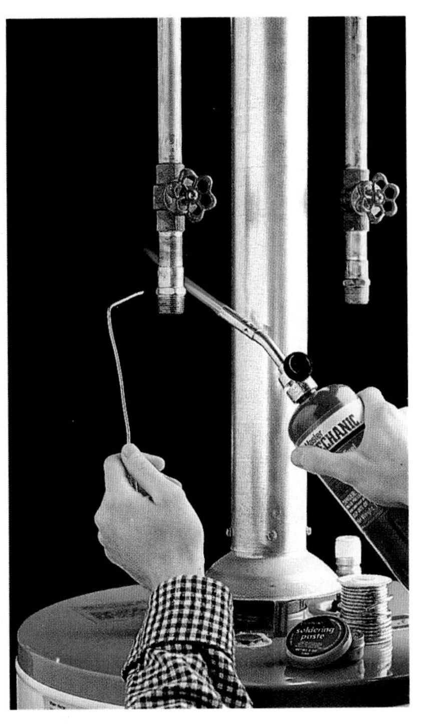

12 Soldar los adaptadores machos roscados a los tubos de agua (páginas 20 a 25). Cuando los tubos se enfríen, envolver las roscas de los adaptadores con cinta Teflón[MR].

13 Envolver con cinta Teflón[MR] las roscas de los niples para ahorro de calor. Estos niples poseen marcas de colores según su función, así como flechas de dirección del agua, lo que facilita su instalación.

14 Unir el niple marcado en azul a la entrada del agua fría, y el marcado en rojo, al de agua caliente, usando una llave para tubos. En el niple del agua fría la flecha debe señalar hacia abajo, y en el del agua caliente debe apuntar hacia arriba.

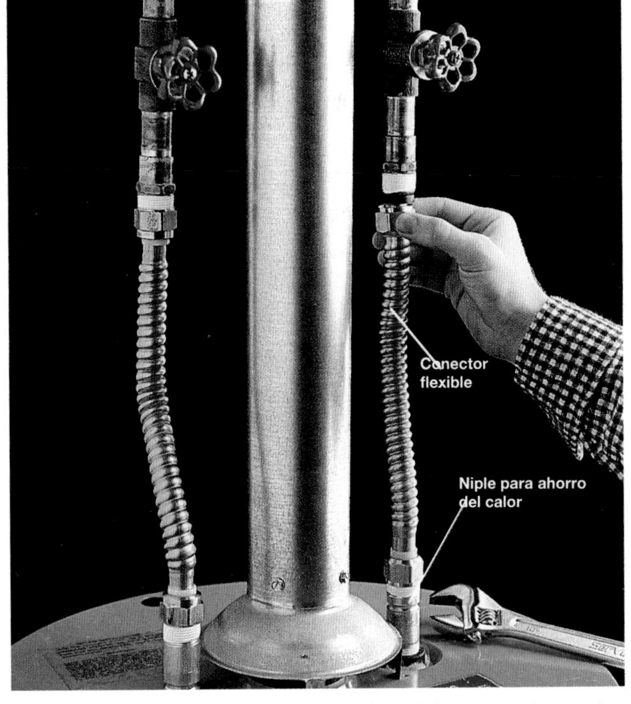

15 Conectar los tubos de agua a los niples para ahorro de calor, usando conectores flexibles. Apretar los accesorios con una llave ajustable.

(continúa en la página siguiente)

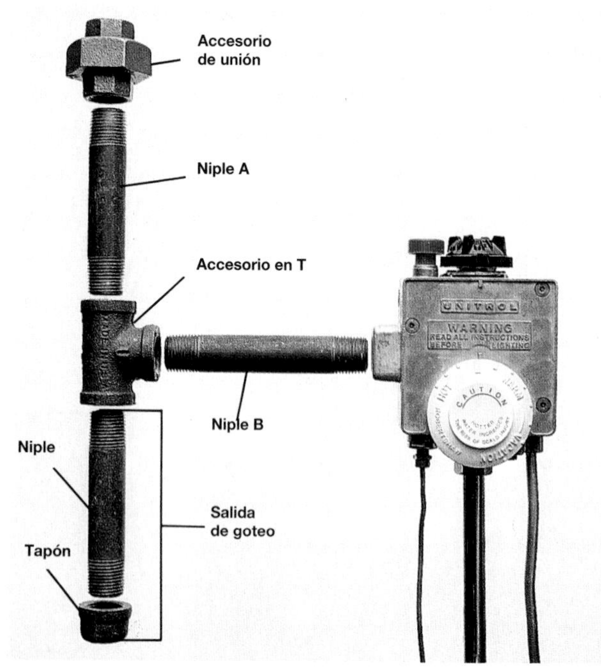

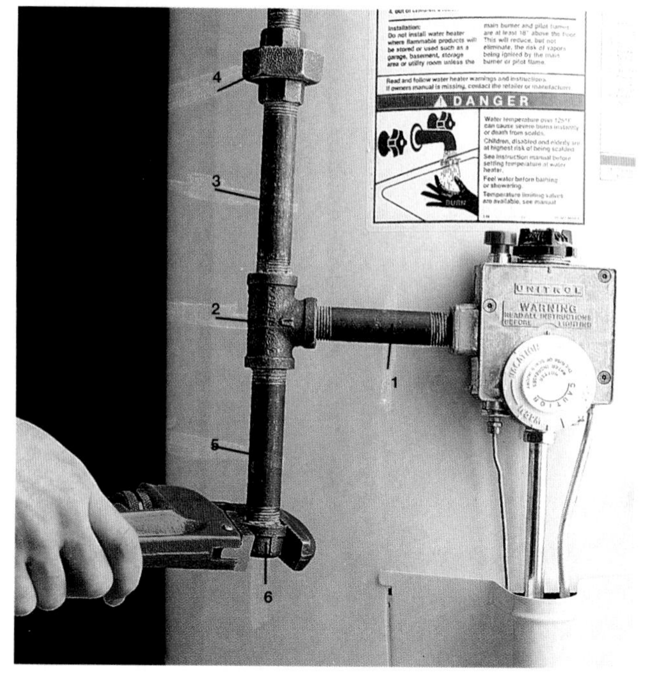

16 Revisar el ajuste de tubos y accesorios del calentador viejo (paso 2). Puede ser necesario agregar uno o dos niples de hierro negro si el calentador nuevo es más pequeño que el viejo. Utilizar siempre hierro negro y nunca hierro galvanizado en los tubos de gas. El tramo con tapa se llama tubo escurridor. Este tubo atrapa las partículas de polvo, protegiendo así al quemador.

17 Limpiar las roscas del tubo con un cepillo de alambre y cubrirlas con pasta de grafito para juntas de tubos. Ensamblar los tubos de gas en el siguiente orden: 1) niple de la caja de control; 2) accesorio en T; 3) niple vertical; 4) accesorio de unión; 5) niple vertical; 6) tapa.. (El hierro negro se instala de la misma forma que el hierro galvanizado. Para mayor información ver las páginas 38 a 41.)

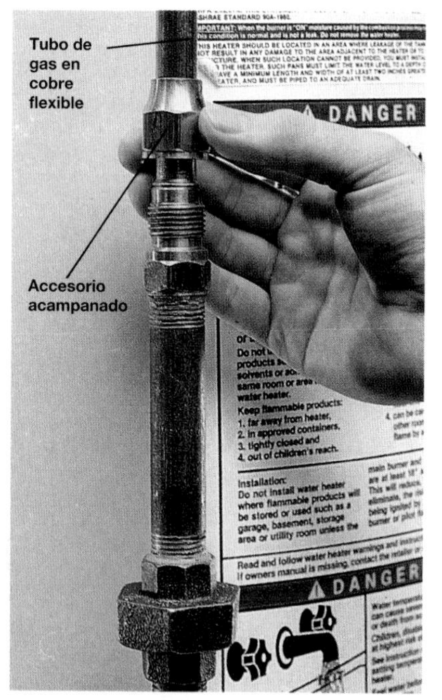

Alternativa: Si la instalación de gas es de cobre flexible, usar un accesorio abocardado para conectar el tubo de gas al calentador de agua. (Para mayor información acerca de los accesorios abocardados ver las págs. 28 y 29.)

18 Abra las llaves del agua caliente en toda la casa así como las válvulas de cierre de entrada y salida del calentador. Cuando el agua fluya libremente, cerrar las llaves.

19 Abrir la válvula del tubo de gas (paso 1). Revisar si hay fugas poniendo agua jabonosa en cada junta. Si existen fugas, se formarán burbujas. Apretar las juntas con una llave de tubos.

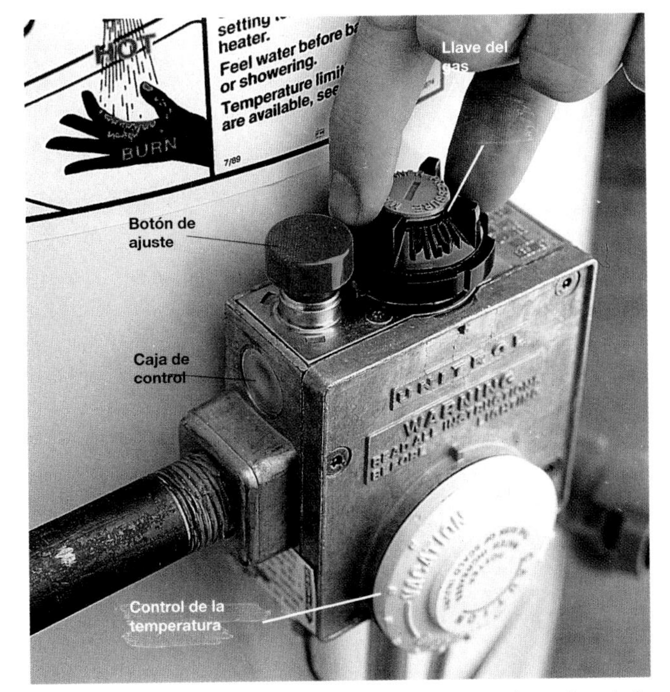

20 Abrir la llave del gas, situada en la parte de arriba de la caja de control, colocándola en la posición PILOTO. Ajustar a la temperatura deseada la perilla que se encuentra al frente de la caja de control.

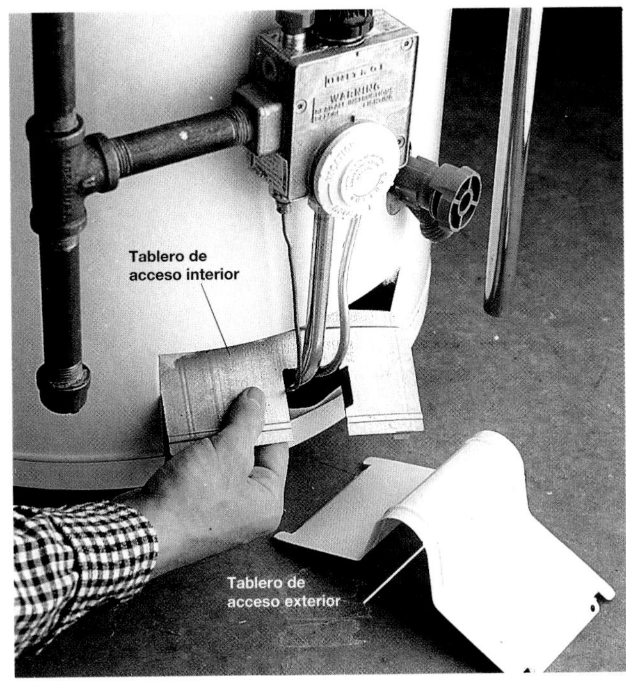

21 Quitar los tableros interior y exterior que cubren la cámara del quemador.

22 Encender un fósforo y colocarlo cerca del extremo del tubo de gas del piloto, situado dentro de la cámara del quemador.

23 Mientras se efectúa el paso anterior oprimir el botón de ajuste que se encuentra en la parte superior de la caja de control. Cuando la llama del piloto se haya encendido, continuar oprimiendo el botón durante un minuto. Colocar la llave del gas en la posición ON y reinstalar los paneles interior y exterior.

Cambio de un calentador eléctrico de agua de 220 a 240 voltios

1 Cortar el paso de la energía eléctrica al calentador por medio del interruptor de su circuito (o eliminando el fusible) en el tablero principal de servicio. Vaciar el tanque y desconectar los tubos de suministro de agua (página 115, pasos 3 y 4).

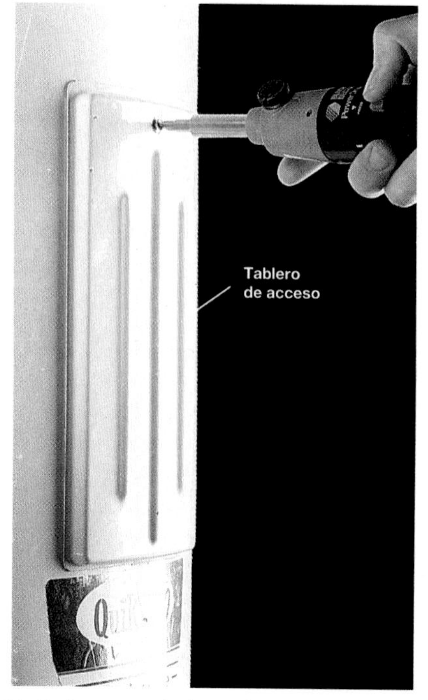

2 Quitar uno de los tableros que dan acceso al elemento térmico, situado en un costado del calentador de agua.

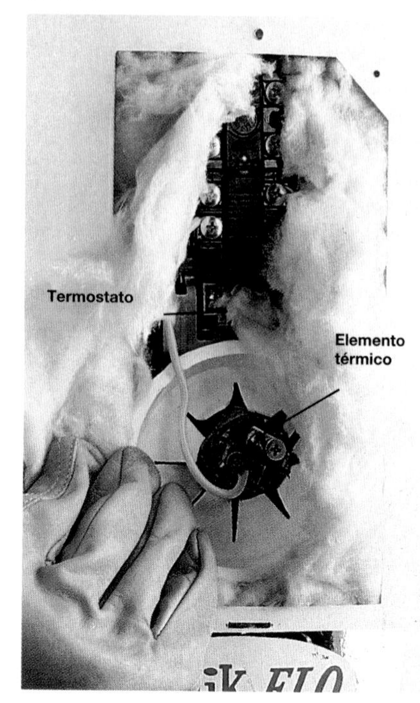

3 Usando guantes protectores, retirar el aislamiento para descubrir el termostato. **Precaución: no tocar alambres desnudos hasta haberse asegurado de que no tienen corriente.**

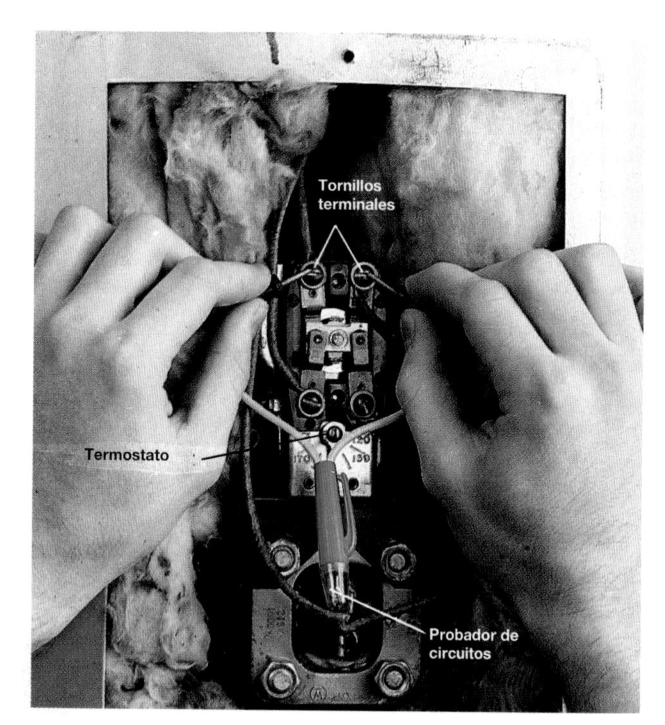

4 Probar si hay corriente tocando las terminales del termostato con las puntas del probador de circuitos. Si el foco de neón se enciende, ello indica que los cables tienen corriente, por lo que no se deberá tocarlos. Quitar el interruptor principal y volver a probar si hay corriente.

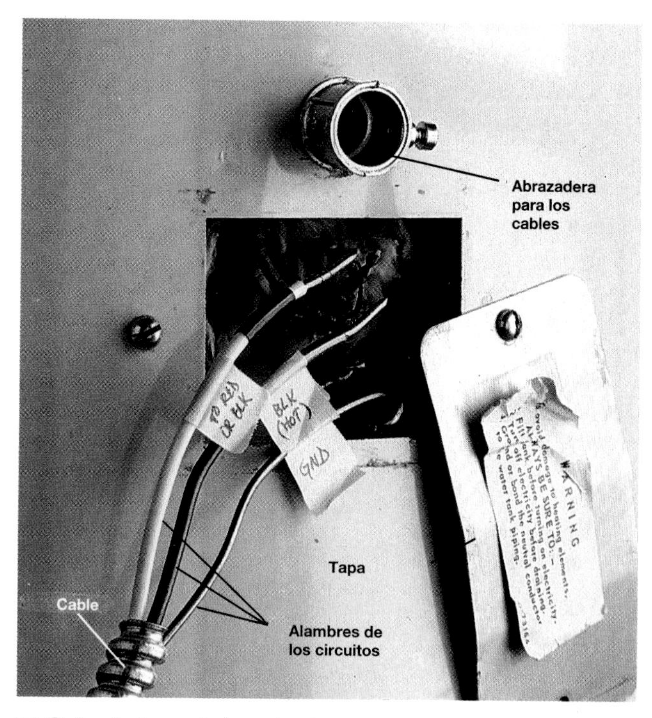

5 Quitar la tapa de la caja electrónica, que se encuentra en un costado o arriba del calentador de agua. Desconectar todos los alambres e identificarlos con una etiqueta de cinta adhesiva. Aflojar la abrazadera de los alambres y retirar estos últimos. Desmontar el calentador viejo y colocar el nuevo.

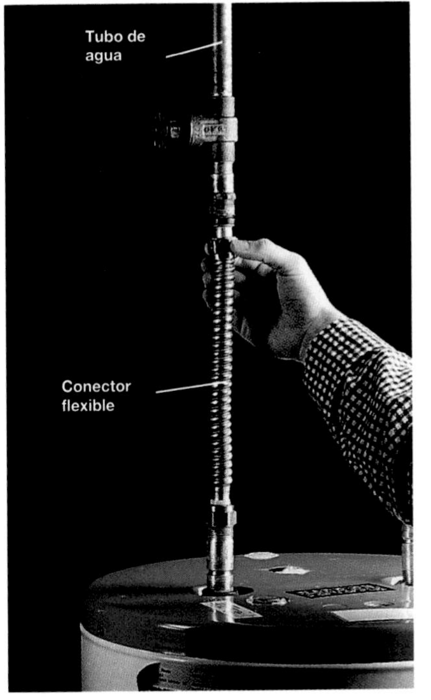

6 Conectar los tubos de suministro de agua y la válvula de desahogo siguiendo las instrucciones proporcionadas para la instalación de calentadores de gas (páginas 116 y 117, pasos 10 a 15). Abrir todas las llaves de agua caliente de la casa, y cerrarlas cuando el agua fluya libremente.

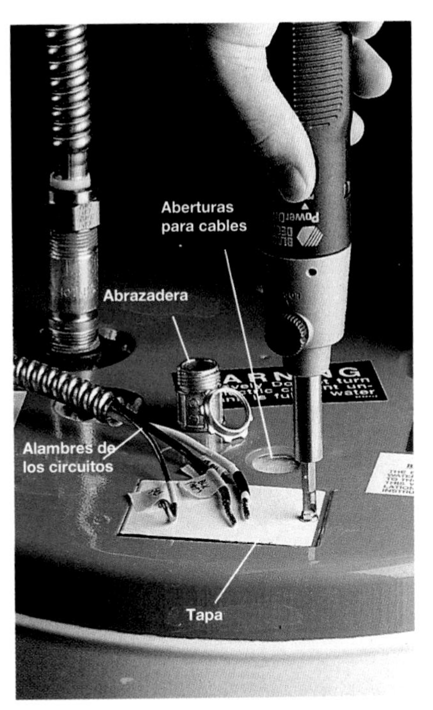

7 Quitar la tapa de la caja eléctrica del calentador nuevo. Pasar los alambres del circuito a través de la abertura del calentador, y sujetar la abrazadera.

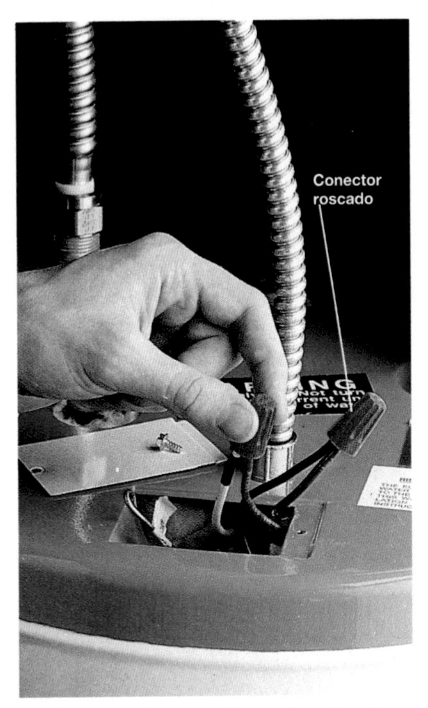

8 Conectar los alambres del circuito a los del calentador, usando conectores roscados.

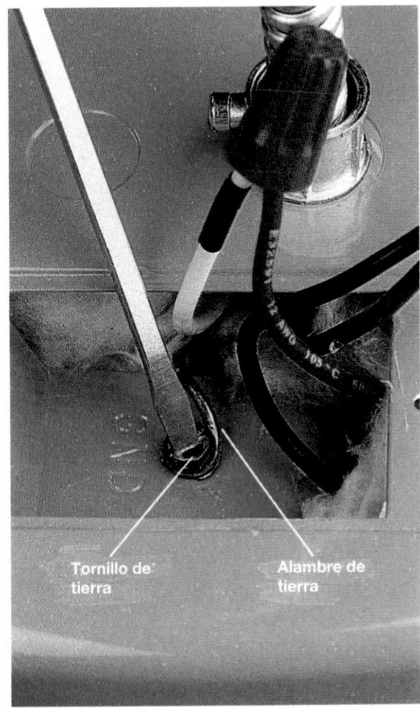

9 Unir el alambre desnudo o de color verde al tornillo de tierra y reinstalar la tapa.

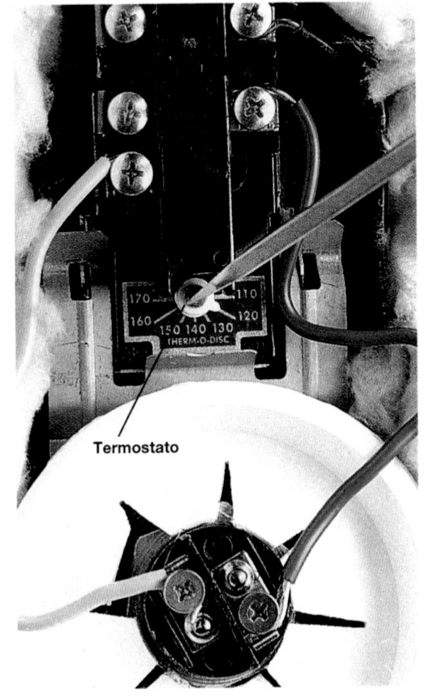

10 Quitar los tableros de acceso situados en un costado del calentador (pasos 2 a 3) y fijar el termostato en la temperatura deseada.

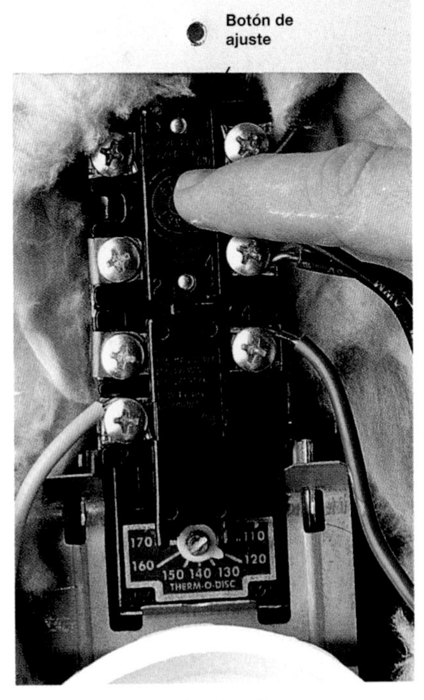

11 Oprimir el botón de reprogramación del termostato. Colocar el aislamiento y los tableros de acceso. Conectar la energía eléctrica.

Antes de iniciar la reparación, cerrar la válvula principal que se encuentra cerca del medidor de agua.

Reparación de tubos reventados o congelados

Cuando un tubo se revienta se debe cerrar inmediatamente la válvula principal de entrada del agua. La reparación temporal se efectúa usando un juego de manguito y abrazadera.

Un tubo se revienta debido a que el agua se congela dentro del mismo. Ello se evita aislando los tubos que se encuentran en el sótano u otros lugares sin calefacción.

Los tubos que se congelan pero no revientan, bloquean el paso del agua hacia los aparatos y llaves. Los tubos congelados se deshielan fácilmente, pero determinar el punto helado puede ser difícil. Es necesario abrir las llaves o válvulas bloqueadas y seguir los tubos de suministro que van hacia éstas para localizar los lugares en que el tubo pasa cerca de las paredes exteriores o por áreas sin calefacción. Descongelar los tubos con una pistola térmica o con una secadora de cabello (ver abajo).

Los accesorios viejos y los tubos oxidados también pueden presentar fugas o reventarse. Para repararlos, seguir las instrucciones que se presentan en las páginas 18 a 45.

Antes de comenzar:

Herramientas: pistola térmica o secador de cabello, guantes, lima para metal, desarmador.

Materiales: aislamiento para tubos, juego de reparación de manguito y abrazadera.

Cómo reparar tubos bloqueados por el hielo

1 Descongelar los tubos con una pistola para calentar o con un secador de cabello. Usar la pistola con una temperatura baja, moviendo su boquilla para evitar el sobrecalentamiento de los tubos.

2 Dejar que se enfríen para aislarlos a continuación con fundas de espuma. Utilizar este sistema de aislamiento en el sótano y en los lugares que no cuenten con calefacción.

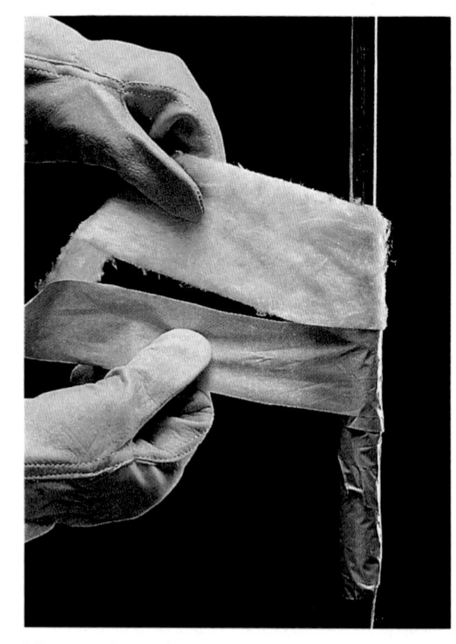

Alternativa: Aislar los tubos con fibra de vidrio y cinta adhesiva impermeable. Para lograr un mejor aislamiento, envolver sin apretar la cinta.

Cómo arreglar provisionalmente un tubo reventado

1 Cerrar la válvula principal. Calentar suavemente el tubo con una pistola térmica o secadora del cabello. Mantener en movimiento la boquilla. Una vez que el tubo se haya descongelado, permitir que se vacíe.

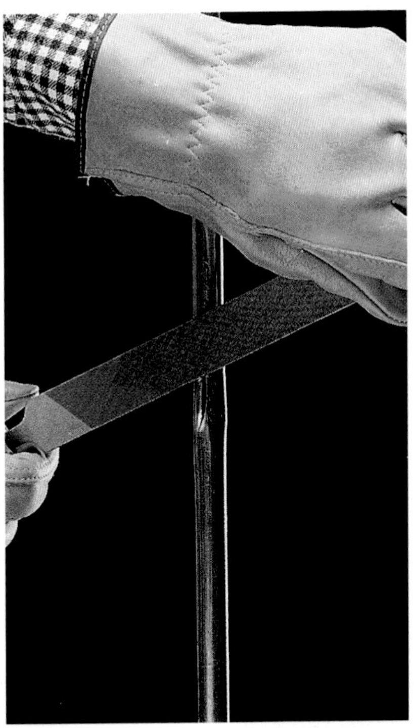

2 Limar los bordes cortantes del tubo.

3 Colocar el manguito de goma del juego para reparación alrededor de la ruptura. Colocar la línea de unión del manguito en el lado contrario de la rotura del tubo.

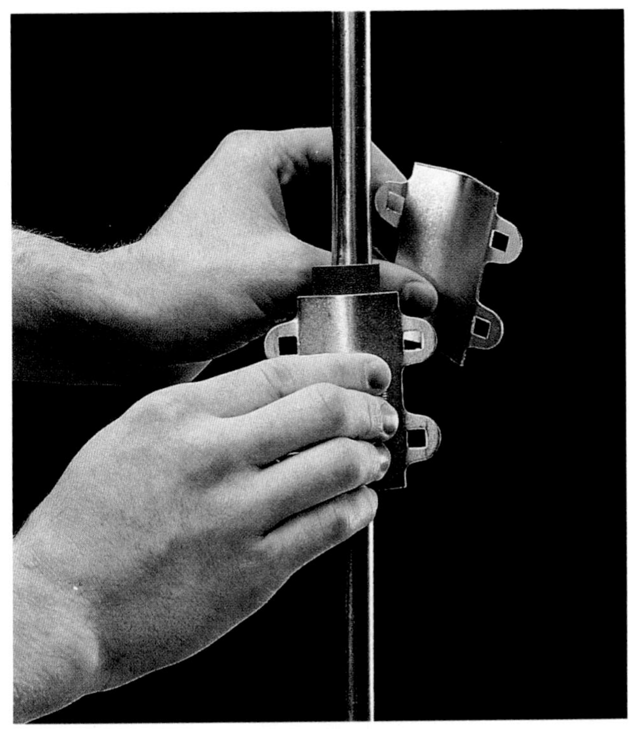

4 Colocar las dos piezas de la abrazadera de metal alrededor del manguito de goma.

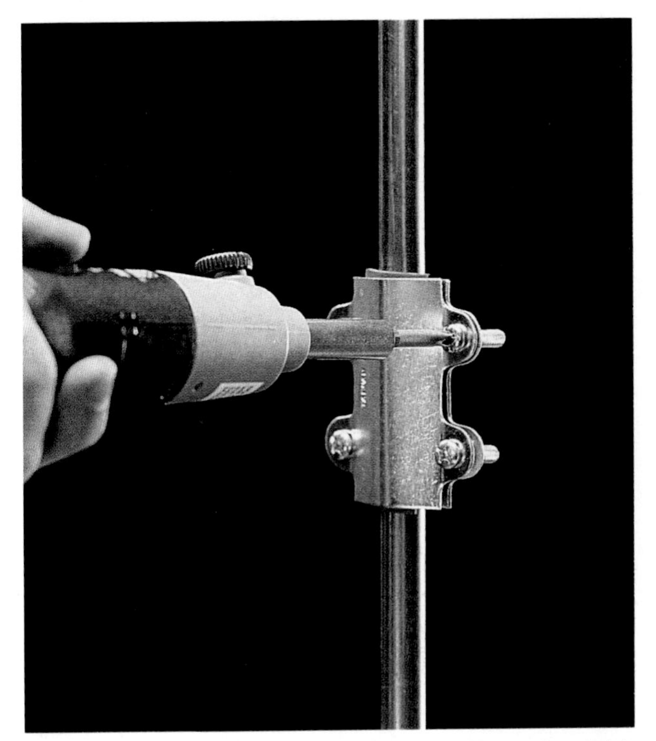

5 Apretar los tornillos con un desarmador. Reanudar el flujo del agua y observar si hay fugas. Si las abrazaderas dejan escapar agua apretar nuevamente los tornillos. **Cuidado: las reparaciones hechas en esta forma son sólo provisionales.** Cambiar la sección de tubo reventado tan pronto como sea posible.

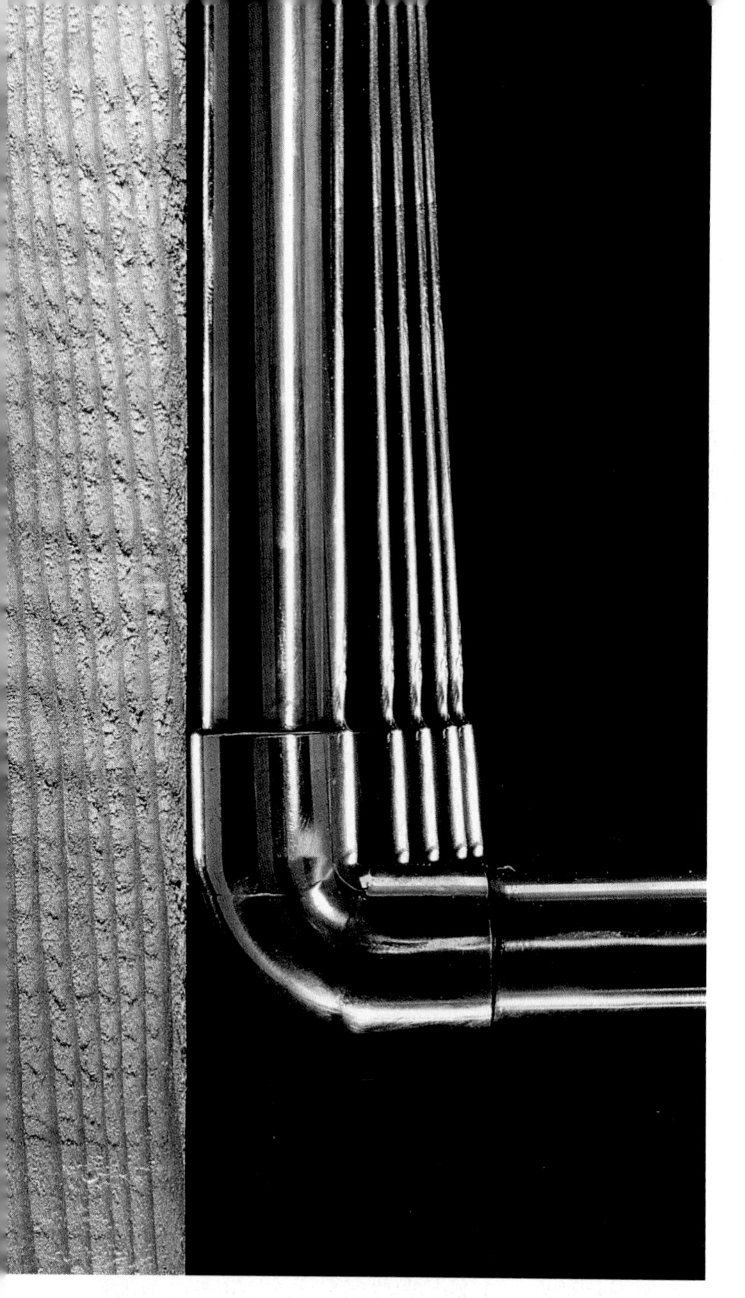

Supresión del ruido en las tuberías

Los tubos pueden emitir un ruido al cerrar las llaves, o cuando las válvulas de las lavadoras (u otros aparatos automáticos) se cierran abruptamente. La súbita parada en la circulación del agua crea una honda de choque llamada "golpe de ariete", que recorre todo el sistema de suministro de agua. Algunos tubos pueden chocar contra los entramados o vigas provocando un ruido adicional.

Este efecto se evita instalando una cámara de aire, que es simplemente un tramo de tubo instalado de manera vertical en la línea de suministro. La cámara proporciona un colchón de aire que absorbe la onda de choque. Para eliminar totalmente los ruidos, puede resultar necesario instalar más de una cámara de aire.

Con el tiempo, el aire de la cámara puede disolverse en el agua de los tubos. Para restaurar el aire en la cámara se vacía totalmente el sistema de suministro de agua (página 6). Al volver a llenar de agua el sistema, se habrá restablecido el aire de la cámara.

Los tubos que chocan contra los entramados o las vigas pueden ser silenciados envolviéndolos con fundas de aislamiento. Es necesario asegurarse de que los soportes de los tubos son firmes y de que aquellos se encuentran bien sostenidos.

Antes de comenzar:

Herramientas: navaja de uso general, sierra de vaivén o sierra manual para metales, soplete de propano (para tuberías de cobre), llaves para tubos (si se trata de tubos de hierro galvanizado).

Materiales: fundas de hule espuma, tubos y accesorios según se requieran.

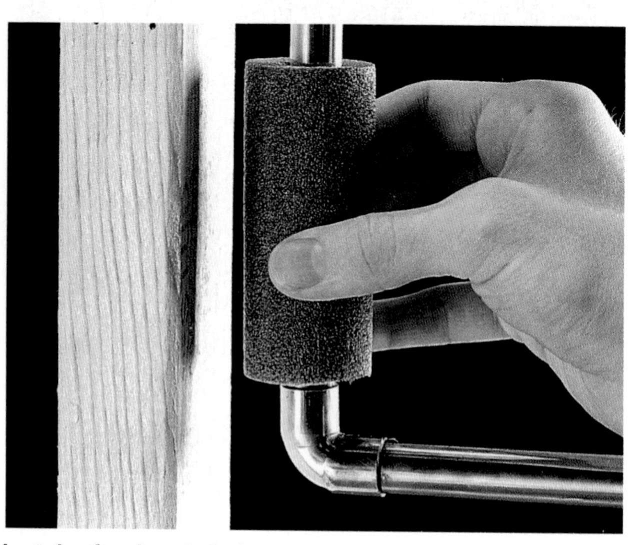

Instalar fundas de hule espuma para evitar que los tubos choquen contra entramados o vigas.

Los tubos sueltos pueden chocar o rozar contra los soportes de los entramados, produciendo ruidos indeseables. Colocar fundas de hule espuma alrededor de los tubos.

Cómo instalar una cámara de aire

1 Cerrar el paso del agua y vaciar los tubos. Mida y corte un tramo de tubo horizontal para colocar el accesorio en T (páginas 19 a 21).

2 Instalar el accesorio en T con la punta hacia arriba. Aplicar las técnicas descritas en la sección de herramientas y materiales de este libro (páginas 10 a 41).

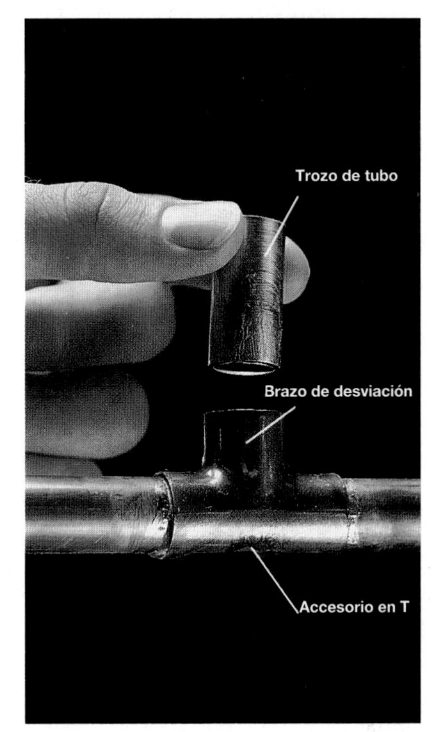

3 Instalar un tramo corto de tubo en el brazo secundario de la T. Este tramo servirá para unir el accesorio reductor (paso 4).

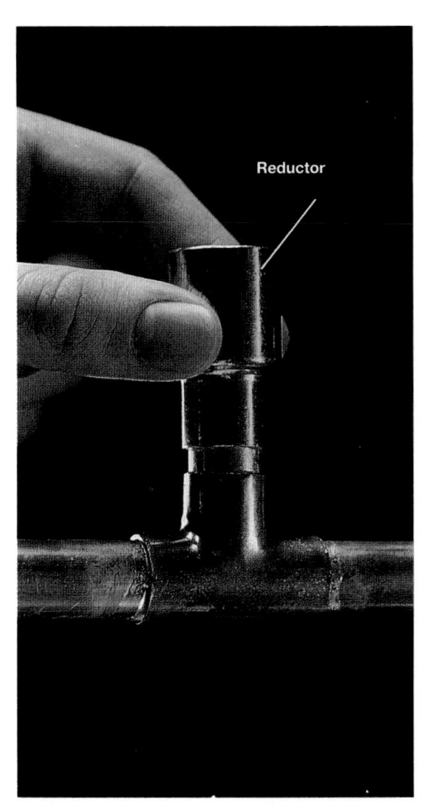

4 Instalar el reductor. Éste se utiliza para asegurar que el diámetro del tubo que formará la cámara de aire es mayor que los tubos de suministro.

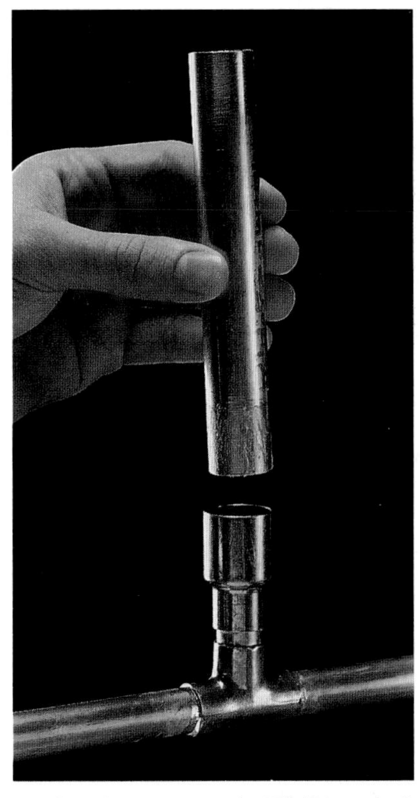

5 Instalar un tramo de 12" (30 cm.) de largo. Este tubo formará la cámara de aire.

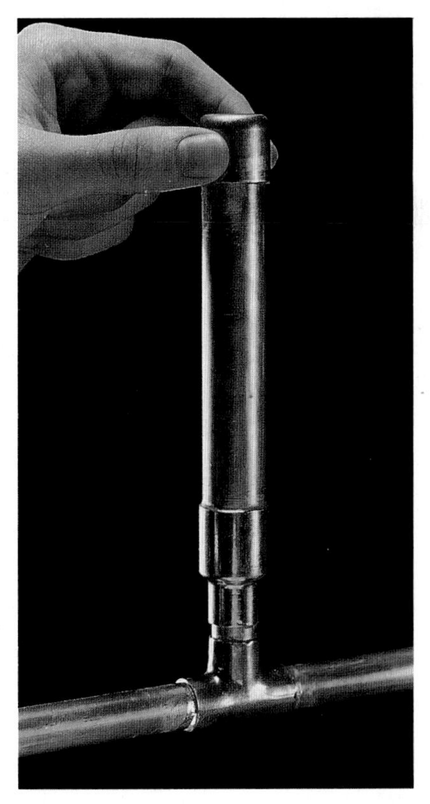

6 Colocar una tapa a la cámara de aire. Reanudar el flujo del agua.

ÍNDICE